21世纪电力系统及其自动化规划教材

普通高等教育“十二五”规划教材

变电站电气一次设计

主编　许　珉

参编　孔　斌　王明东　王　军　赵国生

邱国欣　程子霞　程　显

机械工业出版社

本书着重讲述了变电站电气一次设计的有关基本理论和设计方法。主要内容有：无功补偿与中性点接地方式；防雷及接地设计；短路电流计算；电气主接线设计；主要电气设备的选择计算方法；配电装置与总平面布置设计。本书兼顾课程设计、毕业设计和工程实际设计的需要，结合变电站初步设计方案与多个变电站丰富的初步设计图样，详细介绍了变电站电气一次部分的设计方法。本书重点突出，有大量计算实例，便于自学，实用性强。书后附有常用电气设备的技术参数和毕业（课程）设计题目。

本书为普通高等学校电气工程及其自动化及相关专业本科的毕业设计和课程设计实践环节的教学参考书，也可作为函授和高职高专的毕业设计和课程设计实践环节的教学参考书，也可供从事发电厂和变电站的电气设计、施工、运行、管理等相关工作的工程技术人员参考。

图书在版编目（CIP）数据

变电站电气一次设计/许珉主编 .—北京：机械工业出版社，2015.6（2025.7 重印）
21 世纪电力系统及其自动化规划教材 普通高等教育“十二五”规划教材

ISBN 978-7-111-50011-7

Ⅰ.①变… Ⅱ.①许… Ⅲ.①变电所—一次系统-系统设计-高等学校-教材 Ⅳ.①TM63

中国版本图书馆 CIP 数据核字（2015）第 081311 号

机械工业出版社（北京市百万庄大街 22 号 邮政编码 100037）
策划编辑：贡克勤 责任编辑：贡克勤
版式设计：霍永明 责任校对：陈 越
封面设计：张 静 责任印制：刘 媛
北京富资园科技发展有限公司印刷
2025 年 7 月第 1 版第 7 次印刷
184mm × 260mm · 13.75 印张 · 1 插页 · 343 千字
标准书号：ISBN 978-7-111-50011-7
定价：38.00 元

电话服务	网络服务
客服电话：010-88361066	机 工 官 网：www. cmpbook. com
010-88379833	机 工 官 博：weibo. com/cmp1952
010-68326294	金 书 网：www. golden-book. com
封底无防伪标均为盗版	机工教育服务网：www. cmpedu. com

前　言

本书是为高等教育本科电气工程及其自动化专业的发电厂电气主系统课程设计和变电站设计类毕业设计而编写的，是该专业的实践教学用书。本书有以下特点：

1）主要阐述变电站电气一次系统的基本理论，详细介绍变电站电气一次部分的设计方法。内容深度为变电工程电气一次部分的初步设计，以满足本科学生课程设计、变电站设计类毕业设计和实习的需要，也可作为函授和高职高专相关专业的课程设计和变电站设计类毕业设计的参考书。

2）内容紧跟电力系统的新技术和新发展，介绍了六氟化硫全封闭组合电器（GIS）设备的选择方法和屋内 GIS 型配电装置。

3）为了满足发电厂电气主系统课程设计和变电站设计类毕业设计培养学生工程制图能力的需要，使学生得到全面训练，编入了不同类型变电站较完整的电气一次部分的初步设计图样，供学生在设计画图时参考。

4）为使教材更实用，易于自学，书中有许多计算实例，包括短路电流计算、防雷保护计算、主变压器选择及设备选择等，并在附录中提供了毕业设计（课程设计）任务书及常用电气设备的技术参数。

本书由许珉任主编并对全书进行统稿。本书共八章。其中，第一章由许珉编写，第二章由王明东和王军编写，第三章由孔斌和邱国欣编写，第四章由王明东和邱国欣编写，第五章由王军、程子霞和程显编写，第六章由孔斌、赵国生和王军编写，第七章由赵国生、王明东和程显编写，第八章由邱国欣、王军、孔斌和程子霞编写，附录 A、附录 B 和附录 C 由程子霞、程显和赵国生编写。

本书编写过程中参阅了书末所列有关参考文献，以及国家标准、电力行业技术规程规范、有关企业的典型设计和有关设计单位的工程图样与电气设备生产厂家的技术资料等，在此，一并表示衷心的感谢。

限于作者水平，书中错误及不妥之处在所难免，恳请读者和同行批评指正。

作　者

目　录

第一章　绪　论

变电站设计一般包括站址选择和站区布置、电气部分及土建部分三大部分。设计程序分为可行性研究、初步设计和施工图设计三个阶段。可行性研究阶段是对上级批准建设的已规划的输变电工程项目进行可行性研究，提出可行性研究报告。主要内容为变电站站址选择和变电工程设想。变电站站址选择原则上应提出两个或两个以上可行的站址方案，主要包括：站址区域概况、站址的拆迁赔偿情况、出线条件、站址水文气象条件、水文地质及水源条件、站址工程地质条件、进站道路和交通运输、站址环境、站用电源、通信干扰、施工条件和站址方案技术经济比较等。变电站工程设想主要包括变电站变电容量、各级电压出线回路数、无功补偿及其他装置情况等，如电气主接线及主要电气设备选择、电气布置、电气二次、站区总体规划和总布置、建筑规模及结构设想、供排水系统、采暖通风和空气调节系统等。可行性研究阶段还应提供有关图样和必要的协议。初步设计阶段根据上级下达的可行性研究报告审查意见和可行性研究阶段确定的规模进行初步设计，主要包括：电力系统、电气部分、二次系统、土建部分、消防部分、环境保护、水土保持、节能减排、劳动安全卫生、主要设备材料清册和概算部分。施工图设计阶段根据上级审查批准的初步设计，进行满足订货和细部施工要求的施工图设计。

第一节　设计依据

国家标准和行业技术规程规范是设计的依据，必须严格遵守。与变电工程设计相关的主要设计国家标准和电力行业技术规程规范如下：

GB 50059—2011　35～110kV 变电站设计规范
GB 50060—2008　3～110kV 高压配电装置设计规范
GB 12348—2008　工业企业厂界噪声排放标准
GB 14285—2006　继电保护和安全自动装置技术规程
GB/T 13729—2002　远动终端设备
GB 50034—2013　建筑照明设计标准
GB 50217—2007　电力工程电缆设计规范
GB 50227—2008　并联电容器装置设计规范
GB 50229—2006　火力发电厂与变电站设计防火规范
GB 50260—2013　电力设施抗震设计规范
GB 50011—2010　建筑抗震设计规范
GB 50016—2006　建筑设计防火规范
GB 50019—2011　民用建筑采暖通风与空气调节设计规范
DL/T 5218—2012 220kV～500kV 变电站设计技术规程
DL/T 5103—2012 35kV～220kV 无人值班变电站设计技术规程

DL/T 620—1997 交流电气装置的过电压保护和绝缘配合
DL/T 621—1997 交流电气装置的接地
DL/T 630—1997 交流采样远动终端技术条件
DL/T 634—1997 远动设备及系统 第5部分 传输规约 第101篇 基本远动任务配套标准
DL 548—1994 电力系统通信站防雷运行管理规程
DL/T 5002—2005 地区电网调度自动化设计技术规程
DL/T 5056—2007 变电站总布置设计技术规程
DL/T 5155—2002 220kV～500kV 变电站所用电设计技术规程
NDGJ 8—1989 火力发电厂、变电站二次接线设计技术规定

第二节 电气一次设计的基本要求

一、主变压器

1）主变压器的台数和容量，应根据地区供电条件、负荷性质、用电容量和运行方式等条件综合考虑确定。

2）在有一、二级负荷的变电站中，宜装设两台主变压器，当技术经济比较合理时，可装设两台以上主变压器。当变电站可由中、低压侧电力网取得足够容量的备用电源时，可装设一台主变压器。

3）装有两台及以上主变压器的变电站，当断开一台时，其余主变压器的容量不应小于60%的全部负荷，并应保证用户的一、二级负荷。

4）具有三种电压的变电站，如通过主变压器各侧绕组的功率均达到该变压器容量的15%以上，主变压器宜采用三绕组变压器。

5）电力潮流变化大和电压偏移大的变电站，如经计算普通变压器不能满足电力系统和用户对电压质量的要求时，应采用有载调压变压器。

二、电气主接线

1）变电站的主接线，应根据变电站在电力网中的地位、出线回路数、设备特点及负荷性质等条件确定，并应满足供电可靠、运行灵活、操作检修方便、节约投资和便于扩建等要求。

2）当能满足运行要求时，变电站高压侧宜采用断路器较少或不用断路器的接线。

3）35～110kV 线路为两回及以下时，宜采用桥形、线路变压器组或线路分支接线。超过两回时，宜采用扩大桥形、单母线或分段单母线的接线。35～63kV 线路为8回及以上时，也可采用双母线接线。110kV 线路为6回及以上时，宜采用双母线接线。

4）在采用单母线、分段单母线或双母线的35～110kV 主接线中，当不允许停电检修断路器时，可设置旁路设施。当有旁路母线时，首先宜采用分段断路器或母联断路器兼作旁路断路器的接线。当110kV 线路为6回及以上，35～63kV 线路为8回及以上时，可装设专用的旁路断路器。主变压器35～110kV 回路中的断路器，有条件时也可接入旁路母线。采用 SF_6 断路器的主接线不宜设旁路设施。

5）当变电站装有两台主变压器时，6～10kV 侧宜采用分段单母线。线路为 12 回及以上时，也可采用双母线。不允许停电检修断路器时，可设置旁路设施。6～35kV 配电装置采用手车式高压开关柜时，不宜设置旁路设施。

6）当需限制变电站 6～10kV 线路的短路电流时，可采用下列措施之一：

① 变压器分列运行；

② 采用高阻抗变压器；

③ 在变压器回路中装设电抗器。

7）接在母线上的避雷器和电压互感器，可合用一组隔离开关。对接在变压器引出线上的避雷器，不宜装设隔离开关。

三、所用电源和操作电源

1）在有两台及以上主变压器的变电站中，宜装设两台容量相同可互为备用的站用变压器。如能从变电站外引入一个可靠的低压备用站用电源时，也可装设一台站用变压器。当 35kV 变电站只有一回电源进线及一台主变压器时，可在电源进线断路器之前装设一台站用变压器。

2）变电站的直流母线，宜采用单母线或分段单母线的接线。采用分段单母线时，蓄电池应能切换至任一母线。

3）重要变电站的操作直流电源，宜采用一组 110V 或 220V 固定铅酸蓄电池组或镉镍蓄电池组。作为充电、浮充电用的硅整流装置宜合用一套。其他变电站的操作电源，宜采用成套的小容量镉镍蓄电池装置或电容储能装置。

第三节　电气一次初步设计内容深度

一、电气主接线

1）简述变电站本期、远期建设规模［包括主变压器容量和台数、出线回路数及其名称，无功补偿装置的容量、台（组）数］。对改扩建工程应分别说明工程规划规模、已建情况和本期建设规模。

2）电气主接线方案应与通用设计及“两型一化”变电站建设设计导则一致。说明选用的通用设计方案，未采用时应说明理由。

3）论述电气主接线方案（包括各级电压母线、近期接线、分期建设方式及过渡方案等）。

4）说明各级电压中性点接地方式（包括变压器中性点的接地方式及设备）。

二、短路电流及主要设备选择

1）说明短路电流计算的依据和条件（包括计算接线、运行方式及系统容量等），并列出短路电流计算结果。

2）说明导体和主要电气设备的选择原则和依据，包括变电站自然条件、环境状况、污秽等级、地震烈度等。

3）说明通用设备应用情况，未采用时应说明理由。

4）说明导体和主要电气设备的选择结果（包括选型及主要技术规范）。改、扩建工程应校验原设备。

当采用金属封闭气体绝缘组合电器（GIS 和 HGIS 等）设备时，应论述其必要性。

5）当采用智能一次设备时，应论述其必要性并进行方案论证。对电子式互感器，应分析技术经济合理性，根据工程特点及运行的需求，提出设备状态检测范围与参量，并提出各传感测量装置的安装方式。必要时进行专题论述。

6）结合工程实际情况，提出新技术、新设备、新材料的应用。应因地制宜推广采用节能降耗、节约环保的新产品。

三、绝缘配合及过电压保护

1）论述过电压保护措施，说明避雷器选型及其配置情况。

2）提出变电站电气设备外绝缘的爬电比距和绝缘子串的型式和片数选择。

四、电气总平面布置及配电装置

1）说明各级电压出线走廊规划、站区自然环境因素等对电气总布置的影响。

2）电气总平面方案设计应与通用设计及“两型一化”变电站建设设计导则一致，并说明选用通用设计的方案及适应性依据，未采用通用设计时应说明理由。

3）说明电气总平面布置方案。

4）说明各级配电装置型式选择、间隔配置及远近期结合的合理性。

5）根据变电站所在地区地震烈度要求，说明电气设备的抗震措施。

五、站用电及照明

1）说明站用工作/备用电源的引接及站用电接线方案。

2）说明站用负荷计算及站用变压器选择结果。

3）简要说明站用配电装置的布置及设备选型。

4）说明工作照明、事故照明、检修电源和消防电源等的供电方式，并说明主要场所的照明及其控制方式。当选用清洁能源为照明电源时，应说明供电方式，论证其必要性及经济合理性。

六、防雷接地

1）说明变电站的防直击雷保护方式。

2）提供变电站土壤电阻率和腐蚀性情况，说明接地材料选择、接地装置设计技术原则及接触电位差和跨步电位差计算结果，需要采取的降阻、防腐、隔离措施方案及其方案间的技术经济比较。说明二次设备对接地的要求。

七、电气部分图样

1. 图样编制

电气专业图样可由各工程视具体情况确定，编制时可参考以下项目：

1）电气主接线图，包括各比较方案。

2）电气总平面布置图，比例为1∶100～1∶500，包括各比较方案。

3）各级电压配电装置平断面图，比例为1∶50～1∶500，包括各比较方案。

4）站用电接线图。

5）全站直击雷保护范围图推荐总平面方案，比例为1∶200～1∶500。

2. 图样深度要求

1）电气主接线图应表示主变压器与各级电压母线的连接，表示各级电压的电气接线方式及设备配置情况，表示中性点接地方式及补偿设备，并标注图中设备和导体的型号及其主要技术规范。各级电压出线回路应标注名称，应绘出远景接线示意图（一般可在图样右上角表示）；对工程的原有部分、本期及预留扩建应加以区分。

2）电气总平面布置图应标明主要电气设备、站区建（构）筑物、电缆隧（沟）道及道路等的布置，应表示出各级电压配电装置（户外）的间隔配置及进出线排列；母线和出线宜标注相序；布置图应标明方位、标注位置尺寸，并附必要的说明及图例。

3）各级电压配电装置平断面图。

① 应表示出配电装置的布置（包括设备、构架、母线等各设施的安装布置，以及导线引接方式）。平面图应表示进出线排列及间隔配置；表示出通道、走廊等设施，并标注布置尺寸及母线和进出线相序（当电气总平面图能清楚表示时，此图可省略）。

② 屋内配电装置宜绘制配置接线。

③ 断面图应按不同类型间隔出图，并表明设备安装位置、尺寸、标高、导线引接方式、电气距离校验等（常规配电装置可只出代表性断面），且宜有本间隔的接线示意图。

4）站用电接线图应表示出站用工作电源的引接方式；应表示出站用母线的接线方式，标注开关柜型号、回路名称、主要设备及元器件规范等。

5）全站直击雷保护范围图应表示出需要进行保护的电气设备、建构筑物的平面布置，并标注其高度；应表示接闪杆（线）的布置位置，并标注其高度；应绘出对不同保护高度的保护范围。宜将保护范围计算结果列表于图样中。

八、计算项目及其深度要求

1. 计算项目

电气部分计算项目可视具体工程需要增减。计算书底稿不列入设计文件，一般只引述计算条件和计算结果，但必须存档妥善保存，以备查用。计算项目如下：

1）短路电流计算及主要设备选择。

2）站用电负荷及站用变压器选择。

3）导体的电气及力学计算（工程需要时进行）。

4）配电装置的电气校核计算（工程需要时进行）。

5）接地计算。

6）防雷保护范围计算。

2. 计算书深度

1）短路电流计算及主要设备选择说明短路电流计算的依据和条件（包括计算接线、运行方式及系统容量等），并列出短路电流计算结果。对导体和电器的动稳定、热稳定以及电器的开断电流应进行选择计算和校验。本项计算的说明书应包括：短路电流计算阻抗图、短路电流计算结果表。

2）站用电负荷及站用变压器选择应进行站用电负荷统计和计算，并编制负荷计算及站用变压器容量选择表。

3）应进行导体的电气及力学计算。

4）配电装置的电气校核计算根据工程具体情况，对配电装置间隔宽度、架构的高度及宽度、母线最大弧垂以及各种状态的电气净距进行校验。

5）接地计算应计算接地电阻、接地装置截面积、接触电位差、跨步电位差。

6）防雷保护范围计算的结果列入防雷保护范围图。

第二章　无功补偿与中性点接地方式

无功功率补偿，简称无功补偿，在电力系统中起着重要的作用。合理设计无功补偿装置，可以最大限度地减少无功功率的传输，减少变压器及输电线路的损耗，提高电网的功率因数、供电效率和电能质量，改善供电环境。本章主要介绍无功补偿方式以及无功补偿装置的设计和选择。

第一节　概　述

一、无功功率与无功补偿

无功功率的前提是在交流电路中。当交流电流流过纯电阻负载时，电能全部转换成热能，相对应的功率称为有功功率；而在流过纯容性或者纯感性负载时，电流是用于建立电场或磁场，进行能量交换的，是电气设备做功的必备条件。这种情况下，电能与其他形式的能只是进行周期性转换，能量并没有消耗。与此电流相对应的功率称为无功功率。实际负载很少是纯容性负载或者纯感性负载，一般都是混合性负载，这样，当交流电流在流过它们时，既产生有功功率也产生无功功率。

有功功率的物理意义十分明确，它表示一个周期内电能输入电路或电路消耗电能的平均速率，也即平均单位时间输入电路或电路消耗的电能。有功功率是电源提供给负载，负载以其他能量形式消耗掉，不再返还的，可以说有功功率是单向流动的。无功功率则没有像有功功率那样明确的物理意义，其在半个周期内，电能会转变成磁能或场能等形式，但在后半个周期内，这些能量会转变回电能并反送回电网，因此从整个周期来看，设备没有从电网中吸收任何电能，只是不断地进行能量交换。无功功率也是负载所必需的，不能说无功功率是无用之功，没有这部分功率，就不能建立感应磁场，电动机、变压器等设备就不能运转。与有功功率不同的是，无功负载并不消耗能量，而是与电源交换能量，所以说无功功率是双向流动的。

电流在电感元件中做功时，电流滞后于电压 90°，而在电容元件中做功时，电流超前电压 90°。在电感电容并联电路中，电感电流与电容电流方向相反，如果在感性电路中装设电容元件，使两者的电流相互抵消，使电流相量与电压相量之间的夹角减小，就可以减小线路中的有功功率损耗，提高供电设备的供电能力。这就是无功补偿。

二、无功补偿的意义

电力系统中的用电设备大部分为感性负荷，它们在运行时除了从电源取用有功功率外，还取用相当数量的无功功率。对于某些冲击性负荷（如轧机、电弧炉等），取用的无功功率比正常值可能增大 5 ~6 倍。在视在功率一定的情况下，无功功率的增大会使供电系统的功率因数降低，从而增大网络中的功率损耗和电压损失，降低设备的供电能力，增大电能成本。因此，必须通过装设无功补偿装置来减小线路中的功率损耗，提高供电系统的功率因数。

1）无功补偿可以减少电网中无功功率的成分，提高功率因数，增强电源设备的供电能力，降低电能成本。电源的供电能力（容量）是以视在功率 S 来表示的。由 $S=\sqrt{P^2+Q^2}$ 可知，无功补偿使得无功功率 Q 减小，在 S 不变的情况下增加了有功功率 P 所占的比例，使功率因数增大，因而使同样容量的电源设备所能提供的有功功率增加，从而使电源能够充分发挥供电能力，降低电能成本。

2）无功补偿可以减少发、供电设备的设计容量，减少投资。例如，装设无功补偿装置使功率因数 $\cos\varphi$ 由 0.8 增加到 0.95 时，装 1kvar 电容器可节省设备容量 0.52kW。因此，对新建、改建工程，应充分考虑无功补偿，以便减少设计容量，从而减少投资。

3）无功补偿可以降低线路功率损耗和电压损失。以一回线路为例，设该线路每相导线的电阻为 R，线路额定电压为 U_N，线电流为 I，则该线路中的功率损耗为

$$\Delta P=3I^2R=3\left(\frac{S}{\sqrt{3}U_N}\right)^2R=\left(\frac{P^2}{U_N^2}+\frac{Q^2}{U_N^2}\right)R \tag{2-1}$$

式（2-1）的后一项表示由于输送无功功率而引起的有功损耗，当负荷需用的有功功率 P 一定时，无功功率 Q 越小，则线路中的功率损耗就越小。线路中的电压损失为

$$\Delta U=\frac{PR+QX}{U_N} \tag{2-2}$$

由式（2-2）可见，当有功功率 P 一定时，无功功率 Q 越小，则线路中的电压损失就越小，电压质量越好。

由上述可见，无功补偿能够增加电网中有功功率的输送比例，提高功率因数，减少电源设计容量，减少投资，降低线损，这些都直接决定和影响着电力企业的经济效益。因此，规划、实施无功补偿势在必行。

第二节 无功补偿方式与补偿装置

为了降低无功功率损耗，提高功率因数，通常可以采用两种方法：一种是提高自然功率因数；另一种是通过无功补偿来提高功率因数。提高自然功率因数是指设法降低用电设备本身所需的无功功率。该方法主要从合理选择和使用电气设备以及改善它们的运行方式等方面着手，不需要附加任何补偿设备，是提高功率因数的首选方法。但是，仅仅依靠提高自然功率因数往往达不到要求的功率因数值，必须采用无功补偿使功率因数达到期望值。

一、无功补偿方式

电力系统无功补偿主要有集中补偿、线路补偿、就地补偿等方式。

1. 集中补偿

针对电网的无功功率平衡情况，在发电厂或变电站进行集中补偿，主要目的是平衡电网的无功功率，改善电网的功率因数，提高系统终端变电站的母线电压，补偿变电站主变压器和高压输电线路的无功损耗。集中补偿装置一般装设在变电站 10（6）kV 母线上，因此具有管理容易、维护方便等优点。

2. 线路补偿

线路无功补偿一般是通过在线路上安装电容器实现。线路补偿点不宜过多；控制方式应

从简，一般不采用分组投切控制；补偿容量也不宜过大，避免出现过补偿现象；保护也要从简，可采用熔断器和避雷器作为过电流和过电压保护。线路补偿方式主要提供线路和公用变压器需要的无功功率，该种方式具有投资小、回收快、便于管理和维护等优点，适用于功率因数低、负荷重的长线路。缺点是，存在适应能力差、重载情况下补偿不足等问题。

3. 就地补偿

就地补偿可分为随机补偿、随器补偿和跟踪补偿三种方式：

1）随机补偿是将低压电容器组与电动机并接，通过控制、保护装置与电动机同时投切的一种无功补偿方式。县级配电网中有很大一部分的无功功率消耗在电动机上，因此，搞好电动机的无功补偿，使其无功功率就地平衡，既能减少配电线路的损耗，同时还可以提高电动机的出力。采用随机补偿方式，当用电设备运行时，无功补偿装置投入，当用电设备停运时，补偿装置退出。该方式具有投资少、占地少、安装容易、配置方便灵活、维护简单、事故率低的特点，适用于补偿电动机的无功消耗，可较好地限制配电网的无功峰荷。年运行小时数在1000h以上的电动机采用随机补偿较其他补偿方式更为经济。

2）配电变压器在轻载或空载时的无功负荷主要是变压器的空载励磁无功，可以通过将低压电容器经低压熔断器接在配电变压器二次侧进行补偿，这种方式称为随器补偿。随器补偿方式接线简单，维护管理方便，能有效地补偿配电变压器的空载无功，使该部分无功就地平衡，从而提高配电变压器的利用率，降低无功网损，提高用户的功率因数。但由于配电变压器数量多、安装地点分散，因此补偿投资较大，运行维护工作量大。

3）跟踪补偿是以无功补偿投切装置作为控制保护装置，将低压电容器组补偿在用户配电变压器低压侧的补偿方式。这种补偿方式，部分相当于随器补偿的作用，主要适用于100kV·A及以上的专用配电变压器用户。跟踪补偿的优点是可以较好地跟踪无功负荷的变化，运行方式灵活，补偿效果好，但是费用高，且自动投切装置较随机或随器补偿的控制保护装置复杂，如果有任一元器件损坏，就可导致电容器不能投切。跟踪补偿方式主要适用于大容量大负荷的配电变压器。

二、无功补偿装置的种类与特点

电力系统常采用并联电容器、同步电动机、静止补偿器、串联电容器、并联电抗器等装置实现无功补偿。

1. 并联电容器

电力系统中的用电设备大部分为感性负荷，它们在运行时从电源取用的无功功率为滞后（负值）功率，即

$$Q_L=\sqrt{3}UI\sin(-\varphi)=-\sqrt{3}UI\sin\varphi \tag{2-3}$$

由于静电电容器需要的无功功率为超前（正值）功率，即

$$Q_C=\sqrt{3}UI\sin\varphi \tag{2-4}$$

因此，如果用一组静电电容器和感性负载并联，并适当选择电容值，可以使$Q_C=-Q_L$，系统中所需的无功功率$Q_C+Q_L=0$，则用电设备不再从电源取用无功功率，功率因数达到最佳值($\cos\varphi=1$)。基于此原理，对于功率因数达不到规定值的电力用户，可以采用并联静电电容器的方法进行人工无功补偿。

电容器每单位容量的投资费用较小且与总容量的大小无关，运行时功率损耗也较小，约

为额定容量的0.3%～0.5%。电容器没有旋转部件，维护也较方便。此外，它还具有故障时影响范围小的优点。因此，静电电容器在220kV及以下电压级变电站被广泛地用来补偿无功功率。

但是，电容器补偿方式也有不足之处。大家知道，静电电容器供给的无功功率Q_C与所在节点的电压U的二次方成正比，即

$$Q_C = \frac{U^2}{X_C} \tag{2-5}$$

式中　X_C——静电电容器的容抗，$X_C = 1/(\omega C)$。

由式（2-5）可见，节点电压下降时，电容器供给的无功功率将减少。因此，当系统发生故障或由于其他原因使得节点电压下降时，电容器无功输出的减少将导致电压继续下降。换言之，静电电容器的无功功率调节性能较差。另外，电容器只能进行有级调节而不能随着感性无功功率的变化而进行无级调节，这也是电容器补偿的一个缺点。

目前，我国已大量生产性能良好的新型并联电容器用以补偿无功功率，型号分为BW（烷基苯浸渍纸介质）、BWF（烷基苯浸渍膜绒复合介质）和BGF（硅油浸渍复合介质）三种，常用的并联电容器技术数据见附录A。

2. 同步电动机

同步电动机是转子转速与定子旋转磁场的转速相同的交流电动机。与感应（异步）电动机相比，同步电动机具有几个突出的优点：

1）可以过励磁方式运行，功率因数超前，可向系统供给感性无功功率，提高功率因数，起到无功电源的作用。

2）可以采用低速电动机（极对数越多，转速越低）直接与生产机械耦合，省去了减速器。

3）电网频率不变时，同步电动机转速恒定，与负荷性质无关，所以生产率高。

4）电动机转矩受电压波动的影响较小（同步电动机转矩与电网电压成正比，而异步电动机转矩与电网电压的二次方成正比）。

5）同步电动机采用强行励磁时，可以提高电力系统的稳定性。

同步电动机的这些优点使得其适用于工业企业的大型通风机、空压机、水泵等运转速度恒定的生产装置。

同步电动机的补偿能力，习惯上用其输出无功功率与其额定容量的比值来表示，即

$$q(\%) = \frac{Q_{cd}}{S_e} \times 100 \tag{2-6}$$

式中　Q_{cd}——同步电动机的输出无功功率（kvar）；

S_e——同步电动机的额定容量（kV·A）。

同步电动机的补偿能力（q%）与同步电动机的负载率、励磁电流、额定功率因数等有关。在励磁电流恒定情况下，当负载率减小时，同步电动机的无功功率输出可相对地提高。

如果同步电动机轴上不带机械负荷，只是空载运行专门用来补偿无功功率，则这种同步电动机称为同步调相机。同步调相机向电网提供可无级连续调节的容性和感性无功功率，维持电网电压，并可以通过强行励磁快速补偿容性无功功率，提高电网的稳定性。可以无级地平滑调节无功功率是同步调相机的优点，但由于其是一种旋转机械，在运行时需要有专门人

员进行维护管理，有功功率损耗较大，在满负荷时约为额定容量的1.5%～5%，且容量越小，百分值越大，而且小容量的同步电动机单位容量投资费用也较大，因此该补偿方式仅宜于大容量集中使用，不能普及。另外，同步调相机响应速度较慢，难以适应动态无功补偿的要求。20世纪70年代以来，这种无功补偿装置已逐渐被静止动态无功补偿装置所取代。

3. 静止补偿器

采用接触器等有触点开关对静电电容器进行投切，习惯上称为静态补偿装置。这种开关动作时间较长，再考虑电容器的放电时间，故电容器投切间隔较长，且开关触点容易烧损。同步调相机尽管响应速度（200～500ms）比静电电容器快，但仍然不能适应负载经常急剧变化的大型生产机械的响应速度要求（响应时间最好不大于10ms）。采用晶闸管作为电容器开关，可以将反应速度提高到毫秒级，也就是可以跟踪负载的变化，实现同步补偿。这种快速补偿装置称作动态补偿装置，因其没有接触器动作，也没有旋转元件，所以又称为静止无功补偿器（Static Var Compensator，SVC），常用的SVC装置有晶闸管投切电容器（Thyristor Switching Capacitor，TSC）、可控电抗器（Thyristor Controlled Reactor，TCR）等。

动态无功补偿的优点是反应快，补偿效果好，特别适用于负载波动剧烈的场合。价格高，可靠性不够好，自身耗能大则是这种补偿方式的不足，在负载比较稳定的场合没有优势。

4. 并联电抗器

并联电抗器补偿设备能向电网提供可以阶梯调节的感性无功功率，补偿电网的剩余容性无功功率，保证电压稳定在允许范围内。并联于330kV及以上超高压线路上的电抗器，可以补偿输电线路的充电功率，以降低工频过电压水平，并有减少潜供电流的功能，便于系统并网，提高送电可靠性。

5. 串联电容器

110kV及以下电压等级的电网设置串联电容器的目的是减小线路压降，降低受端电压波动，提高供电电压，改善闭式电网的潮流分布，减少有功损耗；220kV及以上电压等级的电网设置串联电容器的目的是增强系统稳定性，提高输电能力。

三、补偿装置与电力系统的连接

无功补偿装置一般设置于发电厂、变（配）电站或换流站中，大部分连接在这些厂站的母线上，少数并联或串联在线路上。

1. 并联电容器、调相机和静止补偿器

这三种装置直接连接或者通过变压器并接于需要补偿无功的变（配）电站、换流站的母线上，如图2-1所示，其中并联电容器按三角形或星形联结。另外，在发电厂中有时也将发电机按调相机运行；并联电容器也可连接于110kV电压母线。

2. 并联电抗器

并联电抗器补偿设备一般连接在大型发电厂或重要变电站的63kV以下电压母线上。在发电厂中，常接在联络变压器的低压侧；在变电站中，常接在主变压器的低压侧。

超高压并联电抗器一般并接在需要控制工频过电压幅值的线路中间或末端，常设置于线路中间开闭站或末端变电站中。

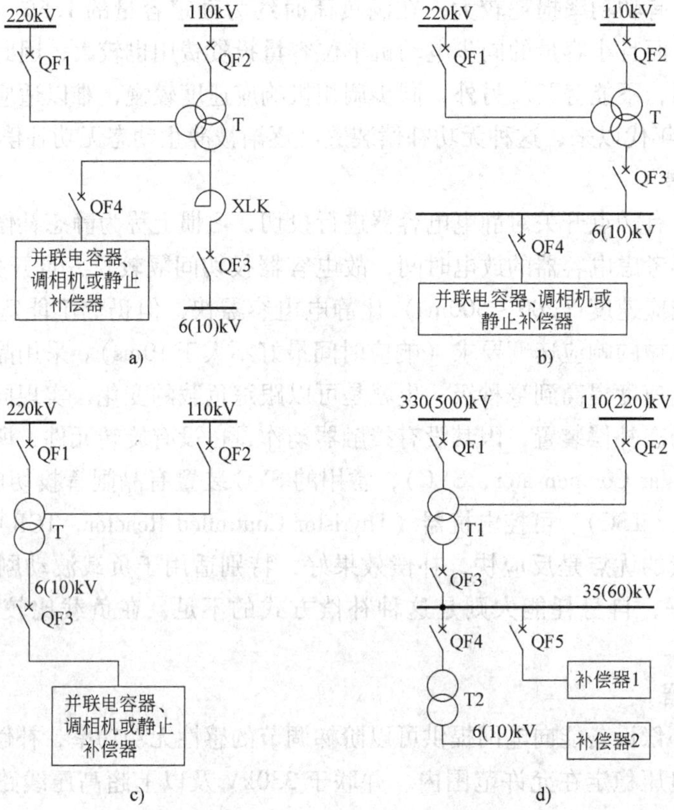

图 2-1 并联电容器、调相机和静止补偿器与系统的连接

a）接于主变压器和限流电抗器之间 b）直接接于 6（10）kV 母线

c）与变压器组成单元式连接 d）分别接于不同电压级母线

3. 串联电容器

对于 110kV 及以下电压等级的电网，当线路有分支线时，串联电容器均装设在线路末端的变电站；当线路上有多个复合分支时，将串联电容器装设在一半线路压降点附近的变电站中。

在 220kV 及以上电压等级的电网中，一般将串联电容装设在线路中间的开关站或变电站中；当没有中间开关站或变电站时，才将串联电容器装设置在末端变电站中。

某些情况下，串联补偿电容器和超高压并联电抗器可以同时设置于同一个变电站或开关站中，它们与电力系统的连接如图 2-2 所示。

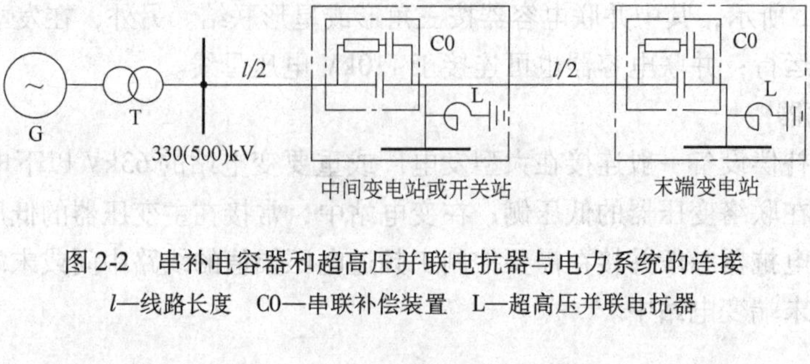

图 2-2 串补电容器和超高压并联电抗器与电力系统的连接

l—线路长度 C0—串联补偿装置 L—超高压并联电抗器

第三节　无功补偿装置的选择

一、无功补偿装置的型式选择原则

无功负荷的三要素（无功负荷变化的频率、幅值和速率）和安装点母线谐波电压正弦波形畸变率（简称电压畸变率），是选用并联电容器、调相机和静止补偿装置的基本判断条件。

1）当无功负荷变化的频率为每天数次，或变化幅值较大时，可选用并联电容器补偿装置或静止补偿装置。

2）当无功负荷变化的频率为每小时数十次，或变化幅值很大，或变化速率小于或等于1s（由最小幅值变化到最大幅值所需时间不超过1s），即所谓需补偿的无功负荷为“无功冲击负荷”时，必须选用静止补偿装置。

3）若无功负荷变化的频率为每小时数次，变化幅值较小，变化速率大于1s，同时需要提高系统稳定性、防止电压崩溃及装设大容量集中补偿，并且系统具有水冷却条件，则可选用调相机。

4）只要确定装设三种装置的母线处的谐波电压正弦波形畸变率大于等于表2-1规定的允许值，就不宜选用调相机，而应选用并联电容器补偿装置或静止补偿装置，并应将该装置中的容性无功部分设计成交流滤波装置。

表2-1　电网电压正弦波形畸变率极限值（相电压）

用户供电电压/kV	总电压正弦波形畸变率极限值(%)	各奇、偶次谐波电压正弦波形畸变率极限值(%)	
		奇　次	偶　次
0.39	6.0	4	2.00
6（10）	4.0	3	1.75
35（63）	3.0	2	1.00
110	1.5	1	0.50

注：若110kV电网电压正弦波形畸变率已接近或超过1.5%，但经过测量和计算，下一级电网的电压正弦波形畸变率未超过本表规定的极限值时，110kV电网电压正弦波形畸变率可限制在2%以内。

需要注意的是，以上仅是无功补偿装置选型的基本条件或原则，由于各种并联补偿装置的型式各有特点，选型时必须进行技术经济比较。

二、无功补偿装置的原理接线

并联电容器补偿装置和并联电抗器补偿装置的原理接线如图2-3所示。

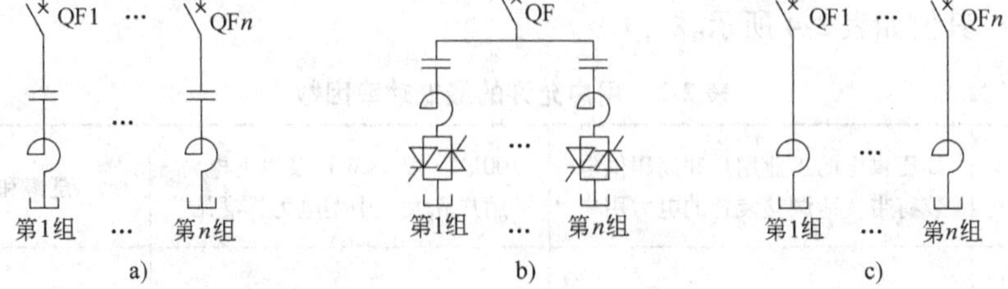

图2-3　并联电容器补偿装置和并联电抗器补偿装置的原理接线

a）断路器投切并联电容器或交流滤波装置　b）晶闸管投切并联电容器或交流滤波装置　c）并联电抗器补偿装置

图 2-3a 和 b 所示的两种并联电容器补偿装置可以分别与图 2-3c 所示的并联电抗器补偿装置组合使用，提供可阶梯调节的容性或感性无功功率。并联电容器补偿装置的每个分组均可设计成单通交流滤波器。

在图 2-3 中，每组或整个装置前是否装设断路器 QF，应根据母线短路容量、断路器性能和确定的无功调节方式等因素确定。

三、无功补偿装置的容量选择

对于 220kV 及 110kV 变电站，应根据设计计算以配置适当容量的无功补偿装置，并满足主变压器在最大负荷时，其高压侧功率因数不低于 0.95，在低谷负荷时功率因数不高于 0.95、不低于 0.92。

1. 确定并联电容器补偿装置和调相机容量的“最大容性无功”原则

（1）直接供电的末端变电站

对于直接供电的末端变电站，安装的补偿装置最大容性无功容量应等于装置所在母线上的负荷按功率因数要求需补偿的最大容性无功容量与主变压器需补偿的最大容性无功容量之和，即

$$Q_{Cm} = Q_{Cm.L} + Q_{Cm.T} \tag{2-7}$$

式中 Q_{Cm}——需安装补偿装置的最大容性无功容量（kvar）；

$Q_{Cm.L}$——负荷所需的最大容性无功容量（kvar）；

$Q_{Cm.T}$——主变压器所需的最大容性无功容量（kvar）。

1）负荷所需的最大容性无功容量 $Q_{Cm.L}$ 的计算式为

$$\begin{aligned} Q_{Cm.L} &= P_{m.L}(|\tan\varphi_1| - |\tan\varphi_2|) \\ &= P_{m.L}\left(\sqrt{\frac{1}{\cos^2\varphi_1}-1} - \sqrt{\frac{1}{\cos^2\varphi_2}-1}\right) \\ &= P_{m.L}q_{C0} \end{aligned} \tag{2-8}$$

式中 $P_{m.L}$——母线上的最大有功负荷（kW）；

φ_1——补偿前的最大功率因数角（°）；

φ_2——补偿后的最小功率因数角（°），$\cos\varphi_2$ 值不应小于表 2-2 规定的允许值，并尽量满足表 2-3 所列数值；

q_{C0}——由 $\cos\varphi_1$ 补偿到 $\cos\varphi_2$ 时，每千瓦有功负荷所需补偿的容性无功容量(kvar/kW)，其值如表 2-4 所示。

表 2-2 用户允许的最低功率因数

用户性质	高压供电的工业用户和高压供电装有带负荷调整装置的电力用户	100kV·A（kW）及以上电力用户和大、中型电力排灌站	趸售和农业用电
允许的最低功率因数($\cos\varphi_2$)	0.90 以上	0.85 以上	0.80

表 2-3　各类负荷的经济功率因数

负荷类型		I					Ⅱ	Ⅲ
供电距离/km		3	4	5	6	7		
发电成本/(元/kW·h)	0.005	0.60	0.70	0.77	0.80	0.82	0.83	0.92
	0.010	0.67	0.76	0.82	0.85	0.86	0.87	0.94
	0.015	0.72	0.81	0.86	0.88	0.89	0.90	0.95
	0.020	0.77	0.84	0.88	0.90	0.91	0.92	0.96
	0.025	0.80	0.87	0.91	0.92	0.93	0.94	0.97
	0.030	0.83	0.90	0.92	0.93	0.94	0.95	0.98
	0.040	0.86	0.93	0.93	0.94	0.95	0.96	0.98

表 2-4　为得到所需功率因数 $\cos\varphi_2$，每千瓦有功负荷所需补偿的容性无功容量 q_{C0}

（单位：kvar/kW）

补偿前		补偿后 $\cos\varphi_2$												
$\tan\varphi_1$	$\cos\varphi_1$	0.70	0.75	0.80	0.82	0.84	0.86	0.88	0.90	0.92	0.94	0.96	0.98	1.00
3.18	0.30	2.16	2.30	2.42	2.48	2.53	2.59	2.65	2.70	2.76	2.82	2.80	2.98	3.18
2.68	0.35	1.66	1.80	1.93	1.98	2.03	2.08	2.14	2.19	2.25	2.31	2.38	2.47	2.68
2.29	0.40	1.27	1.41	1.54	1.60	1.65	1.70	1.76	1.81	1.87	1.93	2.00	2.09	2.29
1.99	0.45	0.97	1.11	1.24	1.20	1.34	1.40	1.45	1.50	1.56	1.62	1.69	1.78	1.99
1.73	0.50	0.71	0.85	0.98	1.04	1.09	1.14	1.20	1.25	1.31	1.37	1.44	1.53	1.73
1.64	0.52	0.62	0.76	0.89	0.95	1.00	1.05	1.11	1.16	1.22	1.28	1.35	1.44	1.64
1.56	0.54	0.54	0.68	0.81	0.86	0.92	0.97	1.02	1.08	1.14	1.20	1.27	1.36	1.56
1.48	0.56	0.46	0.60	0.73	0.78	0.84	0.80	0.94	1.00	1.05	1.12	1.19	1.28	1.48
1.41	0.58	0.39	0.52	0.63	0.71	0.76	0.79	0.87	0.92	0.98	1.04	1.11	1.20	1.41
1.33	0.60	0.31	0.45	0.58	0.64	0.69	0.74	0.80	0.85	0.91	0.97	1.04	1.13	1.33
1.27	0.62	0.25	0.33	0.52	0.57	0.62	0.67	0.73	0.78	0.84	0.90	0.97	1.06	1.27
1.20	0.64	0.18	0.32	0.45	0.51	0.56	0.61	0.67	0.72	0.78	0.84	0.91	1.00	1.20
1.14	0.66	0.12	0.26	0.39	0.45	0.49	0.55	0.60	0.66	0.71	0.78	0.85	0.94	1.14
1.08	0.68	0.06	0.20	0.33	0.38	0.43	0.49	0.54	0.60	0.65	0.72	0.79	0.88	1.08
1.02	0.70		0.14	0.27	0.33	0.38	0.43	0.49	0.54	0.60	0.66	0.73	0.82	1.02
0.97	0.72		0.08	0.22	0.27	0.32	0.37	0.43	0.48	0.54	0.60	0.67	0.76	0.97
0.91	0.74		0.03	0.16	0.21	0.26	0.32	0.37	0.43	0.48	0.55	0.62	0.71	0.91
0.86	0.76			0.11	0.16	0.21	0.26	0.32	0.37	0.43	0.50	0.56	0.65	0.86
0.80	0.78			0.05	0.11	0.16	0.21	0.27	0.32	0.38	0.44	0.51	0.60	0.80
0.75	0.80				0.05	0.10	0.16	0.21	0.27	0.33	0.39	0.46	0.55	0.75
0.70	0.82					0.05	0.10	0.16	0.23	0.27	0.33	0.40	0.49	0.70
0.65	0.84						0.05	0.11	0.16	0.22	0.28	0.35	0.44	0.65
0.59	0.86							0.06	0.11	0.17	0.23	0.30	0.39	0.59
0.54	0.88								0.06	0.11	0.17	0.25	0.33	0.54
0.48	0.90									0.06	0.12	0.19	0.28	0.48
0.43	0.92										0.06	0.13	0.22	0.43
0.36	0.94											0.07	0.16	0.36

2）主变压器所需补偿的最大容性无功容量 $Q_{C\text{m.T}}$ 的计算式为

$$Q_{\text{Cm.T}} = S_N\left(\frac{U_d(\%)I_m^2}{100I_N^2} + \frac{I_0(\%)}{100}\right) \tag{2-9}$$

式中　S_N——变压器需要补偿侧的额定容量（kV·A）；

I_m——母线装设补偿装置后，通过变压器需要补偿侧的最大负荷电流（A）；

I_N——变压器需要补偿侧的额定电流（A）；

$U_d(\%)$——变压器需要补偿侧的阻抗电压百分数（%）；

$I_0(\%)$——变压器空载电流百分数（%）。

（2）枢纽变电站和地区变电站

对于枢纽变电站和地区变电站，安装的最大容性无功容量应等于经系统调相调压计算及技术经济比较后所确定的需要补偿的最大容性无功容量。根据不同的要求，该无功容量可按以下几种方法求得：

1）按经济功率因数法确定线路需补偿的最大容性无功容量的计算公式与式（2-8）相同，只是其中的$P_{m.L}$不再是母线上的最大有功负荷，而是从输电线路首端看过去的输送的最大有功负荷。对于220kV 输电线路，$\cos\varphi_2$值应满足表2-5 的规定。

表2-5 220kV 输电线路的经济功率因数

输电距离/km	发电机功率因数	线路首端功率因数
100	0.85	0.92
200	0.90	0.96
250	0.95	0.99
350	0.98	1.00

2）按经济无功负荷法确定需补偿的最大容性无功容量的计算公式为

$$Q_{C.L}=\frac{mU_N^2}{2R} \tag{2-10}$$

式中 $Q_{C.L}$——输电线路的经济无功负荷（Mvar）；

U_N——负荷侧额定电压（kV）；

R——线路的等效电阻（Ω）；

m——常数，按下式求取：

$$m=\frac{b_2(a_1+a_2)}{8760b_1}+\varepsilon \tag{2-11}$$

式中 a_1——年折旧率；

a_2——投资的年回收率；

b_1——输电线路的经济无功负荷（Mvar）；

b_2——线损电价（元/MW·h）；

ε——并联补偿装置的电损率（MW/Mvar）。

按式（2-10）求得某节点经济无功负荷后，应与该点的实际无功负荷相比较，才能确定补偿容量。如果实际无功负荷小于经济无功负荷，则无需补偿；如果实际无功负荷大于经济无功负荷，则超出的部分即为该点需要补偿的最大容性无功容量。

3）以降低线路的有功损耗为目的时，需要补偿的最大容性无功容量按式（2-8）计算，其中：$P_{m.L}$为从输电线路首端看过去的输送的最大有功负荷；$\cos\varphi_1$已知，为补偿前线路首端的功率因数；$\cos\varphi_2$为补偿后线路首端应达到的功率因数，按下式计算：

$$\cos\varphi_2=\sqrt{\frac{\cos^2\varphi_1}{1-\frac{\Delta P_r(\%)}{100}}} \tag{2-12}$$

式中　$\Delta P_r(\%)$——已确定的补偿后线路应达到的有功损耗降低百分值（%）。

4）以提高变电站母线运行电压为目的，需要补偿的最大容性无功容量为

$$Q_{Cm.u}=\frac{\Delta U_m U_m}{X_l} \tag{2-13}$$

式中　$Q_{Cm.u}$——变电站母线电压提高ΔU_m时所需的最大容性无功容量（Mvar）；

ΔU_m——经补偿后，变电站母线电压预计升高的最大值（kV）；

U_m——补偿前变电站母线运行电压的最大值（kV）；

X_l——向该变电站输送功率的某线路的感抗（Ω）。

变电站装设的最大容性无功容量确定后，可用下式验算变电站母线电压升高的百分值：

$$\Delta U(\%)\approx\frac{Q'_{Cm}}{S_d}\times 100\% \tag{2-14}$$

式中　$\Delta U(\%)$——变电站母线电压升高的百分值（%）；

Q'_{Cm}——最终确定的变电站安装的最大容性无功容量（kvar）；

S_d——母线处0s时的三相短路容量（kV·A）。

经补偿后的变电站母线电压应满足表2-6的规定，且电压最高值不能超过额定电压的10%。

表2-6　受电端变电站母线电压波动允许范围（以母线额定电压为基准）

电压等级	35kV及以上供电和对电压质量有特殊要求的用户	10kV及以下高压供电和低压电力用户	低压照明用户
电压允许偏差百分值(%)	±5	±7	+5 −10

5）工程上常采用统计的方法估算出某安装点所需补偿的最大容性无功容量。具体过程如下：

① 统计电网中的无功电源总容量，包括发电机发出的无功功率（见表2-7）、已安装的并联容性无功补偿装置容量、110kV及以上电压等级线路的充电功率（见表2-8）、网外可能输入的容性无功容量等。

表2-7　汽轮发电机的无功功率

额定有功功率/MW	额定无功功率/Mvar	功率因数 cosφ	可送出的无功功率/Mvar	升高电压后可送出的无功功率/Mvar
3	3.25	0.8	2	1.8
6	4.5	0.8	4	3.5
12	9	0.8	8	6.7
25	18.8	0.8	17	14
50	37.5	0.8	33	27
100	62	0.85	54	40
125	77.5	0.85	67	48
200	124	0.85	110	75
300	186	0.85	160	110
600	372	0.85	320	240

表 2-8 各级电压送电线路的充电功率（近似值）

电压等级/kV	110	220		330	500	750
		单 导 线	双分裂导线	双分裂导线	双分裂导线	双分裂导线
单位长度线路的充电功率/(Mvar/100km)	3.4	14	19	41	105	240

② 统计电网的无功负荷总量，包括用户无功负荷、线路和变压器的无功损耗、电网已装设的超高压并联电抗器容量、厂（所）用电无功负荷、可能向网外输出的容性无功功率等。

根据无功就地平衡、各点相对集中补偿、满足运行电压等原则，将上述统计出的无功负荷总量与无功电源总容量的差值，分配至各安装点，从而得出各安装点需要补偿的最大容性无功容量。为了避免出现谐振，一般采用欠补偿的方法。

③ 若缺乏资料时，对于35～110kV变电站，可按主变压器额定容量的10%～30%作为所需补偿的最大容性无功容量，220kV变电站容性补偿容量按主变压器容量的10%～25%配置。对于地区无功缺额较少或距离电源点较近的变电站，取较低值；地区无功缺额较多或距离电源点较远的变电站，取较高值。

2. 确定调相机和并联电抗器补偿装置容量的“最大感性无功”原则

1）若电网的无功变化范围在调相机输出的无功范围（标幺值为-0.5～1）内，则不需另外安装并联电抗器补偿装置。

2）若通过投切并联电容器组（或交流滤波器）可以满足电网无功变化的要求，则不需另外安装并联电抗器补偿装置。

3）在没有任何并联补偿装置的条件下（或者虽然装设有并联电容器补偿装置，但是处于完全切除状态），当母线运行电压超过额定电压的10%时，需单独装设并联电抗器、补偿装置，安装的最大感性无功容量为

$$Q_{Lm}=\frac{S_d\Delta(U\%)}{100} \tag{2-15}$$

式中 Q_{Lm}——需降低运行电压的母线处应安装的最大感性无功容量（kvar）；

S_d——母线处0s时的三相短路容量（kV·A）；

$\Delta(U\%)$——为使母线最高运行电压下降至额定电压10%以下，预计母线电压应下降的百分数（%）。

无任何并联补偿装置，当某点的功率因数角由负数变为正数时，也需单独装设并联电抗器补偿装置，安装的最大感性无功容量为

$$Q_{Lm}=P_{min}\tan\varphi_i \tag{2-16}$$

式中 Q_{Lm}——按补偿负荷功率因数要求应安装的最大感性无功容量（kvar）；

P_{min}——计算点上的最小有功负荷（kW）；

φ_i——计算点上出线功率为 P_{min} 时的超前功率因数角（°）。

3. 确定静止补偿装置最大无功容量的原则

（1）确定静止补偿装置最大容性无功容量 Q_{Cm} 的原则

其原则与并联电容器、调相机相同，可按本节“三”小节之“1”确定。

（2）确定静止补偿装置安装的最大感性无功容量 Q_{Lm} 的原则

其原则按下述情况考虑：

1）一般情况下，安装的最大感性无功容量 Q_{Lm} 应等于电网无功变化量的最大幅值（工程上一般按每月平均日无功负荷曲线最大值与最小值之差选取）。

2）如果电网无功变化量中的一部分可以用具有阶梯调节能力的并联电容器补偿装置补偿时，静止补偿装置安装的容量可按调节能力适当减少。

3）如果电网只需单独安装感性无功补偿装置时，一般不采用静止补偿装置的感性无功设备，这是因为其为一谐波源，且价格比线性并联电抗器贵。

【例】 某 110kV 降压变电站装有两台主变压器，型号为 SFSZ9—31500/110。确定变电站无功补偿方案。

解： 1）无功补偿装置的型式选择。由于原始资料缺乏无功负荷变化的数据，故按一般情况选择补偿型式，即选用并联电容器无功补偿装置。

2）无功补偿装置的容量与台数选择。本变电站选择两台主变压器，额定容量为 31500 kV·A，按主变压器额定容量的 15% 作为所需补偿的最大容性无功容量，补偿容量为 15% ×2 ×31500kvar = 9450kvar。

若选用 BGF11/$\sqrt{3}$—100—1W 型并联补偿电容器，需 96 台，每段每相 16 台，总补偿容量为 9600kvar。

第四节　中性点接地方式

电力系统中性点与大地之间的电气连接方式，称为电网中性点接地方式。中性点接地方式涉及电网的安全性、可靠性和经济性，直接影响系统设备绝缘水平的选择、过电压水平及继电保护方式、通信干扰等。一般来说，电网中性点接地方式也就是变电站中变压器的各级电压中性点接地方式。

一、中性点有效接地

我国 110kV 及以上电网一般采用大电流接地方式，即中性点有效接地方式。这样，中性点电位固定为地电位，发生单相接地故障时，非故障相电压升高不会超过 1.4 倍运行相电压；暂态过电压水平也较低；故障电流很大，漏电保护能迅速动作于跳闸，切除故障，系统设备承受过电压时间较短。因此，大电流接地系统可使整个系统设备绝缘要求水平降低，从而大幅降低造价。

在实际运行中，为降低单相接地电流和保持电力系统中零序电流的分布不变（尽量保持变电站零序阻抗基本不变），110kV 和 220kV 变压器中性点通常是采用部分接地的运行方式。110KV 和 220kV 变压器的中性点绝缘水平较高，例如 220kV 变压器，中性点绝缘水平为 110kV，是端部绝缘水平的一半。当变电站只有一台变压器时，其变压器的中性点应直接接地运行，当变电站有两台及以上变压器时，应只将一台变压器中性点直接接地运行，当该变压器停运时，再将另一台中性点不接地变压器改为中性点直接接地运行。若由于某些原因，变电站正常情况下必须有两台变压器中性点直接接地运行，则当其中一台中性点直接接地变压器停运时，应将第三台变压器改为中性点直接接地的运行。由于 500kV 变压器多为自耦变压器，其中性点应采用直接接地或经小电抗器（可限制单相接地短路电路）接地运行方式。500kV 变压器中性点绝缘水平很低，例如 500kV 变压器，中性点绝缘水平为 38kV。

二、中性点非有效接地

6～35kV 配电网采用小电流接地方式，即中性点非有效接地方式。近几年来的两网改造，使中、小城市 6～35kV 配电网电容电流有很大的增加，如不采取有效措施，将危及配电网的安全运行。

1）中性点不接地方式。当中压配电网发生单相接地故障时，三相线电压基本平衡，流过短路点的电流为电容性电流。当单相接地电容电流小于 10A 时，允许继续运行 2h，为处理故障争取了时间；当厂用电系统单相接地电容电流大于 10A 时，接地处的电弧不能自动熄灭，将产生较高的电弧接地过电压（可达额定相电压的 3.5～5 倍）并易发展成为多相短路。这种中性点不接地方式广泛应用于接地电容电流小于 10A 的中压配电网和火力发电机组的高压厂用电系统中。

2）中性点经消弧线圈接地方式。在这种接地方式下，可以有效减小单相接地故障时的接地故障电流。中压配电网或厂用电系统发生单相接地故障时，由于中性点经消弧线圈接地方式，中性点的位移电压产生一个与接地电容电流方向相反的感性电流流过接地点，补偿电容电流，将接地点的综合电流限制到 10A 以下，接地电弧能自动熄弧，从而减小了接地处的电弧及其造成故障扩大的危害，达到继续供电的目的。由于流过接地点的电流较小，可不立即跳闸，按规程规定电网可带单相接地故障运行 2h。为了提高接地保护的灵敏度和选择性，通常在消弧线圈二次侧并联电阻。中性点经消弧线圈接地方式运行比较复杂，要增加接地设备投资，而且接地保护也比较复杂，适用于 3～66kV 的中压配电网和大机组高压厂用电系统（用得较少）接地电容电流大于 10A 的情况，但这种接地方式不能补偿接地电流中的谐波分量和有功分量，并受消弧线圈容量的限制。我国电气设备设计规范中规定，35kV 电网如果单相接地电容电流大于 10A，3～10kV 电网如果接地电容电流大于 30A，发电机如果单相接地电流超过 5A，都需要采用中性点经消弧线圈接地方式，同时，《城市电网规划设计导则》（施行）第 59 条中规定，“35kV、10kV 城网，当电缆线路较长、系统电容电流较大时，也可以采用电阻方式”。

3）中性点经低电阻接地方式。在中性点与大地之间接入一低电阻（控制流过接地点的电流在 500A 左右，也有的控制在 100A 左右），发生单相接地故障时，用以泄放线路上的过剩电荷，可以有效降低过电压。由于接在中性点的低电阻限制了中性点电压的升高，所以在发生接地故障时，非故障相的过电压幅值比其他中性点接地方式低。中性点经低电阻接地方式有以下优点：单相接地时，可以抑制单相接地故障时健全相的过电压倍数，使其不超过额定相电压的 2.6 倍；健全相电压升高接续时间短、对设备绝缘等级要求较低，一次设备的耐压水平可按相电压来选择；单相接地时，由于流过故障线路的电流较大，零序过电流保护有较好的灵敏度，可比较容易地切除接地线路。缺点是：较大的接地电流可能产生较高的接触电压和跨步电压，对设备和人身造成威胁，并对周围通信线路造成干扰；单相接地故障时保护动作于跳闸，增加了跳闸次数和停电时间，降低了供电可靠性和连续性。中性点经低电阻接地方式主要适用于电容电流过大（数百安），消弧线圈不能满足灭弧要求的中压配电网和大机组高压厂用电系统。

第三章　防雷及接地设计

雷电是大自然中最宏伟壮观的气体放电现象，它从远古以来就一直吸引人类极大的关注，因为它会危及人类及动物的生命安全，引起森林大火、损毁各种建筑物。

雷电放电所产生的雷电流高达数十、甚至数百千安，从而引起巨大的电磁效应、机械效应和热效应。从电力工程的角度来看，这种效应主要体现在两个方面：①雷电放电在电力系统中引起很高的雷电过电压，它会造成电力系统绝缘故障和停电事故；②雷电放电所产生的巨大电流，可能使被击物炸毁、燃烧，使导体熔断或通过电动力引起机械损坏。

因此在发电厂、变电站和输电线路的设计中，都必须采取有效的防雷保护措施，以保证电气设备和建筑物的安全。

第一节　雷电放电和防雷保护装置

一、雷电放电

雷电放电起源于雷云的形成，雷云的形成比较有代表性的理论有感应起电、对流起电、温差起电、水滴分裂起电、融化起电、冻结起电等。雷电放电属于超长间隙不均匀放电（先导放电）。

雷电参数主要如下：

1）雷暴日 T_d、雷暴小时 T_h。一年中发生雷电的天（小时）数。它们是描述雷电活动频繁程度的两个参数。我国统计表明：对大部分地区来说，一个雷暴日大致折合三个雷暴小时。

2）地面落雷密度 γ。每平方公里地面在一个雷暴日受到的平均雷击次数。我国标准对 $T_d = 40$ 的地区取 $\gamma = 0.07$。

3）雷道波阻抗 Z_0。雷道通道长度达数千米，半径仅数厘米，类似于一条分布参数线路，具有一个等效波阻抗。我国规程建议取 $Z_0 = 300\Omega$。

4）雷电的极性。实测负极性占75%～90%，且负极性过电压波衰减较小、较慢，防雷计算中一般按负极性考虑。

5）雷电流幅值 I。雷电流大小除与雷云中电荷数量有关外，还与被击中物体的波阻抗或接地电阻的量值有关。

雷电流定义为雷击于低接地电阻（$\leqslant 30\Omega$）物体时流过雷击点的电流。

长期的大量实测表明，在一般地区，雷电流的幅值超过 I 的概率可按下式计算：

$$\lg P = -\frac{I}{88} \tag{3-1}$$

式中　I——雷电流幅值(kA)；

P——幅值大于 I 的雷电流出现概率。

6）雷电流的波前时间、波长及陡度。实测：波前时间 $T_1 = 1 \sim 4\mu s$，平均为 $2.6\mu s$；波长（半峰值时间）$T_2=20\sim100\mu s$，平均为$40\mu s$；陡度：$\alpha=I/2.6\mu s$，实测α最大极限可取$50kA/\mu s$。

7）雷电流的计算波形。①双指数波；②斜角波；③斜角平顶波；④半余弦波。

二、防雷保护装置

1. 接闪杆和接闪线

接闪杆和接闪线（又称避雷针和避雷线）作用：直击雷保护，防直击雷。接闪杆结构：接闪器、引下线、接地体。接闪杆保护范围：我国有关规程推荐的保护范围对应0.1%的绕击率。

（1）单支接闪杆保护范围

单支接闪杆的保护范围应按图3-1所示及式（3-2）的方法确定。

$$r_x=\begin{cases}(h-h_x)P, & h_x\geqslant\dfrac{h}{2}\\(1.5h-2h_x)P, & h_x<\dfrac{h}{2}\end{cases}\tag{3-2}$$

式中 r_x——接闪杆在h_x水平面上的保护半径（m）；

h——接闪杆高度（m）；

h_x——被保护物的高度（m）；

P——接闪杆高度影响系数（当$h\leqslant30m$时，$P=1$；当$120m\geqslant h>30m$时，$P=\dfrac{5.5}{\sqrt{h}}$；若$h>120m$，则暂按$h=120m$计算）。

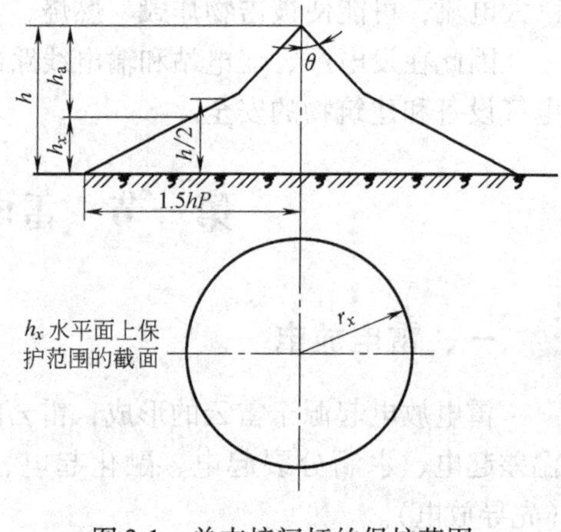

图3-1 单支接闪杆的保护范围

（$h\leqslant30m$时，$\theta=45°$）

（2）两支等高接闪杆保护范围

两支等高接闪杆的保护范围应按图3-2所示确定。

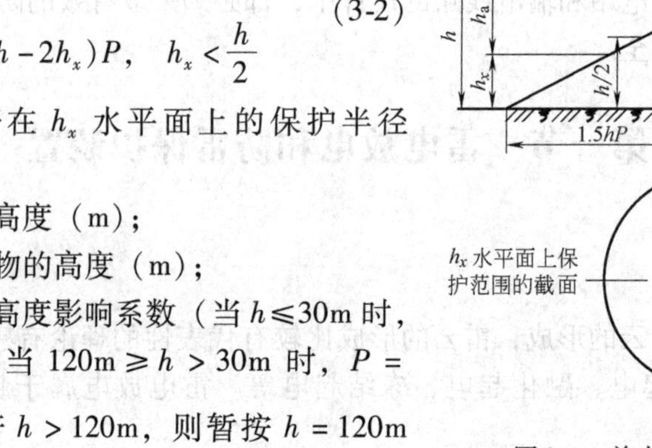

图3-2 高度为h的两等高接闪杆的保护范围

两接闪杆外侧的保护范围按单支接闪杆的计算方法确定。

两接闪杆间的保护最低点高度h_0按下式计算：

$$h_0=h-D/(7P)\tag{3-3}$$

式中　h_0——两接闪杆间的保护最低点的高度（m）；

D——两接闪杆间的距离（m）。

两接闪杆间 h_x 水平面上保护范围的一侧最小宽度 b_x 按下式计算：

$$b_x = 1.5(h_0 - h_x) \tag{3-4}$$

应该强调的是，要使两接闪杆能形成扩大保护范围的联合保护，两接闪杆间的距离 D 不能选得太大，一般两接闪杆间距离 D 不宜大于 $5h$。

（3）两支不等高接闪杆保护范围

此时的保护范围可按图 3-3 方法确定：

1）两支不等高接闪杆外侧的保护范围应分别按单支接闪杆的计算方法确定。

2）两支不等高接闪杆间的保护范围应按单支接闪杆的计算方法，先确定较高接闪杆 1 的保护范围，然后从低接闪杆 2 的顶点作一水平线，与高接闪杆 1 的保护范围边界交于点 3，再取点 3 为一假想的等高接闪杆的顶点，再按两支等高接闪杆的计算方法确定接闪杆 2 和 3 的联合保护范围，即可得到总的保护范围。

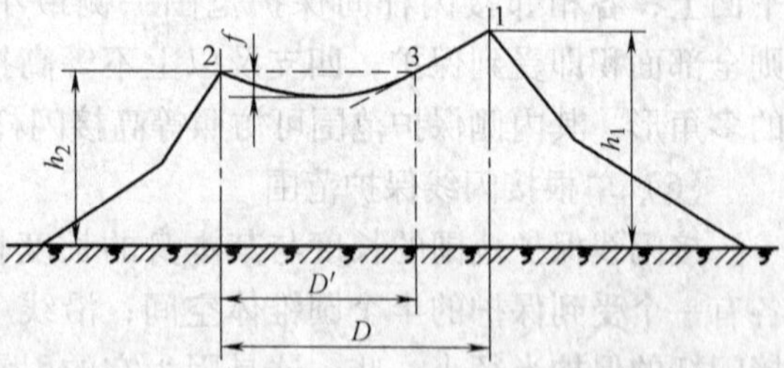

图 3-3　两支不等高接闪杆的保护范围

通过接闪杆 2、3 顶点及保护范围上部边缘最低点的圆弧，其弓高应按下式计算：

$$f = \frac{D'}{7P} \tag{3-5}$$

式中　f——圆弧的弓高（m）；

D'——接闪杆 2 和等效接闪杆 3 间的距离（m）。

（4）多支等高接闪杆保护范围

三支和四支等高接闪杆的保护范围如图 3-4 所示。

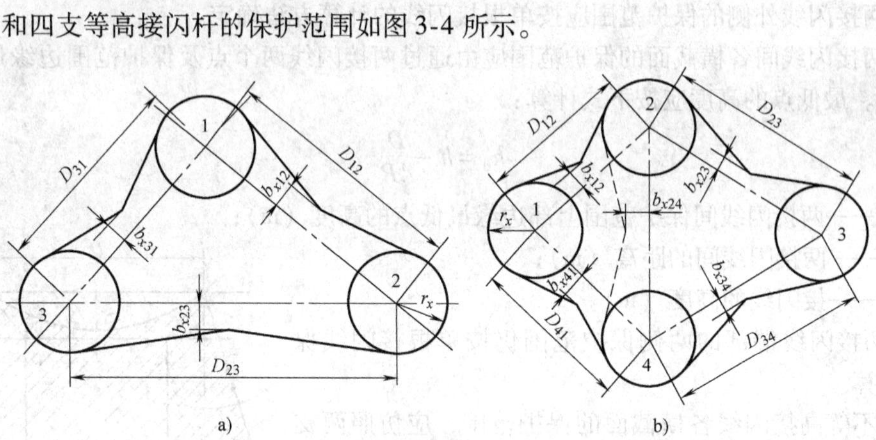

图 3-4　三、四支等高接闪杆在 h_x 水平面上的保护范围

a）三支等高接闪杆在 h_x 水平面上的保护范围

b）四支等高接闪杆在 h_x 水平面上的保护范围

1）三支等高接闪杆所形成的三角形的外侧保护范围应分别按两支等高接闪杆的计算方法确定。若在三角形内被保护物最大高度水平面上，各相邻接闪杆间保护范围的一侧最小宽

度 $b_x \geqslant 0$ 时，则全部面积受到保护。

2）四支及以上等高接闪杆所形成的四角形或多角形，可先将其分成两个或数个三角形，然后分别按三支等高接闪杆的方法计算。如各边的保护范围一侧最小宽度 $b_x \geqslant 0$，则全部面积即受到保护。

（5）多支不等高接闪杆保护范围

对多支不等高接闪杆所形成的多角形，各相邻两接闪杆的外侧保护范围按两支不等高接闪杆的计算方法确定；三支不等高接闪杆，若在三角形内被保护物最大高度 h_x 水平面上，各相邻接闪杆间保护范围一侧最小宽度 $b_x \geqslant 0$，则全部面积即受到保护；四支及以上不等高接闪杆所形成的多角形，其内侧保护范围可仿照等高接闪杆的方法确定。

（6）单根接闪线保护范围

接闪线保护范围的长度与其本身的长度相同，但两端各有一个受到保护的半个圆锥体空间；沿线一侧宽度要比接闪杆的保护半径小一些，这是因为它的引雷效果要比同样高度的接闪杆为小，如图3-5所示。

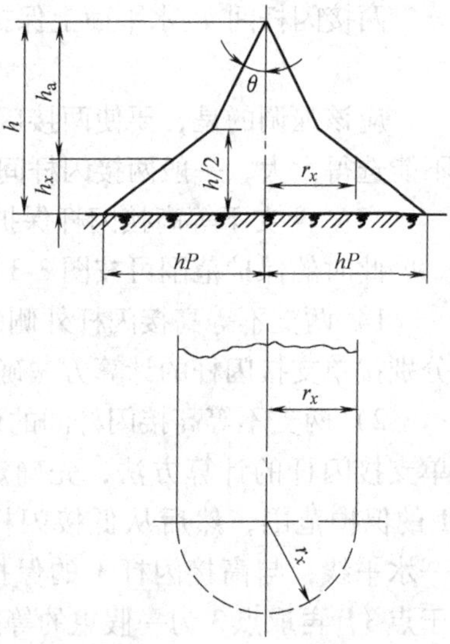

图3-5　单根接闪线的保护范围

（$h \leqslant 30$m 时，$\theta = 25°$）

单根接闪线的保护范围一侧宽度 $r(x)$ 的计算公式如下：

$$r_x = \begin{cases} 0.47(h-h_x)P, & h_x \geqslant \dfrac{h}{2} \\ (h-1.53h_x)P, & h_x < \dfrac{h}{2} \end{cases} \tag{3-6}$$

（7）两根等高平行接闪线的保护范围

1）两接闪线外侧的保护范围应按单根接闪线的计算方法确定。

2）两接闪线间各横截面的保护范围应由通过两接闪线两个点及保护范围边缘最低点的圆弧确定。最低点的高度应按下式计算：

$$h_0 = h - \frac{D}{4P} \tag{3-7}$$

式中　h_0——两接闪线间保护范围上部边缘最低点的高度（m）；

D——两接闪线间的距离（m）；

h——接闪线的高度（m）。

3）两接闪线端部的两侧保护范围仍按单根接闪线保护范围计算。

两根不等高接闪线各横截面的保护范围，应仿照两支不等高接闪杆的方法，按式$\left(h_0 = h - \dfrac{D}{7P}\right)$计算。

保护架空输电线路的接闪线的保护范围还有一种更简单的表示方式——保护角 α（见图3-6）。所谓保护角，系指接闪线和边相导线的连线与经过接闪线的铅垂线之间的夹角。显然，保护角越小，接闪线对导线的保护作用越有效。

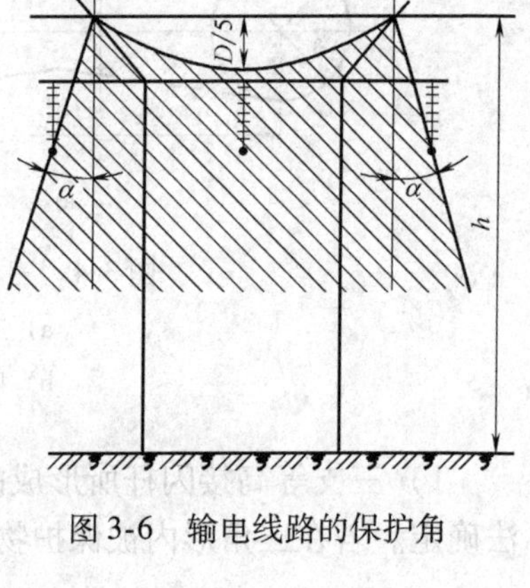

图3-6　输电线路的保护角

杆塔上接闪线对边导线的保护角一般采用20°~30°。对于220~330kV双接闪线线路，α一般采用20°左右，500kV一般不大于15°，山区宜采用较小的保护角。

2. 避雷器

避雷器的作用：限制雷电过电压，以保护电气设备。类型：保护间隙、管型避雷器、阀型避雷器和氧化锌避雷器。要求：①正常工作时隔离导线与地；②动作时限制雷电侵入波；③动作后可靠地切断工频续流；④动作后不产生截波。

1）保护间隙。保护间隙是最简单和最原始的限压器，其结构及接线如图3-7所示。

优点：结构简单、造价低。缺点：产生工频续流；动作后会产生截波。适用范围：不重要和单相接地不会导致严重后果的场合。

2）管型避雷器。管型避雷器实质是一种具有较高熄弧能力的保护间隙，其结构如图3-8所示。

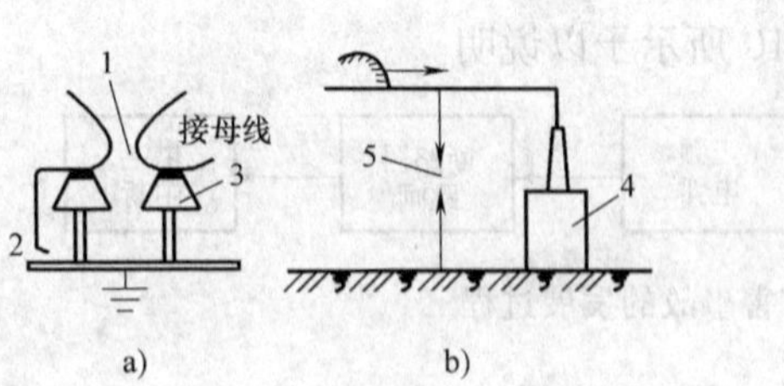

图3-7　保护间隙

a）结构　b）接线

1—角型保护间隙的电极　2—辅助间隙

3—支柱绝缘子　4—被保护设备　5—保护间隙

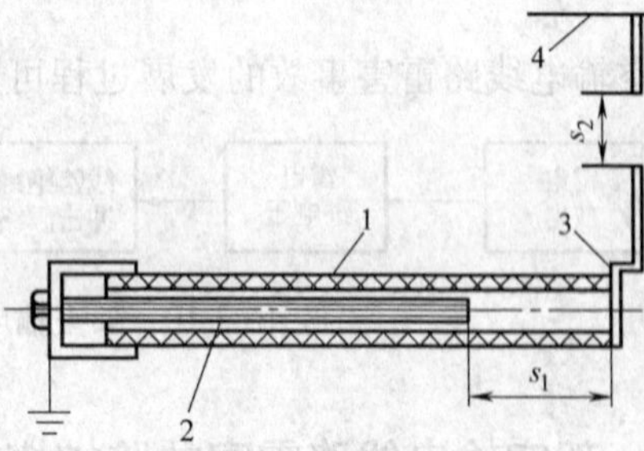

图3-8　管型避雷器

1—产气管　2—棒形电极　3—环形极

4—工作母线　s_1—内间隙　s_2—外间隙

缺点：v—t曲线陡且分散，不好配合；会形成截波；运行维护麻烦。

适用范围：输电线路绝缘比较薄弱的地方和发电厂、变电站进线段。

3）阀型避雷器。阀型避雷器结构如图3-9所示，其由短间隙串（片）和非线性电阻（阀片）组成。

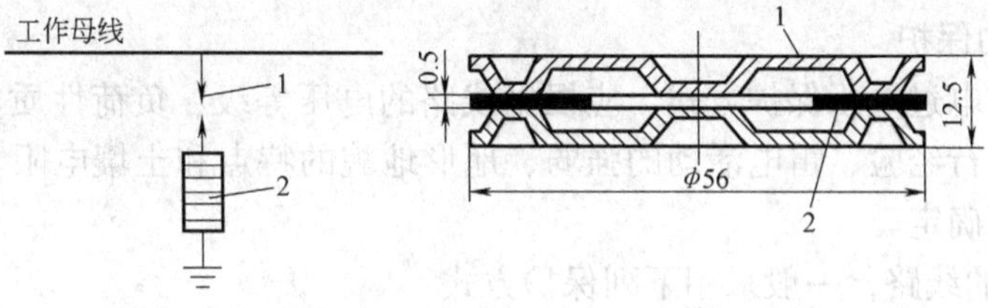

图3-9　阀型避雷器

a）阀型避雷器原理结构　b）普通阀型避雷器单个火花间隙

1—间隙　2—电阻阀片　1—黄铜电极　2—云母垫圈

间隙作用：隔离；限制雷电侵入波；在阀片配合下切断工频续流。

阀片作用：提供残压，防止截波；限制工频续流，配合间隙灭弧。

阀型避雷器分类：普通型、磁吹型。

4）金属氧化物避雷器（MOA）。结构：无间隙。优点：①结构简化，体积小，造价低；②保护性能优越；③无续流、动作负载轻、能重复动作实施保护；④通流容量大，能制成重载避雷器；耐污性能好。

第二节 架空输电线路防雷设计

输电线路是电力系统的大动脉，担负着将发电厂生产和经过变电站变压后的电力输送到各地区用电中心的任务。架空输电线路往往穿越山岭旷野，纵横延伸，遭受雷电袭击的机会很多，因而线路的雷击事故在电力系统总的雷害事故中占有很大的比重。因此，输电线路防雷保护的根本目的就是尽可能减少线路雷害事故的次数和损失。

一、架空输电线路雷害的发展过程

架空输电线路雷害事故的发展过程可用图 3-10 所示予以说明。

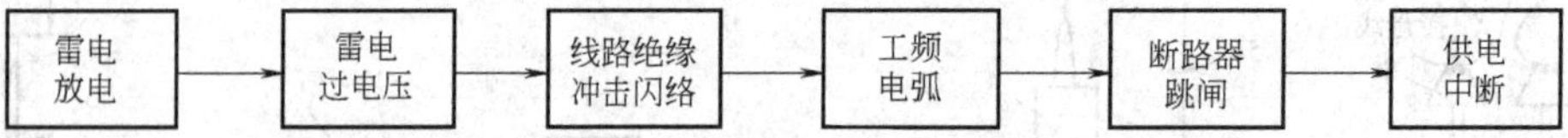

图 3-10 架空输电线路雷害事故的发展过程

二、架空输电线路雷害的防护措施

输电线路雷害的防护措施，俗称“四道防线”：

1）防直击。措施：装设接闪线。

2）防闪络。措施：①降低杆塔的冲击接地电阻；②架设接闪线；③装设耦合地线；④装设避雷器；⑤加强绝缘。

3）防建弧。措施：①加强绝缘；②加消弧线圈（中性点）。

4）防停电。措施：①采用自动重合闸；②双回路或环网供电。

三、架空输电线路防雷保护

1. 一般线路的保护

送电线路的雷电过电压保护方式，应根据线路的电压等级、负荷性质、系统运行方式、当地原有线路的运行经验、雷电活动的强弱、地形地貌的特点和土壤电阻率的高低等条件，通过技术经济比较确定。

1）各级电压的线路，一般采用下列保护方式：

① 330kV 和 500kV 线路应沿全线架设双接闪线，但少雷区除外。

② 220kV 线路宜沿全线架设双接闪线；少雷区宜架设单接闪线。

③ 110kV 线路一般沿全线架设接闪线，在山区和雷电活动特殊强烈地区，宜架设双接闪线。在少雷区可不沿全线架设接闪线，但应装设自动重合闸装置。

④ 66kV 线路，负荷重要且所经地区平均年雷暴日数为 30 以上的地区，宜沿全线架设接闪线。

⑤ 35kV 及以下线路，一般不沿全线架设接闪线。

⑥ 除少雷区外，3～10kV 钢筋混凝土杆配电线路，宜采用瓷或其他绝缘材料的横担；如果用铁横担，对供电可靠性要求高的线路宜采用高一电压等级的绝缘子，并应尽量以较短的时间切除故障，以减少雷击跳闸和断线事故。

2）有接闪线的线路，在一般土壤电阻率地区，其耐雷水平不宜低于表 3-1 所列数值。

表 3-1　有接闪线线路的耐雷水平

标称电压/kV		35	66	110	220	330	500
耐雷水平/kA	一般线路	20～30	30～60	40～75	75～110	100～150	125～175
	大跨越档中央和发电厂、变电站进线保护段	30	60	75	110	150	175

3）有接闪线的线路，每基杆塔不连接闪线的工频接地电阻，在雷季干燥时，不宜超过表 3-2 所列数值。

表 3-2　有接闪线的线路杆塔的工频接地电阻

土壤电阻率/Ω·m	≤100	>100～500	>500～1000	>1000～2000	>2000
接地电阻/Ω	10	15	20	25	30

注：如土壤电阻率超过 2000Ω·m，接地电阻很难降低到 30Ω 时，可采用 6～8 根总长不超过 500m 的放射形接地体，或采用连续伸长接地体，接地电阻不受限制。

4）杆塔上接闪线对边导线的保护角，一般采用 20°～30°。220～330kV 双接闪线线路，一般采用 20°左右，500kV 一般不大于 15°，山区宜采用较小的保护角。杆塔上两根接闪线间的距离不应超过导线与接闪线间垂直距离的 5 倍。

5）有接闪线的线路应防止雷击档距中央反击导线。当气温为 15℃且无风时，档距中央导线与接闪线间的距离宜符合下式：

$$s_1 = 0.012L + 1\text{m} \tag{3-8}$$

式中　s_1——导线与接闪线间的距离（m）；

L——档距长度（m）。

当档距长度较大，按上式计算出的 s_1 大于表 3-3 的数值时，可按后者要求。

表 3-3　防止反击要求的大跨越档导线与接闪线间的距离

系统标称电压/kV	35	66	110	220	330	500
距离/m	3.0	6.0	7.5	11.0	15.0	17.5

6）中雷区及以上地区 35kV 及 66kV 无接闪线线路宜采取措施，减少雷击引起的多相短路和两相异点接地引起的断线事故；钢筋混凝土杆和铁塔宜接地，接地电阻不受限制，但多雷区不宜超过 30Ω。钢筋混凝土杆和铁塔应充分利用其自然接地作用，在土壤电阻率不超过 100Ω·m 或有运行经验的地区，可不另设人工接地装置。

7）钢筋混凝土杆铁横担和钢筋混凝土横担线路的接闪线支架、导线横担与绝缘子固定部分或瓷横担固定部分之间，宜有可靠的电气连接并与接地引下线相连。主杆非预应力钢筋如上下已用绑扎或焊接连成电气通路，则可兼作接地引下线。

利用钢筋兼作接地引下线的钢筋混凝土电杆，其钢筋与接地螺母、铁横担间应有可靠的电气连接。

2. 线路交叉部分的保护

1）线路交叉档两端的绝缘不应低于其邻档的绝缘。交叉点应尽量靠近上下方线路的杆塔，以减少导线因初伸长、覆冰、过载温升、短路电流过热而增大弧垂的影响，以及降低雷击交叉档时交叉点上的过电压。

2）同级电压线路相互交叉或与较低电压线路、通信线路交叉时，两交叉线路导线间或上方线路导线与下方线路接闪线间的垂直距离，当导线温度为40℃时，不得小于表3-4所列数值。对按允许载流量计算导线截面积的线路，还应校验当导线为最高允许温度时的交叉距离，此距离应大于表3-5所列操作过电压间隙距离，且不得小于0.8m。

表3-4　同级电压线路相互交叉或与较低电压线路、通信线路交叉时的交叉距离

系统标称电压/kV	3~10	20~110	220	330	500
交叉距离/m	2	3	4	5	6

表3-5　线路绝缘子每串最少片数和最小空气间隙　（单位：cm）

系统标称电压/kV	20	35	66	110	220	330	500
雷电过电压间隙	35	45	65	100	190	230（260）	330（370）
操作过电压间隙	12	25	50	70	145	195	270
工频电压间隙	5	10	20	25	55	90	130
悬垂绝缘子串的绝缘子个数	2	3	5	7	13	17（19）	25（28）

注：1. 绝缘子型式：一般为XP型；330kV、500kV括号外为XP3型。
2. 绝缘子适用于0级污秽。污秽地区绝缘加强时，间隙一般仍用表中的数值。
3. 330kV、500kV括号内雷电过电压间隙与括号内绝缘子个数相对应，适用于发电厂、变电站进线保护段杆塔。

3. 大跨越档的雷电过电压保护

1）大跨越档的绝缘水平不应低于同一线路的其他杆塔。全高超过40m有接闪线的杆塔，每增高10m，应增加一个绝缘子，接闪线对边导线的保护角，对于66kV及以下和110kV及以上线路分别不宜大于20°和15°。接地电阻不应超过表3-2所列数值的50%，当土壤电阻率大于2000Ω·m时，也不宜超过20Ω。全高超过100m的杆塔，绝缘子数量应结合运行经验，通过雷电过电压的计算确定。

2）未沿全线架设接闪线的35kV及以上新建线路中的大跨越段，宜架设接闪线。对新建无接闪线的大跨越档，应装设避雷器或保护间隙，新建线路还应比表3-5的要求再增加一个绝缘子。

3）根据雷击档距中央接闪线时防止反击的条件，大跨越档导线与接闪线间的距离不得小于表3-6的要求。

表3-6　防止反击要求的大跨越档导线与接闪线间的距离

系统标称电压/kV	35	66	110	220	330	500
距离/m	3.0	6.0	7.5	11.0	15.0	17.5

第三节　发电厂、变电站防雷设计

发电厂和变电站是多条线路的交汇点和电力系统的枢纽，雷害事故往往会造成大面积的停电，事故比输电线路要严重得多。不过变电站的地域比较集中，比较容易加强集中保护。

发电厂和变电站中出现的雷电过电压有两个来源：①雷电直击变电站；②沿输电线路入侵的雷电过电压波。

一、直击雷过电压保护

1. 直击雷过电压保护措施

发电厂和变电站的直击雷过电压保护可采用接闪杆或接闪线。

2. 直击雷过电压保护对象

1）下列设施应装设直击雷保护装置：

① 屋外配电装置，包括组合导线和母线廊道。

② 火力发电厂的烟囱、冷却塔和输煤系统的高建筑物。

③ 油处理室、燃油泵房、露天油罐及其架空管道、装卸油台、易燃材料仓库等建筑物。

④ 乙炔发生站、制氢站、露天氢气罐、氢气罐储存室、天然气调压站、天然气架空管道及其露天贮罐。

⑤ 多雷区的列车电站。

2）发电厂的主厂房、主控制室和配电装置室一般不装设直击雷保护装置。为保护其他设备而装设的接闪杆，不宜装在独立的主控制室和35kV及以下变电站的屋顶上。但采用钢结构或钢筋混凝土结构等有屏蔽作用的建筑物的车间变电站可不受此限制。

雷电活动特殊强烈地区的主厂房、主控制室和配电装置室宜设直击雷保护装置。峡谷地区的发电厂和变电站宜用接闪线保护。露天布置的GIS的外壳不需装设直击雷保护装置，但应接地。

3）发电厂和变电站有爆炸危险且爆炸后可能波及发电厂和变电站内主设备或严重影响发供电的建构筑物（如制氢站、露天氢气储罐、氢气罐储存室、易燃油泵房、露天易燃油储罐、厂区内的架空易燃油管道、装卸油台和天然气管道以及露天天然气储罐等），应用独立接闪杆保护，并应采取防止雷电感应的措施。

3. 独立接闪杆和构架接闪杆

1）独立接闪杆（线）宜设独立的接地装置。在非高土壤电阻率地区，其接地电阻不宜超过10Ω。当有困难时，该接地装置可与主接地网连接，但接闪杆与主接地网的地下连接点至35kV及以下设备与主接地网的地下连接点之间，沿接地体的长度不得小于15m。

独立接闪杆不应设在人经常通行的地方，接闪杆及其接地装置与道路或出入口等的距离不宜小于3m，否则应采取均压措施，或铺设砾石或沥青地面，也可铺设混凝土地面。

2）110kV及以上的配电装置，一般将接闪杆装在配电装置的架构或房顶上，但在土壤电阻率大于1000Ω·m的地区，宜装设独立接闪杆。否则，应通过验算，采取降低接地电阻或加强绝缘等措施。66kV的配电装置，允许将接闪杆装在配电装置的架构或房顶上，但在土壤电阻率大于500Ω·m的地区，宜装设独立接闪杆。

35kV 及以下高压配电装置架构或房顶不宜装接闪杆。

装在架构上的接闪杆应与接地网连接，并应在其附近装设集中接地装置。装有接闪杆的架构上，接地部分与带电部分间的空气中距离不得小于绝缘子串的长度，但在空气污秽地区，如有困难，空气中距离可按非污秽区标准绝缘子串的长度确定。

除水力发电厂外，装设在架构（不包括变压器门形架构）上的接闪杆与主接地网的地下连接点至变压器接地线与主接地网的地下连接点之间，沿接地体的长度不得小于 15m。

3）除水力发电厂外，在变压器门形架构上和在离变压器主接地线小于 15m 的配电装置的架构上，当土壤电阻率大于 350Ω · m 时，不允许装设接闪杆、接闪线；如不大于 350Ω · m，则应根据方案比较确有经济效益，经过计算采取相应的防止反击措施，并应遵守相关规定，方可在变压器门形架构上装设接闪杆、接闪线。

4. 线路接闪线

110kV 及以上配电装置，可将线路的接闪线引接到出线门形架构上，土壤电阻率大于 1000Ω · m 的地区，应装设集中接地装置。

35kV、66kV 配电装置，在土壤电阻率不大于 500Ω · m 的地区，允许将线路的接闪线引接到出线门形架构上，但应装设集中接地装置。在土壤电阻率大于 500Ω · m 的地区，接闪线应架设到线路终端杆塔为止。从线路终端杆塔到配电装置的一档线路的保护，可采用独立接闪杆，也可在线路终端杆塔上装设接闪杆。

5. 独立接闪杆、接闪线与配电装置带电部分间的空气中距离以及独立接闪杆、接闪线的接地装置与接地网间的地中距离

1）独立接闪杆与配电装置带电部分、发电厂和变电站电气设备接地部分、架构接地部分之间的空气中距离，应符合下式的要求：

$$S_a \geqslant 0.2R_i + 0.1h \tag{3-9}$$

式中 S_a——空气中距离（m）；

R_i——接闪杆的冲击接地电阻（Ω）；

h——接闪杆校验点的高度（m）。

2）独立接闪杆的接地装置与发电厂或变电站接地网间的地中距离，应符合下式的要求：

$$S_e \geqslant 0.3R_i \tag{3-10}$$

式中 S_e——地中距离（m）。

3）接闪线与配电装置带电部分、发电厂和变电站电气设备接地部分以及架构接地部分间的空气中距离，应符合下列要求：

对一端绝缘另一端接地的接闪线

$$S_a \geqslant 0.2R_i + 0.1(h + \Delta L) \tag{3-11}$$

式中 h——接闪线支柱的高度（m）；

ΔL——接闪线上校验的雷击点与接地支柱的距离（m）。

对两端接地的接闪线

$$S_a \geqslant \beta'[0.2R_i + 0.1(h + \Delta L)] \tag{3-12}$$

式中 β'——接闪线分流系数，可按规程上相关公式计算；

ΔL——接闪线上校验的雷击点与最近支柱间的距离（m）。

4）接闪线的接地装置与发电厂或变电站接地网间的地中距离，应符合下列要求：

对一端绝缘另一端接地的接闪线，应按式（3-10）校验。对两端接地的接闪线应按下式校验：

$$S_e \geqslant 0.3\beta' R_i \tag{3-13}$$

5）除上述要求外，对接闪杆和接闪线，S_a 不宜小于5m，S_e 不宜小于3m。

二、雷电侵入波过电压保护

雷电侵入波过电压指的是雷电沿输电线路入侵到变电站，在变电站设备上产生的过电压。此类过电压的保护措施是采用避雷器结合进线段进行保护。

避雷器实现作用需满足以下三个条件：

1）避雷器 v—t 特性与被保护绝缘良好配合。

2）避雷器残压低于被保护绝缘冲击耐压。

3）被保护绝缘处于避雷器保护距离之内。

1. 对220kV以上发电厂和变电站高压配电装置的雷电侵入波过电压保护

1）具有架空进线电气设备采用标准绝缘水平的330kV发电厂和变电站敞开式高压配电装置中，金属氧化物避雷器至主变压器的距离，对于单、双、三和四回进线的情况，分别为90m、140m、170m和190m；对其他电器的最大距离可相应增加35%。

2）敞开式发电厂和变电站采用一个半断路器主接线时，金属氧化物避雷器宜装设在每回线路的入口和每一主变压器回路上，母线较长时是否需装设避雷器可通过校验确定。

3）采用GIS、主接线为一个半断路器的发电厂和变电站，金属氧化物避雷器宜安装于每回线路的入口，每组母线上是否安装需经校验确定。当升压变压器经较长的气体绝缘管道或电缆接至GIS母线时（如水力发电厂）以及接线复杂的GIS发电厂和变电站的避雷器的配置可通过校验确定。

2. 对220kV及以下发电厂和变电站高压配电装置的雷电侵入波过电压保护

1）发电厂和变电站应采取措施防止或减少近区雷击闪络。未沿全线架设接闪线的35～110kV架空送电线路，应在变电站1～2km的进线段架设接闪线。

220kV架空送电线路，在2km进线保护段范围内以及35～110kV线路在1～2km进线保护段范围内的杆塔耐雷水平应该符合相关规程的要求。进线保护段上的接闪线保护角宜不超过20°，最大不应超过30°。

2）未沿全线架设接闪线的35～110kV线路，其变电站的进线段应采用图3-11所示的保护接线。

3）发电厂、变电站的35kV及以上电缆进线段，在电缆与架空线的连接处应装设避雷器，其接地端应与电缆金属外皮连接。对三芯电缆，末端的金属外皮应直接接地，如图3-12a所示；对单芯电缆，应经金属氧化物电缆护层保护器（FC）或保护间隙（FG）接地，如图3-12b所示。

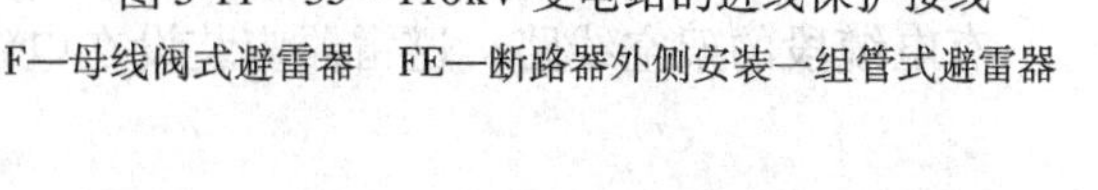

图3-11　35～110kV变电站的进线保护接线
F—母线阀式避雷器　FE—断路器外侧安装一组管式避雷器

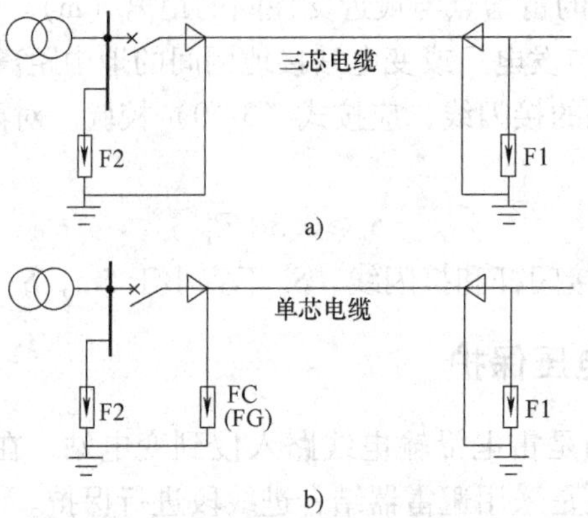

图 3-12 具有 35kV 及以上电缆段的变电站进线保护接线
a）三芯电缆段的变电站进线保护接线 b）单芯电缆段的变电站进线保护接线

若电缆长度不超过 50m 或虽超过 50m，但经校验，装一组避雷器即能符合保护要求，则图 3-12 中可只装 F1 或 F2，若电缆长度超过 50m，且断路器在雷季可能经常断路运行，则应在电缆末端装设避雷器。连接电缆段的 1km 架空线路应架设接闪线。

全线电缆-变压器组接线的变电站内是否需装设避雷器，应视电缆另一端有无雷电过电压波侵入的可能，经校验确定。

3. 具有架空进线的 35kV 及以上发电厂和变电站敞开式高压配电装置中避雷器的配置

每组母线上应装设避雷器。避雷器与主变压器电气距离超过表 3-7 所列的参考值时，可在主变压器附近增设一组避雷器，对其他电器的最大距离可比与主变压器电气距离相应增加 35%。

表 3-7 金属氧化物避雷器至主变压器间的最大电气距离 （单位：m）

系统标称电压/kV	进线长度/km	进线路数			
		1	2	3	≥4
35	1	25	40	50	55
	1.5	40	55	65	75
	2	50	75	90	105
110	1	55	85	105	115
	1.5	90	120	145	165
	2	125	170	205	230
220	2	125	195	235	265

注：表中 35kV 电压级的距离参照普通阀型避雷器的值。

4. 变电站的 3 ~ 10kV 配电装置中避雷器的配置

变电站的 3 ~ 10kV 配电装置（包括电力变压器），应在每组母线和架空进线上装设避雷器。架空进线全部在厂区内，且受到其他建筑物屏蔽时，可只在母线上装设避雷器。

有电缆段的架空线路，避雷器应装设在电缆头附近，其接地端应和电缆金属外皮相连。

若各架空进线均有电缆段，则避雷器与主变压器的最大电气距离不受限制。

避雷器应以最短的接地线与变电站、配电所的主接地网连接（包括通过电缆金属外皮连接）。避雷器附近应装设集中接地装置。

3～10kV 配电所，当无所用变压器时，可仅在每路架空进线上装设避雷器。

三、变压器的防雷保护

1. 三绕组变压器保护

与架空线路连接的三绕组自耦变压器、变压器（包括一台变压器与两台电发机相连的三绕组变压器）的低压绕组如有开路运行的可能和发电厂双绕组变压器当发电机断开由高压侧倒送厂用电时，应在变压器低压绕组三相出线上装设避雷器，以防来自高压绕组的雷电波的感应电压危及低压绕组绝缘；但如该绕组连接 25m 及以上金属外皮电缆段，则可不必装设避雷器。

2. 自耦变压器保护

自耦变压器一般除了高中压自耦绕组外，还有三角形联结的低压非自耦绕组，以减少零序电抗和改善电压波形，其在运行中，可能出现高、低压绕组运行、中压绕组开路和中、低压运行、高压绕组开路的情况。

1）高低压绕组运行，中压开路，高压进波：

$$U_{2\max}=\frac{2}{k}U_1 \tag{3-14}$$

式中　$U_{2\max}$——变压器中压侧可能出现的最大电压；

k——变压器高、中压绕组的电压比；

U_1——变压器高压侧电压。

2）中低压绕组运行，高压侧开路

$$U_{1\max}=2kU_2 \tag{3-15}$$

式中　$U_{1\max}$——变压器高压侧可能出现的最大电压；

U_2——变压器中压侧电压。

以上两种运行方式，开路侧绕组都会出现较高的过电压，可能危及该侧绕组绝缘。故自耦变压器必须在其两个自耦合的绕组出线上装设避雷器，该避雷器应装在自耦变压器和断路器之间，并采用图 3-13 所示的保护接线。

3. 变压器中性点保护

1）有效接地系统中的中性点不接地的变压器，如中性点采用分级绝缘且未装设保护间隙，则应在中性点装设雷电过电压保护装置，且宜选变压器中性点金属氧化物避雷器。如中性点采用全绝缘，但变电站为单进线且为单台变压器运行，也应在中性点装设雷电过电压保护装置。

2）不接地、消弧线圈接地和高电阻接地系统中的变压器中性点，一般不装设保护装置，但多雷区单进线变电站且变压器中性点引出时，宜装设保护装置；中性点接有消弧线圈的变压器，如有单进线运行可能，也应在中性点装设保护装置。

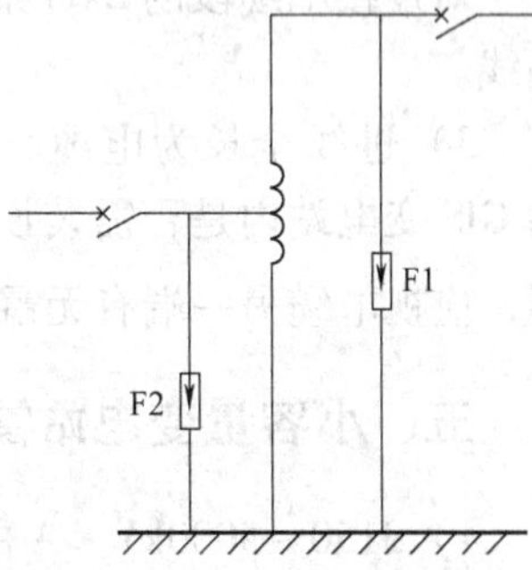

图 3-13　自耦变压器的典型保护接线

四、气体绝缘全封闭组合电器（GIS）变电站的雷电侵入波过电压保护

1）66kV 及以上进线无电缆段。66kV 及以上进线无电缆段的 GIS 变电站，在 GIS 管道与架空线路的连接处，应装设金属氧化物避雷器（FMO1），其接地端应与管道金属外壳连接，如图 3-14 所示。

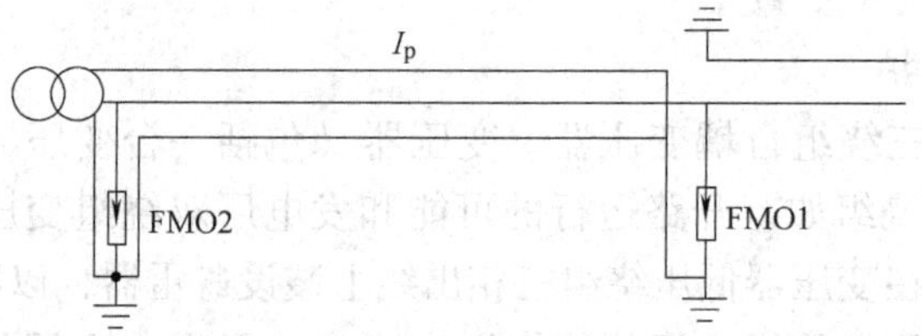

图 3-14　无电缆段进线的 GIS 变电站保护接线

若变压器或 GIS 一次回路的任何电气部分至 FMO1 间的最大电气距离不超过下列参考值或虽超过，但经校验，装一组避雷器即能符合保护要求，则图 3-14 中可只装设 FMO1：

66kV	50m
110kV 及 220kV	130m

连接 GIS 管道的架空线路进线保护段的长度应不小于 2km。

2）66kV 及以上进线有电缆段。66kV 及以上进线有电缆段的 GIS 变电站，在电缆段与架空线路的连接处应装设金属氧化物避雷器（FMO1），其接地端应与电缆的金属外皮连接。对三芯电缆，末端的金属外皮应与 GIS 管道金属外壳连接接地，如图 3-15a 所示；对单芯电缆，应经金属氧化物电缆护层保护器（FC）接地，如图 3-15b 所示。

若电缆末端至变压器或 GIS 一次回路的任何电气部分之间的最大电气距离不超过 1）中的参考值或虽超过，但经校验，装一组避雷器即能符合保护要求，则图 3-15 中可不装设 FMO_2。

对连接电缆段的 2km 架空线路应架设接闪线。

3）进线全长为电缆。进线全长为电缆的 GIS 变电站内是否需装设金属氧化物避雷器，应视电缆另一端有无雷电过电压波侵入的可能，经校验确定。

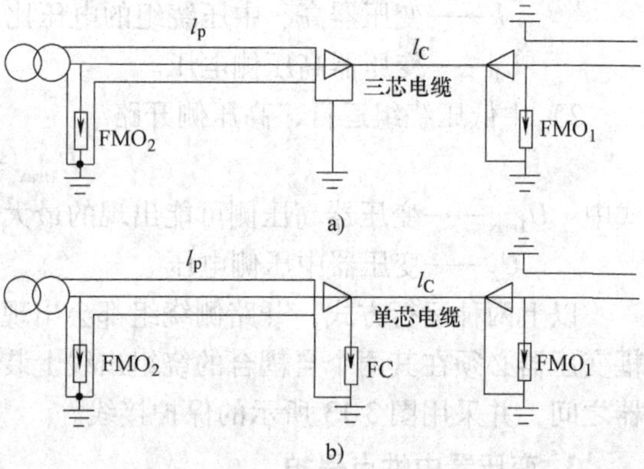

图 3-15　有电缆段进线的 GIS 变电站保护接线

a）三芯电缆段进线的 GIS 变电站保护接线

b）单芯电缆段进线的 GIS 变电站保护接线

五、小容量变电站雷电侵入波过电压的简易保护

1）3150～5000kV·A 的变电站 35kV 侧。可根据负荷的重要性及雷电活动的强弱等条件适当简化保护接线，变电站进线段的接闪线长度可减少到 500～600m，但其首端避雷器或保护间隙的接地电阻不应超过 5Ω，如图 3-16 所示。

2）小于3150kV · A供非重要负荷的变电站35kV侧。根据雷电活动的强弱，可采用图3-17a所示的保护接线；容量为1000kV · A及以下的变电站，可采用图3-17b所示的保护接线。

3）小于3150kV · A供非重要负荷的35kV分支变电站。根据雷电活动的强弱，可采用图3-18所示的保护接线。

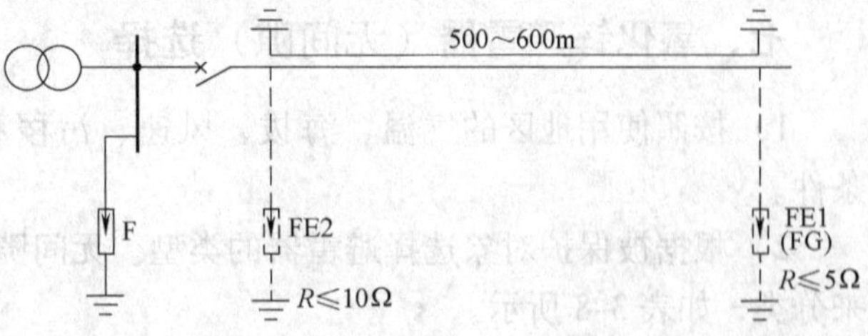

图3-16　3150～5000kV · A、35kV变电站的简易保护接线

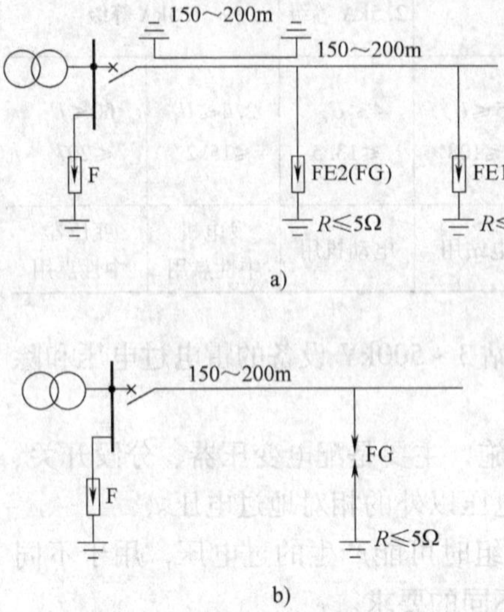

图3-17　小于3150kV · A变电站的简易保护

a）采用接闪线保护的接线

b）不采用接闪线保护的接线

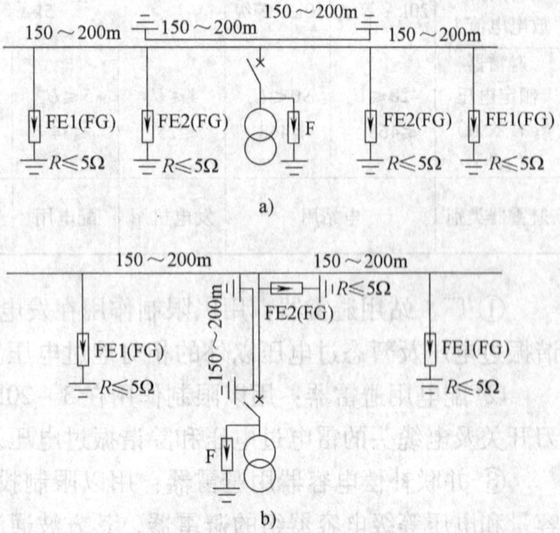

图3-18　小于3150kV · A分支变电站的简易保护

a）分支线较短时的保护接线

b）分支线较长时的保护接线

4）简易保护接线的变电站35kV侧。避雷器与主变压器或电压互感器间的最大电气距离不宜超过10m。

六、配电系统的雷电过电压保护

1）3～10kV配电系统中的配电变压器。应装设避雷器保护。避雷器应尽量靠近变压器装设，其接地线应与变压器低压侧中性点（中性点不接地时则为中性点的击穿熔断器的接地端）以及金属外壳等连在一起接地。

2）3～10kV，Yyn和Yy（低压侧中性点接地和不接地）接线的配电变压器。宜在低压侧装设一组避雷器或击穿熔断器，以防止反变换波和低压侧雷电侵入波击穿高压侧绝缘。但厂区内的配电变压器可根据运行经验确定。

低压侧中性点不接地的配电变压器。应在中性点装设击穿熔断器。

3）35kV/0.4kV配电变压器，其高低压侧均应装设避雷器保护。

4）3～10kV柱上断路器和负荷开关。应装设避雷器保护。经常断路运行而又带电的柱上断路器、负荷开关或隔离开关，应在带电侧装设避雷器，其接地线应与柱上断路器等的金属外壳连接，且接地电阻不应超过10Ω。装设在架空线路上的电容器宜装设避雷器保护。

七、氧化锌避雷器（无间隙）选择

1）按照使用地区的气温、海拔、风速、污秽和地震等环境条件，确定避雷器的使用条件。

2）根据被保护对象选择避雷器的类型。无间隙避雷器按其标称放电电流及使用的场合来分类，如表3-8所示。

表3-8 避雷器分类

标称放电电流 I_n	20kA 等级	10kA 等级	5kA 等级				2.5kA 等级	1.5kA 等级	
避雷器额定电压（有效值）U_r/kV	$420 \leqslant U_r \leqslant 468$	$90 \leqslant U_r \leqslant 468$	$4 \leqslant U_r \leqslant 25$	$5 \leqslant U_r \leqslant 34$	$5 \leqslant U_r \leqslant 90$	$5 \leqslant U_r \leqslant 108$	$4 \leqslant U_r \leqslant 13.5$	$2.4 \leqslant U_r \leqslant 15.2$	$60 \leqslant U_r \leqslant 207$
避雷器类别	电站用		发电机用	配电用	并联补偿电容器用	电站用	电动机用	发电机中性点用	变压器中性点用

① 厂、站用避雷器：用以限制作用在发电厂、变电站3~500kV设备的雷电过电压和除谐振过电压及暂态过电压以外的相对地过电压。

② 配电用避雷器：用以限制作用在3~20kV配电设施，主要是配电变压器、分段开关、刀开关及电缆头的雷电过电压和除谐振过电压及暂态过电压以外的相对地过电压。

③ 并联补偿电容器用避雷器：用以限制投切电容器组时可能产生的过电压，用于不同容量和电压等级电容器组的避雷器，其方波通流容量有不同的要求。

④ 发电机用避雷器：用以限制作用在发电机的雷电过电压和除谐振过电压以外的相对地过电压，并可限制升压变压器的传递过电压。

⑤ 电动机用避雷器：用以限制3~10kV投切电动机时的操作过电压。

⑥ 发电机中性点用避雷器：用以限制发电机中性点的雷电侵入波过电压，同时对发电机整个绝缘也有一定的保护作用。在正常运行工况下，作用在避雷器上的电压很低。

⑦ 变压器中性点用避雷器：主要用以限制中性点为分级绝缘的变压器（包括中性点接有低于其设备绝缘水平的设备，如消弧线圈）雷电过电压。在正常运行工况下，作用在避雷器上的电压很低。

⑧ 其他特殊用途避雷器：避雷器还可用于下列设备的过电压保护，如输电线路、串联电抗器、串联电容器、电缆护层、电流互感器低压和高压侧匝间、发电机灭磁回路等。

3）按照系统中长期作用在避雷器上的最高电压确定避雷器的持续运行电压 U_c。避雷器持续运行电压是允许持久地施加在避雷器端子间的工频电压有效值。对于无间隙避雷器，运行电压直接作用在避雷器的电阻片上，会引起电阻片的劣化，因此允许持续作用在避雷器上的电压是一个很重要的参数。为了保证一定的使用寿命，长期作用在避雷器上的电压不得超过避雷器的持续运行电压，以免引起电阻片的过热和热崩溃。避雷器的持续运行电压一般相当于额定电压的75%~80%。

① 中性点直接接地系统：在中性点直接接地系统中，接在相对地的无间隙避雷器，其持续运行电压应不低于系统的最高工作相电压。

$$U_c \geqslant U_m/\sqrt{3} \tag{3-16}$$

式中　U_m——系统最大工作电压（kV），其值见表 3-9。

表 3-9　系统标称电压和系统最高工作电压（有效值）　　（单位：kV）

U_n	3	6	10	20	35	66	110	220	330	500
U_m	3.6	7.2	12	24	40.5	72.5	126	252	363	550

② 中性点非直接接地系统：在中性点非直接接地系统中，如果单相接地故障在 10s 及以内切除，无间隙避雷器其持续运行电压应不低于系统的最高工作相电压。有的系统为了安全供电的需要，当单相接地故障时，一般不瞬时跳闸，接地故障的持续时间有的在 2h 及以上，这时作用在健全相避雷器上的电压就等于或高于系统的线电压。在 3～20kV 系统中，中性点大多不直接接地，当零序电抗（X_0）与正序电抗（X_1）之比在 −20～−∞之间，在健全相上的电压可达线电压的 1.1 倍。在 35～66kV 系统中，中性点一般经消弧线圈接地，且在过补偿下运行，健全相上的电压一般不高于线电压：

10s 及以内切除故障：$U_c \geqslant U_m/\sqrt{3}$；10s 以上切除故障：$U_c \geqslant 1.1U_m$（3～20kV 系统），$U_c \geqslant U_m$（35～66kV 系统）。

无间隙金属氧化物避雷器持续运行电压如表 3-10 所示。

表 3-10　无间隙金属氧化物避雷器持续运行电压

系统接地方式		持续运行电压/kV	
		相　地	中 性 点
有效接地	110kV	$U_m/\sqrt{3}$	$0.45U_m$
	220kV	$U_m/\sqrt{3}$	$0.13U_m$（$0.45U_m$）
	330kV、500kV	$U_m/\sqrt{3}$（$0.59U_m$）	$0.13U_m$
不接地	3～20kV	$1.1U_m$，U_{mg}	$0.64U_m$，$U_{mg}/\sqrt{3}$
	35kV、66kV	U_m	$U_m/\sqrt{3}$
消弧线圈		U_m，U_{mg}	$U_m/\sqrt{3}$，$U_{mg}/\sqrt{3}$
低电阻		$0.8U_m$	
高电阻		$1.1U_m$，U_{mg}	$1.1U_m/\sqrt{3}$，$U_{mg}/\sqrt{3}$

注：1. 220kV 括号外、内数据分别对应变压器中性点经接地电抗器和不接地。
2. 330kV、500kV 括号外、内数据分别与工频过电压 1.3pu 和 1.4pu 对应。
3. 220kV 变压器中性点经接地电抗器接地和 330kV、500kV 变压器或高压并联电抗器中性点经接地电抗器接地时，接地电抗器的电抗与变压器或高压并联电抗器的零序电抗之比不大于 1/3。
4. 110kV、220kV 变压器中性点不接地且绝缘水平低于标准时，避雷器的参数需另行确定。
5. U_m 为系统最高电压，U_{mg} 为发电机最高运行电压。

4）估算避雷器安装点的暂时过电压的幅值和持续时间，选择避雷器的额定电压 U_r，并与工频电压耐受时间特性进行校核。

避雷器额定电压是施加到避雷器端子间的最大允许工频电压有效值，按照此电压所设计的避雷器，能在所规定的动作负载试验中确定的暂时过电压下正确地工作。它是表明避雷器运行特性的一个重要参数，但它不等于系统标称电压。由于电力系统的标称电压是该系统相间电压的标称值，而避雷器一般安装在相对地之间，正常工作下承受的是相电压和暂时过电压，并且避雷器有它本身的特点，因此其额定电压与电力系统的标称电压以及其他电器（变压器、断路器等）的额定电压有不同的意义。按国际电工委员会（IEC9 9—4）及 GB 11032—

2010《交流无间隙金属氧化物避雷器》对无间隙金属氧化物避雷器的规定，避雷器在60℃的温度下，注入标准规定的能量后，必须能耐受相当于额定电压数值的暂时过电压至少10s。在相同的系统标称电压下，避雷器的额定电压选得越高，在运行中通过避雷器的漏电流越小，对减轻避雷器的劣化越有利，可以提高运行的可靠性。但另一方面，避雷器的额定电压高了，残压也相应增高了，在同样的绝缘水平下，保护裕度会降低，这两方面是矛盾的。一般考虑的原则是：只要满足保护绝缘的配合系数，避雷器的额定电压就可选得高一些。

无间隙金属氧化物避雷器额定电压如表3-11所示。

表3-11 无间隙金属氧化物避雷器额定电压

系统接地方式		额定电压/kV	
		相 地	中 性 点
有效接地	110kV	$0.75U_m$	$0.57U_m$
	220kV	$0.75U_m$	$0.17U_m$ ($0.57U_m$)
	330kV、500kV	$0.75U_m$ ($0.8U_m$)	$0.17U_m$
不接地	3~20kV	$1.38U_m$，$1.25U_{mg}$	$0.8U_m$，$0.72U_{mg}$
	35kV、66kV	$1.25U_m$	$0.72U_{mg}$
消弧线圈		$1.25U_m$，$1.25U_{mg}$	$0.72U_m$，$0.72U_{mg}$
低电阻		U_m	
高电阻		$1.38U_m$，$1.25U_{mg}$	$0.8U_m$，$0.72U_{mg}$

注：1. 220kV括号外、内数据分别对应变压器中性点经接地电抗器和不接地。
2. 330kV、500kV括号外、内数据分别与工频过电压1.3pu和1.4pu对应。
3. 220kV变压器中性点经接地电抗器接地和330kV、500kV变压器或高压并联电抗器中性点经接地电抗器接地时，接地电抗器的电抗与变压器或高压并联电抗器的零序电抗之比不大于1/3。
4. 110kV、220kV变压器中性点不接地且绝缘水平低于标准时，避雷器的参数需另行确定。
5. U_m为系统最高电压，U_{mg}为发电机最高运行电压。

① 中性点直接接地系统：在中性点直接接地系统中，单相接地故障在10s及以内切除，可以只考虑单相接地时非故障相的电压升高和部分甩负荷、长线效应引起的暂时过电压。额定电压可以等于或大于暂时过电压。即

$$U_r \geqslant U_t \tag{3-17}$$

式中 U_t——暂时过电压（kV）。

② 中性点非直接接地系统：在中性点非直接接地系统中，如果单相接地故障在10s及以内切除，也可以应用以上原则；如果单相接地故障在10s以上切除，额定电压还应乘上一个系数k。即

$$U_r \geqslant kU_t \tag{3-18}$$

式中 k——切除单相接地故障时间系数：10s及以内切除，$k=1.0$，10s以上切除，$k=1.25\sim1.3$（主要用于保护并联补偿电容器及其他绝缘较弱设备的避雷器）。

暂时过电压U_t的推荐值如表3-12所示。

表3-12 暂时过电压U_t推荐值（有效值） （单位：kV）

U_n	非直接接地系统		直接接地系统		
系统标称电压	3~20	35~66	110~220	330~500	
				母线侧	线路侧
U_t	$1.1U_m$	U_m	$1.4U_m/\sqrt{3}$	$1.3U_m/\sqrt{3}$	$1.4U_m/\sqrt{3}$

避雷器额定电压的建议值如表3-13、表3-14所示。

表3-13　避雷器额定电压 U_r 建议值(1)（有效值）　（单位：kV）

接地方式	非直接接地系统及小阻抗接地系统											
	10s及以内切除故障						10s以上切除故障					
系统标称电压	3	6	10	20	35	66	3	6	10	20	35	66
U_r	4	8	13	26	42	72	5	10	17	34	54	96

表3-14　避雷器额定电压 U_r 建议值(2)（有效值）　（单位：kV）

接地方式	直接接地系统					
系统标称电压	110	220	330		500	
			母线侧	线路侧	母线侧	线路侧
U_r	102	204	300	312	420	444

③ 保护发电机用避雷器：保护发电机用的避雷器的额定电压按1.25倍发电机额定电压选择，建议值如表3-15所示。

表3-15　保护发电机用避雷器额定电压 U_r 建议值（有效值）　（单位：kV）

发电机额定电压	3.15	6.3	10.5	13.8	15.75	18	20	22	24	26
U_r	4	8	13.2	17.5	20	22.5	25	27.5	30	32.5

④ 中性点用避雷器：

a. 变压器中性点用避雷器的额定电压，一般直接接地系统不低于系统最高工作相电压，非直接接地系统不低于系统最高工作电压。变压器中性点避雷器的额定电压建议值如表3-16所示。

表3-16　变压器中性点用避雷器额定电压 U_r 建议值（有效值）　（单位：kV）

中性点绝缘水平	全绝缘			分级绝缘		
系统标称电压	35	66	110	220	330	500
U_r	51	96	72	144	84（210）	102

注：括号中的数值用于中性点150kV等级绝缘。

b. 发电机中性点避雷器的额定电压，一般按发电机额定相电压1.25倍选择，其建议值如表3-17所示。

表3-17　发电机中性点用避雷器额定电压 U_r 建议值（有效值）　（单位：kV）

发电机额定电压	3.15	6.3	10.5	13.8	15.75	18	20	22	24	26
U_r	2.4	4.8	8.0	10.5	12.0	13.7	15.0	16.0	18.0	19.0

5）估算通过避雷器的雷电放电电流幅值，选择避雷器的标称放电电流。按照DL/T 620—1997《交流电气装置的过电压保护和绝缘配合》规定，66kV及以上系统架空线路，绝大部分均为沿全线架设接闪线，按远方雷击的侵入波的概率统计及变电站的重要性，可作以下选择：

① 66~220kV 系统一般选用5kA，在雷电活动特别强烈的地区、重要的变电站，进线保护不完善或进线段耐雷水平达不到规定时，可选用10kA。

② 330kV 系统一般选用10kA。

③ 500kV 系统一般选用10~20kA。

④ 35kV 及以下系统虽不是全线架设接闪线，但从技术经济比较考虑，有一定的设备绝缘损坏危险率是可以接受的，按照避雷器类型的使用条件，标称放电电流可选用5kA、2.5kA 和1.5kA 等级。

近区雷击一般不作为选择标称放电电流的依据，但避雷器应该具有足够的大电流冲击耐受能力。

GB 11032—2010《交流无间隙金属氧化物避雷器》中规定的避雷器标称放电电流见表3-8。

6）估算通过避雷器的操作冲击电流和能量，选择避雷器的线路放电等级、方波冲击试验电流幅值以及能量吸收能力。

7）根据被保护设备的额定雷电冲击耐受电压和操作冲击耐受电压，按照绝缘配合的要求，确定避雷器雷电冲击保护水平和操作冲击保护水平。

避雷器的保护水平，是电力系统过电压保护和绝缘配合中的一项基本参数。

① 雷电过电压的保护水平：无间隙金属氧化物避雷器的保护水平完全由它的残压所决定。避雷器雷电过电压的保护水平是下列两项数值的较高者：陡波冲击电流下最大残压除以1.15；标称放电电流下最大残压。

② 操作过电压保护水平：它是操作冲击电流下的最大残压。避雷器的操作冲击电流残压试验所用的操作冲击电流的波头时间为30~100μs（在此范围内或波头更长对残压值无明显影响），其电流幅值则按避雷器的不同标称电流系列、不同类型以及不同额定电压分别规定了不同的数值。这个操作冲击电流值只用于避雷器的操作残压试验，并不要求在长持续时间冲击电流耐受试验中也要达到这一数值。

8）按照避雷器安装处的最大故障电流，选择避雷器的压力释放等级。

在避雷器内部故障时通过避雷器的故障电流不致引起避雷器外套的严重爆炸，避雷器所能耐受的短路电流应大于避雷器安装处的最大短路电流，并按此选定避雷器的压力释放电流等级。在选择压力释放电流等级时，一般可参考安装处10年内系统发展可能达到的最大短路电流（周期分量）有效值。

9）按照避雷器安装处的污秽情况，选择避雷器外套的爬电比距。在外绝缘选择中，要考虑设备外绝缘与海拔的关系。

对于正常使用条件的避雷器，避雷器外套所承受的雷电冲击水平不得低于1.2倍的标称电流下的残压值。在避雷器安装处的海拔超过1000m，或地震烈度在7度以上、最大风速超过35m/s 以及覆冰厚度超过2cm 时，应与制造厂协商，对避雷器外绝缘机械强度重新核算。根据避雷器安装地区的污秽情况，按标准 GB/T 5582—1993《高压电力设备外绝缘污秽等级》选用避雷器外绝缘污秽等级。污秽等级分为4级，规定了外套最小公称爬电比距的要求：Ⅰ级轻污秽地区为17mm/kV；Ⅱ级中等污秽地区为20mm/kV；Ⅲ级重污秽地区为25mm/kV；Ⅳ级特重污秽地区为31mm/kV。在选择爬电比距时，应注意外套的有效绝缘高度，考虑它的有效性。在Ⅲ级及以上重污秽地区用的避雷器，其型式试验中应做人工污秽试验。

10）按照避雷器安装处的引线拉力、风速和地震条件，选择避雷器的机械强度。

运行中的避雷器要承受导线的最大允许水平拉力和作用于避雷器上的风压力。

① 承受的长期机械力。避雷器在下述机械负荷共同作用下，应能可靠运行：

避雷器顶端承受导线的最大允许水平拉力 F_1，其值按表 3-18 规定。

作用于避雷器上的风压力 F_2（N）应按下式计算：

$$F_2 = \frac{v_0^2}{16}\alpha S \times 9.8 \tag{3-19}$$

式中　v_0——最大风速（m/s）；

S——避雷器的迎风面积（应考虑表面覆冰厚度 20mm）（m^2）；

α——空气动力系数，它依风速大小而定，当 $v_0 \leqslant 35$m/s 时，$\alpha = 0.8$。

表 3-18　最大允许水平拉力 F_1

避雷器额定电压（有效值）/kV	2.4～25	42～90	96～216	288～468
最大允许水平拉力/N	147	294	490，980	980，1470

② 承受地震力。使用于地震区的避雷器，制造厂商应通过计算或试验，提供避雷器可能承受的地震加速度。

11）当避雷器不能满足绝缘配合要求时，可采取以下一种或几种办法予以改进：调整避雷器的位置；选择保护性能较好的避雷器；适当降低避雷器的额定电压；增加避雷器的台数等。

第四节　防雷接地设计

电力系统、装置或设备应按规定接地。接地装置应充分利用自然接地极接地，但应校验自然接地极的热稳定性。按用途接地可分为系统接地、保护接地、雷电保护接地和防静电接地。

发电厂和变电站内，不同用途和不同额定电压的电气装置或设备，除另有规定外应使用一个总的接地网。接地网的接地电阻应符合其中最小值的要求。

设计接地装置时，应计及土壤干燥或降雨和冻结等季节变化的影响，接地电阻、接触电位差和跨步电位差在四季中均应符合相关规范的要求。

一、发电厂、变电站的防雷接地

发电厂和变电站内需要良好的接地装置以满足工作、安全和防雷保护的接地要求。一般的做法是根据安全和工作接地要求敷设一个统一的接地网，然后再在接闪杆和避雷器安装处增加接地体以满足防雷接地的要求。

1. 发电厂和变电站接地网

（1）设计一般要求

1）设计人员应掌握工程地点的地形地貌、土壤的种类和分层状况，并应实测或搜集站址土壤及江、河、湖泊等的水的电阻率、地质电测部门提供的地层土壤电阻率分布资料和关于土壤腐蚀性能的数据，应充分了解站址处较大范围土壤的不均匀程度。

2）设计人员应根据有关建筑物的布置、结构、钢筋配置情况，确定可利用作为接地网的自然接地极。

3）设计人员应根据当前和远景的最大运行方式下一次系统电气接线、母线连接的送电线路状况、故障时系统的电抗与电阻比值等，确定设计水平年的最大接地故障不对称电流有效值。

4）设计人员应计算确定流过设备外壳接地导体（线）和经接地网入地的最大接地故障不对称电流有效值。

5）接地网的尺寸及结构应根据站址土壤结构和其电阻率，以及要求的接地网的接地电阻值初步拟定，并宜通过数值计算获得接地网的接地电阻值和地电位升高，且将其与要求的限值比较，并通过修正接地网设计使其满足要求。

6）设计人员应通过计算获得地表面的接触电位差和跨步电位差分布，并应将最大接触电位差和最大跨步电位差与允许值加以比较。不满足要求时，应采取降低措施或采取提高允许值的措施。

7）接地导体（线）和接地极的材质和相应的截面积，应计及设计使用年限内土壤对其的腐蚀，通过热稳定校验确定。

8）设计人员应根据实测结果校验设计。当不满足要求时，应补充与完善或增加防护措施。

（2）接地电阻与均压要求

1）保护接地要求的发电厂和变电站接地网的接地电阻，应符合下列要求：

① 有效接地系统和低电阻接地系统，应符合以下要求：

接地网的接地电阻宜符合下式的要求，且保护接地接至变电站接地网的站用变压器的低压应采用 TN 系统，低压电气装置应采用（含建筑物钢筋的）保护总等电位联结系统，即

$$R \leqslant 2000/I_G \tag{3-20}$$

式中 R——考虑季节变化的最大接地电阻（Ω）；

I_G——计算用经接地网入地的最大接地故障不对称电流有效值（A），应按 GB 50065—2011《交流电气装置的接地设计规范》附录 B 确定。

I_G 应采用设计水平年系统最大运行方式下在接地网内、外发生接地故障时，经接地网流入地中并计及直流分量的最大接地故障电流有效值。对其计算时，还应计算系统中各接地中性点间的故障电流分配，以及接闪线中分走的接地故障电流。

当接地网的接地电阻不符合式（3-20）的要求时，可通过技术经济比较适当增大接地电阻。

② 不接地、谐振接地、谐振-低电阻接地和高电阻接地系统，应符合以下要求：

接地网的接地电阻应符合下式的要求，但不应大于4Ω，且保护接地接至变电站接地网的站用变压器的低压侧电气装置，应采用（含建筑物钢筋的）保护总等电位联结系统，即

$$R \leqslant 120/I_g \tag{3-21}$$

式中 R——采用季节变化的最大接地电阻（Ω）；

I_g——计算用的接地网入地对称电流（A）。

2）确定发电厂和变电站接地网的型式和布置时，应符合下列要求：

① 110kV 及以上有效接地系统和 6 ~ 35kV 低电阻接地系统发生单相接地或同点两相接地时，发电厂和变电站接地网的接触电位差和跨步电位差不应超过由下列二式计算所得的数值：

$$U_t = \frac{174 + 0.17\rho_s C_s}{\sqrt{t_s}} \tag{3-22}$$

$$U_s = \frac{174 + 0.7\rho_s C_s}{\sqrt{t_s}} \tag{3-23}$$

式中 U_t——接触电压差允许值（V）；

U_s——跨步电压差允许值（V）；

ρ_s——地表层的电阻率（Ω·m）；

C_s——表面衰减系数，按 GB50065 附录 C 确定；

t_s——接地故障电流持续时间，与接地装置热稳定校验的接地故障等效持续时间 t_e 取相同值（s）。

② 6 ~ 66kV 不接地、谐振接地、谐振-低电阻接地和高电阻接地的系统，发生单相接地故障后，当不迅速切除故障时，发电厂和变电站接地装置的接触电位差和跨步电位差不应超过下列二式计算所得的数值：

$$U_t = 50 + 0.05\rho_s C_s \tag{3-24}$$

$$U_s = 50 + 0.2\rho_s C_s \tag{3-25}$$

③ 接触电位差和跨步电位差可按 GB50065 附录 D 的规定计算。

（3）水平接地网设计

发电厂和变电站水平接地网应符合下列要求：

1）水平接地网应利用直接埋入地中或水中的自然接地极，发电厂和变电站接地网除应利用自然接地极外，还应敷设人工接地极。

2）当利用自然接地极和引外接地装置时，应采用不少于两根导线在不同地点与水平接地网相连接。

3）发电厂（不含水力发电厂）和变电站的接地网，应与 110kV 及以上架空线路的地线直接相连，并应有便于分开的连接点。6 ~ 66kV 架空线路的地线不得直接和发电厂和变电站配电装置架构相连。发电厂和变电站接地网应在地下与架空线路地线的接地装置相连接，连接线埋在地中的长度不应小于 15m。

发电厂和变电站接地网除应利用自然接地极外，应敷设以水平接地极为主的人工接地网，并应符合下列要求：

1）人工接地网的外缘应闭合，外缘各角应做成圆弧形，圆弧的半径不宜小于均压带间距的 1/2，接地网内应敷设水平均压带，接地网的埋设深度不宜小于 0.8m。

2）接地网均压带可采用等间距或不等间距布置。

3）35kV 及以上变电站接地网边缘经常有人出入的走道处，应铺设沥青路面或在地下装设两条与接地网相连的均压带。在现场有操作需要的设备处，应铺设沥青、绝缘水泥或鹅卵石。

4）6kV 和 10kV 变电站和配电站，当采用建筑物的基础作接地极，且接地电阻满足规定值时，可不另设人工接地。

人工接地极，水平敷设时可采用圆钢、扁钢；垂直敷设时可采用角钢或钢管。腐蚀较重地区采用铜或铜覆钢材时，水平敷设的人工接地极可采用圆铜、扁铜、铜绞线、铜覆钢绞线、铜覆圆钢或铜覆扁钢；垂直敷设的人工接地极可采用圆铜或铜覆圆钢等。

接地网采用钢材时，按机械强度要求的钢接地材料的最小尺寸应符合表3-19的要求。接地网采用铜或铜覆钢材时，按机械强度要求的铜或铜覆钢材料的最小尺寸应符合表3-20的要求。

表3-19 钢接地材料的最小尺寸

种类	规格及单位	地上	地下
圆钢	直径/mm	8	8/10
扁钢	截面积/mm^2	48	48
	厚度/mm	4	4
角钢	厚度/mm	2.5	4
钢管	管壁厚/mm	2.5	3.5/2.5

注：1. 地下部分圆钢的直径，其分子、分母数据分别对应于架空线路和发电厂、变电站的接地网；
2. 地下部分钢管的壁厚，其分子、分母数据分别对应于埋于土壤和埋于室内混凝土地坪中；
3. 架空线路杆塔的接地极引出线，其截面积不应小于$50mm^2$，并应热镀锌。

表3-20 铜或铜覆钢接地材料的最小尺寸

种类	规格及单位	地上	地下
铜棒	直径/mm	8	水平接地极为8
			垂直接地极为15
扁铜	截面积/mm^2	50	50
	厚度/mm	2	2
铜绞线	截面积/mm^2	50	50
铜覆圆钢	直径/mm	8	10
铜覆钢绞线	直径/mm	8	10
铜覆扁钢	截面积/mm^2	48	48
	厚度/mm	4	4

注：1. 铜绞线单股直径不小于1.7mm；
2. 各类铜覆钢材的尺寸为钢材的尺寸，铜层厚度不应小于0.25mm。

2. 防雷保护接地

发电厂和变电站雷电保护的接地，应符合下列要求：

1）发电厂和变电站配电装置构架上接闪杆（含悬挂接闪线的架构）的接地引下线应与接地网连接，并应在连接处加装集中接地装置。引下线与接地网的连接点至变压器接地导体（线）与接地网连接点之间沿接地极的长度，不应小于15m。

2）主厂房装设直击雷保护装置或为保护其他设备而在主厂房上装设接闪杆时，应采取加强分流、设备的接地点远离接闪杆接地引下线的入地点、接闪杆接地引下线远离电气装置等防止反击的措施。接闪杆的接地引下线应与主接地网连接，并应在连接处加装集中接地装置。

主控制室、配电装置室和35kV及以下变电站的屋顶上装设直击雷保护装置，且为金属屋顶或屋顶上有金属结构时，则应将金属部分接地；屋顶为钢筋混凝土结构时，则应将其焊接成网接地；结构为非导电的屋顶时，则应采用接闪带保护，该接闪带的网格应为8～10m，并应每隔10～20m设接地引下线。该接地引下线应与主接地网连接，并应在连接处加装集中接地装置。

3）发电厂和变电站有爆炸危险且爆炸后可能波及发电厂和变电站内主设备或严重影响发供电的建构筑物，应采用独立接闪杆保护，并应采取防止雷电感应的措施。露天储罐周围应设置闭合环形接地装置，接地电阻不应超过30Ω，无独立接闪杆保护的露天储罐不应超过10Ω，接地点不应小于两处，接地点间距不应大于30m。架空管道每隔20～25m应接地一次，接地电阻不应超过30Ω。易燃油储罐的呼吸阀、易燃油和天然气储罐的热工测量装置，应用金属导体与相应储罐的接地装置连接。不能保持良好电气接触的阀门、法兰、弯头等管道连接处应跨接。

4）发电厂和变电站避雷器的接地导体（线）应与接地网连接，且应在连接处设置集中接地装置。

3. 防雷接地设计步骤

1）计算接地网入地对称电流 I_g，确定接地网最大入地电流 I_G。

① 根据系统及线路设计采用的参数确定故障电流分流系数 S_f，进而计算接地网入地对称电流 I_g。

发电厂和变电站内、外发生接地短路时，经接地网入地的故障对称电流可分别按下列二式计算：

$$I_g = (I_{max} - I_n) S_{f1} \tag{3-26}$$

$$I_g = I_n S_{f2} \tag{3-27}$$

式中　I_{max}——发电厂和变电站内发生接地故障时的最大接地故障对称电流有效值（A）；

I_n——发电厂和变电站内发生接地故障时流经其设备中性点的电流（A）；

S_{f1}、S_{f2}——分别为厂（站）内、外发生接地故障时的分流系数，按GB 50065附录B确定。

② 计算衰减系数 D_f，将其乘以入地对称电流 I_g，得到计及直流偏移的经接地网入地的最大接地故障不对称电流有效值 I_G，即

$$I_G = D_f I_g \tag{3-28}$$

式中　D_f——衰减系数，典型衰减系数可参照GB 50065附录B。

2）确定均压网的允许接地电阻。计算变电站各个电压等级的允许接地电阻值，取其中最小者作为接地网的允许接地电阻值。

3）布置接地网。根据厂（站）总平面布置接地网，并充分利用厂（站）内的自然接地极，使接地网的接地电阻小于允许值。

4）计算接地网的接触电位差和跨步电压差，求出其相应允许值。如果接触电位差和跨步电压差同时小于各自的允许值，则所设计的接地网合格，否则应重新调整诸如地网面积、均压带间距或网孔个数等，返回第3）步骤再次计算和校验。

5）选取接地导体，包括导体材料、规格的确定，热稳定校核，腐蚀数据处理和防腐措施效果估计等。

6）接闪杆、接闪线、避雷器附近可采用垂直接地极来加强集中接地和散泄雷电流，垂直接地极的间距不宜小于其长度的 2 倍。

7）厂房、主控制室、高压配电室、主变压器等，四周要设置环形水平接地带，接地极与建筑物的距离宜小于 1.5m，这些接地带之间的相互连接不应少于两根干线，与主接地网之间宜多根干线连接。干线至少应在两点与接地网连接。

8）为了便于分别测量部分接地装置的接地电阻，有条件时可在相应地点设置接地井。

9）发电厂、变电站扩建时，相应的接地网也应随之扩建，并需认真检查和核算。

二、高压架空线路的防雷接地

设计架空线路的接地装置时，应根据土壤电阻率的情况，充分利用杆塔的自然接地极，在接地电阻满足规定的条件下，尽可能地降低线路本体工程中接地工程的费用。

1）6kV 及以上无地线线路钢筋混凝土杆宜接地，金属杆塔应接地，接地电阻不宜超过 30Ω。

2）除多雷区外，沥青路面上的架空线路的钢筋混凝土杆塔和金属杆塔，以及有运行经验的地区，可不另设人工接地装置。

3）有地线的线路杆塔的工频接地电阻，不宜超过表 3-21 的规定。

表 3-21　有地线的线路杆塔的工频接地电阻

土壤电阻率 ρ/Ω · m	$\rho \leq 100$	$100 < \rho \leq 500$	$500 < \rho \leq 1000$	$1000 < \rho \leq 2000$	$\rho > 2000$
接地电阻/Ω	10	15	20	25	30

4）66kV 及以上钢筋混凝土杆铁横担和钢筋混凝土横担线路的地线支架、导线横担与绝缘子固定部分或瓷横担固定部分之间，宜有可靠的电气连接，并应与接地引下线相连。主杆非预应力钢筋上下已用绑扎或焊接连成电气通路时，可兼作接地引下线。

利用钢筋兼作接地引下线的钢筋混凝土电杆时，其钢筋与接地螺母、铁横担间应有可靠的电气连接。

5）高压架空线路杆塔的接地装置，可采用下列型式：

① 在土壤电阻率 $\rho \leq 100\Omega \cdot m$ 的潮湿地区，可利用铁塔和钢筋混凝土杆自然接地。发电厂和变电站的进线段，应另设雷电保护接地装置。在居民区，当自然接地电阻符合要求时，可不设人工接地装置。

② 在土壤电阻率 $100\Omega \cdot m < \rho \leq 300\Omega \cdot m$ 的地区，除应利用铁塔和钢筋混凝土杆的自然接地外，还应增设人工接地装置，接地极埋设深度不宜小于 0.6m。

③ 在土壤电阻率 $300\Omega \cdot m < \rho \leq 2000\Omega \cdot m$ 的地区，可采用水平敷设的接地装置，接地极埋设深度不宜小于 0.5m。

④ 在土壤电阻率 $\rho > 2000\Omega \cdot m$ 的地区，接地电阻很难降到 30Ω 以下时，可采用 6 ~ 8 根总长度不超过 500m 的放射形接地极或采用连续伸长接地极。放射形接地极可采用长短结合的方式。接地极埋设深度不宜小于 0.3m。接地电阻可不受限制。

⑤ 居民区和水田中的接地装置，宜围绕杆塔基础敷设成闭合环形。

⑥ 放射形接地极每根的最大长度应符合表 3-22 的规定。

表 3-22　放射形接地极每根的最大长度

土壤电阻率/Ω·m	$\rho\leqslant500$	$500<\rho\leqslant1000$	$1000<\rho\leqslant2000$	$2000<\rho\leqslant5000$
最大长度/m	40	60	80	100

⑦ 在高土壤电阻率地区应采用放射形接地装置，在杆塔基础的放射形接地极每根长度的 1.5 倍范围内有土壤电阻率较低的地带时，可部分采用引外接地或其他措施。

6）当接地装置由较多水平接地极或垂直接地极组成时，垂直接地极的间距不应小于其长度的 2 倍；水平接地极的间距不宜小于 5m。

第五节　防雷设计实例

某 110kV 降压变电站的电气总平面如图 3-19 所示。

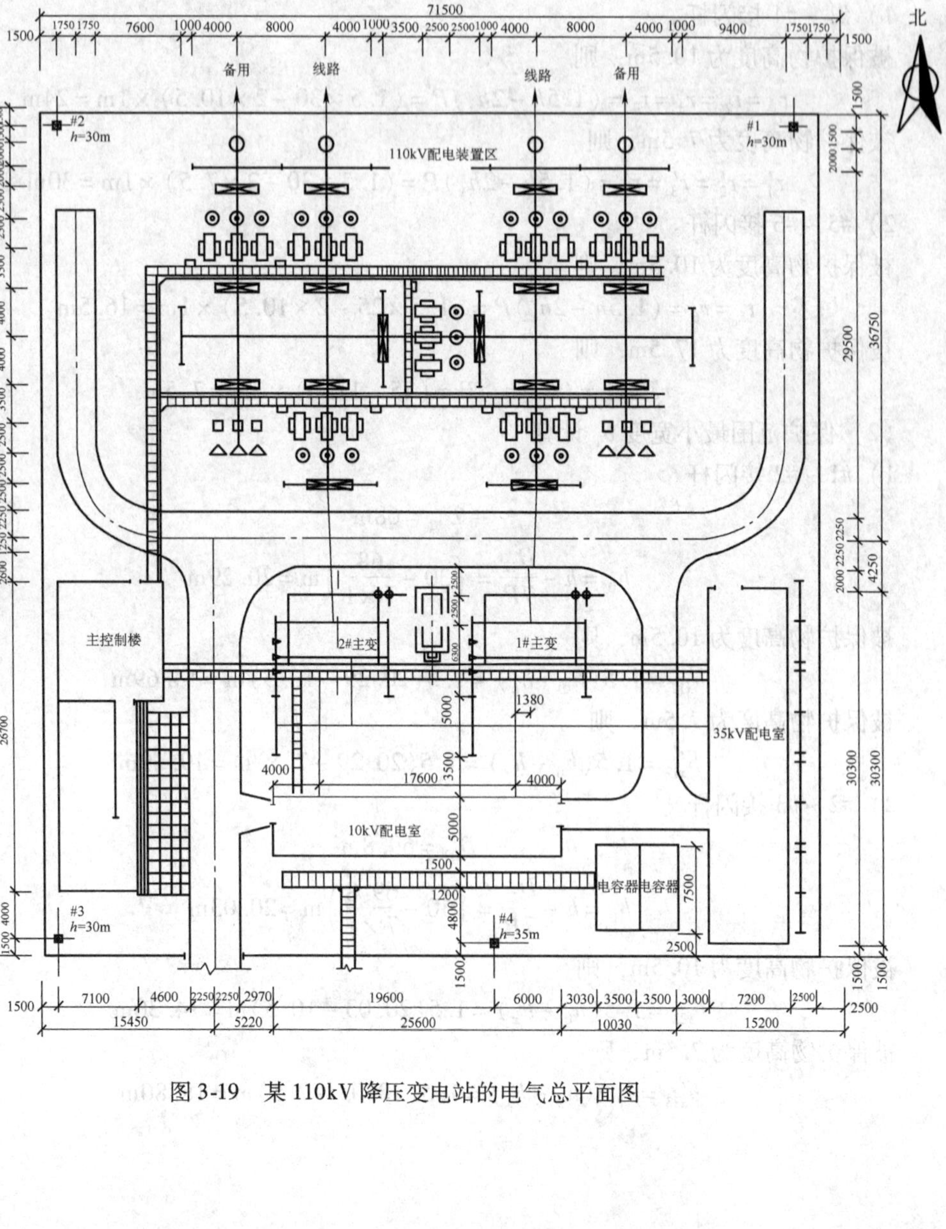

图 3-19　某 110kV 降压变电站的电气总平面图

一、直接雷保护

1. 保护措施

根据该变电站配电装置及总平面布置，其110kV配电装置被保护物高度取10.5m，实际被保护物高度为10.5m及以下；35kV配电装置被保护物高度取7.5m，实际被保护物高度为7.3m及以下。

该变电站采取6支接闪杆进行保护，#1～#4接闪杆为30m的站内独立接闪杆；#5、#6接闪杆为高25m线路终端构架接闪杆，距离围墙15m，35kV线路距离围墙8m范围内，线路高度不超过10.5m，被保护物高度取10.5m，35kV线路围墙外8m至终端塔范围内，线路高度不超过17.5m，被保护物高度取17.5m。#5、#6接闪杆的装设位置图3-19中未示出。

2. 接闪杆保护范围计算

（1）保护半径 r_x 计算

1）#1～#4接闪杆。

被保护物高度为10.5m，则

$$r_1=r_2=r_3=r_4=(1.5h-2h_x)P=(1.5\times30-2\times10.5)\times1\text{m}=24\text{m}$$

被保护物高度为7.5m，则

$$r_1'=r_2'=r_3'=r_4'=(1.5h-2h_x)P=(1.5\times30-2\times7.5)\times1\text{m}=30\text{m}$$

2）#5～#6接闪杆。

被保护物高度为10.5m，则

$$r_5=r_6=(1.5h-2h_x)P=(1.5\times25-2\times10.5)\times1\text{m}=16.5\text{m}$$

被保护物高度为17.5m，则

$$r_5'=r_6'=(h-h_x)P=(25-17.5)\times1\text{m}=7.5\text{m}$$

（2）保护范围最小宽度 b_x 计算

1）#1～#2接闪杆

$$D_{12}=68\text{m}$$

$$h_0=h-\frac{D_{12}}{7P}=\left(30-\frac{68}{7\times1}\right)\text{m}=20.29\text{m}$$

被保护物高度为10.5m，则

$$b_{x12}=1.5(h_0-h_x)=1.5(20.29-10.5)\text{m}=14.69\text{m}$$

被保护物高度为7.5m，则

$$b_{x12}'=1.5(h_0-h_x)=1.5(20.29-7.5)\text{m}=19.19\text{m}$$

2）#2～#3接闪杆

$$D_{23}=69.8\text{m}$$

$$h_0=h-\frac{D_{23}}{7P}=\left(30-\frac{69.8}{7\times1}\right)\text{m}=20.03\text{m}$$

被保护物高度为10.5m，则

$$b_{x23}=1.5(h_0-h_x)=1.5(20.03-10.5)\text{m}=14.30\text{m}$$

被保护物高度为7.5m，则

$$b_{x23}'=1.5(h_0-h_x)=1.5(20.03-7.5)\text{m}=18.80\text{m}$$

3）#3～#4 接闪杆

$$D_{34}=44.8\text{m}$$

$$h_0=h-\frac{D_{34}}{7P}=\left(30-\frac{44.8}{7\times1}\right)\text{m}=23.60\text{m}$$

被保护物高度为 10.5m，则

$$b_{x34}=1.5(h_0-h_x)=1.5(23.60-10.5)\text{m}=19.65\text{m}$$

被保护物高度为 7.5m，则

$$b'_{x34}=1.5(h_0-h_x)=1.5(23.60-7.5)\text{m}=24.15\text{m}$$

4）#4～#1 接闪杆

$$D_{41}=73.5\text{m}$$

$$h_0=h-\frac{D_{41}}{7P}=\left(30-\frac{73.5}{7\times1}\right)\text{m}=19.50\text{m}$$

被保护物高度为 10.5m，则

$$b_{x41}=1.5(h_0-h_x)=1.5(19.50-10.5)\text{m}=13.50\text{m}$$

被保护物高度为 7.5m，则

$$b'_{x41}=1.5(h_0-h_x)=1.5(19.50-7.5)\text{m}=18.00\text{m}$$

5）#1～#3 接闪杆

$$D_{13}=97.5\text{m}$$

$$h_0=h-\frac{D_{13}}{7P}=\left(30-\frac{97.5}{7\times1}\right)\text{m}=16.07\text{m}$$

被保护物高度为 10.5m，则

$$b_{x13}=1.5(h_0-h_x)=1.5(16.07-10.5)\text{m}=8.36\text{m}$$

被保护物高度为 7.5m，则

$$b'_{x13}=1.5(h_0-h_x)=1.5(16.07-7.5)\text{m}=12.86\text{m}$$

6）#5～#6 接闪杆

$$D_{56}=15.5\text{m}$$

$$h_0=h-\frac{D_{56}}{7P}=\left(30-\frac{15.5}{7\times1}\right)\text{m}=27.79\text{m}$$

被保护物高度为 10.5m，则

$$b_{x56}=1.5(h_0-h_x)=1.5(27.79-10.5)\text{m}=25.94\text{m}$$

被保护物高度为 17.5m，则

$$b'_{x56}=1.5(h_0-h_x)=1.5(27.79-17.5)\text{m}=15.44\text{m}$$

接闪杆保护范围计算结果如表 3-23 所示。

表 3-23　接闪杆保护范围计算结果　（单位：m）

接闪杆序号	接闪杆高度 h	被保护物高度 h_x	单接闪杆保护半径 r_x	两接闪杆间距离 D	双接闪杆保护最小宽度 b_x
1#～2#	30～30	10.5	24	68.0	14.69
1#～2#	30～30	7.5	30	68.0	19.19
2#～3#	30～30	10.5	24	69.8	14.30
2#～3#	30～30	7.5	30	69.8	18.80
3#～4#	30～30	10.5	24	44.8	19.65

（续）

接闪杆序号	接闪杆高度 h	被保护物高度 h_x	单接闪杆保护半径 r_x	两接闪杆间距离 D	双接闪杆保护最小宽度 b_x
3#~4#	30~30	7.5	30	44.8	24.15
4#~1#	30~30	10.5	24	73.5	13.50
4#~1#	30~30	7.5	30	73.5	18.00
1#~3#	30~30	10.5	24	97.5	8.36
1#~3#	30~30	7.5	30	97.5	12.86
5#~6#	25~25	10.5	16.5	15.5	25.94
5#~6#	25~25	17.5	7.5	15.5	15.44

综上，变电站内#1~#4接闪杆相互配合，全站所有设备、构架及房屋均在保护范围内；站外#5、#6接闪杆相互配合，可以保护35kV出线至终端塔35kV线路。

二、雷电侵入波保护

1. 保护配置

1）110kV线路全线设置双接闪线，在靠近该变电站1.5km范围内设置进线段，进线保护段上接闪线保护角不大于20°，110kV线路接闪线可引至站内配电装置架构；35kV线路全线无接闪线，在靠近该变电站1km范围内设置进线段，进线保护段上接闪线保护角不大于20°，35kV线路接闪线只可引至站外35kV线路终端杆塔。

2）110kV、35kV、10kV每组母线上应装设避雷器。

3）根据该变电站总平面布置，110kV母线避雷器与主变压器的最大电气距离为50m；35kV母线避雷器与主变压器的最大电气距离为60m。该变电站110kV线路近期两回，远景发展两回；35kV线路近期5回，远景发展两回。110kV、35kV进线段分别为1.5km和1km。

根据表3-7所列，110kV金属氧化物避雷器至主变压器间的最大电气距离为120m；35kV金属氧化物避雷器至主变压器间的最大电气距离为55m。故主变压器35kV侧需装设避雷器。

4）该变电站主变压器为三绕组变压器，有可能出现高中压运行、低压开路的运行方式，若在该运行方式下主变高压侧或中压侧有雷电过电压波袭来时，则通过静电感应可能在低压侧出现较高的过电压，危及低压侧绝缘。故主变压器低压侧需加装避雷器。

5）主变压器110kV高压侧中性点直接接地，中性点绝缘为分级绝缘，故高压侧中性点应加装避雷器；主变器35kV中压侧中性点经消弧线圈接地，但该站35kV有单进线运行可能，故也应在中性点装设保护装置。

6）该变电站的10kV为架空出线，故架空出线上应装设避雷器，有电缆段的架空线路，避雷器应装设在电缆头附近。

2. 避雷器的选择

本站避雷器全部选用无间隙氧化锌避雷器。

（1）避雷器持续运行电压 U_c 的选择

1）110kV侧（中性点直接接地）

$$U_c \geqslant U_m/\sqrt{3} = 126/\sqrt{3}\text{kV} = 72.8\text{kV}$$

2）35kV侧（中性点经消弧线圈接地）

$$U_c \geqslant U_m = 40.5\text{kV}$$

3）10kV 侧（中性点不接地）

$$U_c \geqslant 1.1U_m = 1.1 \times 12\text{kV} = 13.2\text{kV}$$

4）主变压器 110kV 中性点

$$U_c \geqslant 0.45U_m = 0.45 \times 126\text{kV} = 56.7\text{kV}$$

5）主变压器 35kV 中性点

$$U_c \geqslant U_m/\sqrt{3} = 40.5/\sqrt{3}\text{kV} = 23.4\text{kV}$$

6）110kV 侧（中性点直接接地）

$$U_r \geqslant 0.75U_m = 0.75 \times 126\text{kV} = 94.5\text{kV}$$

7）35kV 侧（中性点经消弧线圈接地）

$$U_r \geqslant 1.25U_m = 1.25 \times 40.5\text{kV} = 50.6\text{kV}$$

8）10kV 侧（中性点不接地）

$$U_r \geqslant 0.8U_m = 0.8 \times 12\text{kV} = 9.6\text{kV}$$

9）主变压器 110kV 中性点

$$U_r \geqslant 0.57U_m = 0.57 \times 126\text{kV} = 71.8\text{kV}$$

10）主变压器 35kV 中性点

$$U_r \geqslant 0.72U_m = 0.72 \times 40.5\text{kV} = 29.2\text{kV}$$

（2）选择避雷器的标称放电电流

根据避雷器的额定电压及使用场合，选择避雷器的标称放电电流如下：

110kV：10kA；35、10kV：5kA；主变压器中性点：1.5kA。

（3）避雷器选择结果

根据上述的持续运行电压、额定电压的计算标称放电电流的确定，避雷器的选择结果如表 3-24 所示。

表 3-24　避雷器的选择结果　（单位：kA，kV）

安装地点	型号	额定电压（有效值）	持续运行电压（有效值）	标称放电电流（峰值）不大于	陡波冲击电流残压（峰值）不大于	雷电冲击电流残压（峰值）不大于	操作冲击电流残压（峰值）不大于	直流 1mA 参考电压不小于
110kV 母线	Y10WZ—102/266	102	79.6	10	297	266	226	148
35kV 母线、主变压器 35kV 侧	Y5WZ—51/134	51	40.8	5	154	134	114	73
10kV 母线、出线	Y5WZ—17/54	17	13.6	5	51.8	45	38.3	24
110kV 中性点	Y1.5WN—72/186	72	58	1.5	—	186	174	103
110kV 中性点	Y1.5WN—33/85	33	27	1.5	—	85	71	47

第四章　短路电流计算

第一节　概　　述

一、短路及其产生的原因，短路类型和后果

短路是指一切不正常的相与相或中性点接地系统的相与地之间发生通路的情况。

造成短路的原因是多方面的：

1）元件损坏。如绝缘材料的自然老化，设计、安装及维护不良等所造成的设备缺陷发展成短路。

2）气象条件恶化。如雷击造成的闪络放电或避雷器动作，大风造成架空线断线或导线覆冰引起杆塔倒塌等。

3）违规操作。如运行人员带负荷拉刀闸，线路或设备检修后未拆除接地线就加电压等。

4）其他原因。如挖沟损伤电缆，鸟兽跨接在裸露的载流部分等。

在三相电力系统中，短路有三相短路 $k^{(3)}$、两相短路 $k^{(2)}$、两相接地短路 $k^{(1,1)}$ 和单相接地短路 $k^{(1)}$4 种形式。其中，三相短路为对称短路，短路后各相电流、电压仍对称；其余为不对称短路，短路后的各相电流、电压不对称。

运行经验表明，在各种短路形式中，单相接地短路出现的几率最大，三相短路的机会较少。三相短路虽然很少发生，但后果较严重，必须给以足够重视。而且，从短路计算方法来看，一切不对称短路的计算，在采用对称分量法后，都可归结为对称短路的计算。因此，对三相短路的研究具有重要意义。

由于短路类型、发生地点和持续时间不同，因此短路可能只破坏局部地区的正常供电，也可能威胁整个系统的安全运行。短路的危险后果一般有以下几个方面：

1）电动力效应：短路点附近支路中出现比正常值大许多倍的电流，在导体间产生很大的机械应力，可能使导体和它们的支架遭到破坏。

2）发热：短路电流使设备发热增加，短路持续时间较长时，设备可能过热以致损坏。

3）故障点往往有电弧产生，可能烧坏故障元件，也可能殃及周围设备。

4）电压大幅下降，对用户影响很大。

5）如果短路发生地点离电源不远而又持续时间较长，则可能使并列运行的发电厂失去同步，破坏系统的稳定，造成大片停电。这是短路故障的最严重后果。

6）不对称短路会对附近的通信系统产生影响。

二、计算短路电流的目的及条件

1. 短路计算的目的

在电力系统和电气设备的设计和运行中，短路计算是解决一系列技术问题所不可缺少的

基本计算，计算目的如下：

1）选择有足够机械稳定度和热稳定度的电气设备，如断路器、互感器、绝缘子、母线等；计算短路冲击电流以校验设备的电动力稳定度，计算某时刻的短路电流周期分量以校验设备的热稳定度，计算指定时刻的短路电流有效值以校验断路器的断流能力。

2）合理配置和正确整定各种继电保护与自动装置。

3）设计与选择电气主接线方案。短路计算可以比较各种不同的接线方案，确定是否需要采取限制短路电流的措施。

4）进行电力系统暂态稳定计算，研究短路对用户工作的影响，也包含有一部分短路计算的内容。

5）确定输电线路对通信系统的干扰情况。

2. 短路计算条件和简化假设

在实际工作中，根据一定的任务进行短路计算时，必须首先确定计算条件。计算条件一般包括短路时系统的运行方式、短路类型和短路地点以及短路后采取的措施等，对于不同的计算目的，所采用的计算条件不同。例如，选择电气设备时，只需近似计算出通过所选设备的可能最大三相短路电流值；继电保护设计和系统故障分析时，要对各种短路下的各支路电流和各节点电压进行计算。

现代电力系统是一个庞大而复杂的巨型系统，要进行非常准确的短路计算是相当复杂的，而对于大部分实际工程问题，并不要求极准确的计算结果。为了简化和便于计算，实用中常采用近似计算方法，虽然计算结果有些偏差，但仍在实际工程允许范围内。这种近似计算是建立在一系列简化假设条件基础上的，这些简化假设条件主要有：

1）系统正常运行时三相对称。

2）电力系统各元件的磁路不饱和，即各元件电抗值是与电流大小无关的常数，因此在计算中可以应用叠加原理。

3）元件的参数均取其额定值，不考虑参数的误差和调整范围。

4）除计算短路电流的衰减时间常数和低压网络的短路电流外，元件的电阻均忽略。

5）不考虑短路点的电弧阻抗。

6）输电线路的电容忽略不计。

7）忽略变压器励磁电流，即认为励磁支路断开，从而简化变压器等效电路。

8）不考虑短路过程中发电机间的摇摆现象对短路电流的影响，认为所有发电机电动势的相位都相同，频率与正常工作时相等。

9）短路发生在短路电流为最大值的瞬间。

10）系统中的电动机均为理想电动机。

11）系统中的所有电源均在额定负荷下运行，其中的一半负荷接于高压母线。

12）短路电流计算曲线是用概率统计法制定的。

三、一般规定

1）验算导体和电气设备动稳定、热稳定以及电气设备开断电流所用的短路电流，应按工程规划容量计算，并考虑系统的远景发展（5～10 年）。

2）确定短路电流时，应按可能发生最大短路电流的正常接线方式。

3）导体和电气设备的动稳定、热稳定以及电气设备开断电流，一般按三相短路验算。若发电机出口的两相短路，或中性点直接接地系统及自耦变压器等回路中的单相、两相接地短路较三相短路严重时，则应按严重情况计算。

4）选择导体和电气设备时，对不带电抗器回路的短路计算点，应选择在正常接线方式下短路电流为最大的地点。对带电抗器的6～10kV出线和厂用分支回路，除其母线与母线隔离开关之间隔离板前的引线和套管的计算短路点应选择在电抗器前外，其余导体和电气设备的计算短路点一般选在电抗器后。

5）对于电气连接的网络，选择导体和电气设备用的短路电流时，应考虑具有反馈作用的异步电动机的影响和电容器补偿装置放电电流的影响。

第二节 标 幺 制

一、标幺制

1. 标幺制的概念

在一般的电路计算中，电压、电流、有功功率和阻抗的单位分别为伏（V）、安（A）、瓦（W）和欧（Ω），这种用实际有名单位表示物理量的方法称为有名制。在电力系统计算中，更为广泛使用的是标幺制。标幺制是相对单位制的一种，在标幺制中各物理量用标幺值表示。标幺值定义为

$$标幺值=\frac{实际有名值}{基准值(与有名值同单位)}$$

例如，某发电机的端电压用有名值表示为 $U_G=10.5\text{kV}$，如果用标幺值表示，则必须先选定基准值。若选基准值 $U_B=10\text{kV}$，则发电机端电压的标幺值为

$$U_{G*}=\frac{U_G}{U_B}=\frac{10.5\text{kV}}{10\text{kV}}=1.05$$

这就是说，以10kV为电压基准值时，发电机端电压的标幺值为1.05。基准值也可以选取其他数值，例如若选基准值 $U_B=10.5\text{kV}$，则 $U_{G*}=1$（在不引起混淆的情况下，常将下标“*”略去）。

可见，标幺值是一个没有量纲的数值，对于同一个有名值，基准值选得不同，其标幺值也就不同。因此，在说明一个量的标幺值时，必须同时说明它的基准值；否则，标幺值的意义是不明确的。

当选定电压、电流、功率和阻抗的基准值分别为 U_B、I_B、S_B 和 Z_B，相应的标幺值为

$$\left.\begin{aligned}U_*&=\frac{U}{U_B}\\I_*&=\frac{I}{I_B}\\S_*&=\frac{S}{S_B}=\frac{P+\text{j}Q}{S_B}=P_*+\text{j}Q_*\\Z_*&=\frac{Z}{Z_B}=\frac{R+\text{j}X}{S_B}=R_*+\text{j}X_*\end{aligned}\right\}\tag{4-1}$$

2. 标幺制的特点

采用标幺制有以下好处：

1）采用标幺制易于比较电力系统各元件的特性及参数。以电机为例，同一类型的电机，尽管额定功率、额定电压等参数的有名值各不相同，但是换算为以各自额定功率和额定电压为基准的标幺值后，标幺参数值都有一定的范围，因此可以根据标幺值对电机进行比较。

2）采用标幺制能够简化计算公式。若选额定频率为频率基准值，则频率为额定频率时标幺值为1，可以使磁链、电动势等计算公式简化。

3）采用标幺制能够在一定程度上简化计算工作。用有名值表示时有些数值不等的量，在标幺制中数值却相等。例如，在三相对称系统中，线电压与相电压的标幺值相等；同一基准下的短路功率与短路电流标幺值相等。

标幺制也有缺点，主要是没有量纲，因此标幺值的物理概念不如有名值明确。

二、基准值的选取

电压、电流、功率和阻抗的基准值应服从功率方程

$$S_B = \sqrt{3} U_B I_B \tag{4-2}$$

和欧姆定律

$$U_B = \sqrt{3} I_B Z_B \tag{4-3}$$

可见，对于 U_B、I_B、S_B 和 Z_B 四个基准值，只需选定其中的两个，另外两个便可由式（4-2）和式（4-3）求得。通常选定 S_B、U_B，则

$$I_B = \frac{S_B}{\sqrt{3} U_B} \tag{4-4}$$

$$Z_B = \frac{U_B^2}{S_B} \tag{4-5}$$

近似计算中，常取基准容量为100MV · A 或者 1000MV · A，取基准电压为平均额定电压 U_{av}（额定电压 U_N的1.05倍）。

三、不同基准值的标幺值之间的换算

由标幺值定义式可知，当基准值不同时，同一有名值的标幺值是不相等的。对于电力系统的发电机、变压器等器件，生产厂商给出的标幺值参数是以器件的额定参数为基准的，电气计算时必须将其换算为统一基准值的标幺值。

不同基准值标幺值的换算原则是：不论基准值如何改变，标幺值如何不同，有名值总是不变的。

例如，某元件以额定容量 S_N和额定电压 U_N为基准的标幺值电抗为 X_{N*}，则由

$$X_{N*} = \frac{X}{X_N} = X\frac{S_N}{U_N^2}$$

得

$$X = X_{N*}\frac{U_N^2}{S_N}$$

现将 X_{N*}换算为以基准容量 S_B和基准电压 U_B为基准值的标幺值 X_{B*}，则

$$X_{B*}=X\frac{S_B}{U_B^2}=X_{N*}\frac{U_N^2 S_B}{S_N U_B^2}=X_{N*}\frac{I_B U_N}{I_N U_B}$$

四、标幺值换算为有名值

标幺值仅是电气计算的一种工具，是用来简化计算的一个中间桥梁。不论是设备选择还是电气计算，最终需要得到的结果必须是有名值，因此最后必须把标幺值换算成有名值。由标幺值定义可得相应的有名值

$$\left.\begin{aligned}&U=U_*U_B\\&I=I_*I_B=I_*\frac{S_B}{\sqrt{3}U_B}\\&S=S_*S_B\\&X=X_*Z_B=X_*\frac{U_B^2}{S_B}\end{aligned}\right\}\tag{4-6}$$

第三节　电力系统各元器件的等效电路和电抗参数

电力系统的主要元器件有发电机、变压器、线路、电抗器等。在包括短路计算在内的各种电气计算中，常用等效电路来描述系统元件的特性。由于在正常运行或发生三相短路时，电力系统的运行状态基本上是三相对称的，因此只要研究单相的情况就可以了。电力系统三相等效电路有星形和三角形两种形式，为了便于应用单相等效电路，往往需要把三角形电路化为星形电路。等效电路中的参数是计及了其余两相影响（如互感）的单相等效参数。

根据前述短路计算假设条件，对于 1kV 以上的高压电路，短路计算时一般只考虑元器件的电抗，如发电机、电力变压器、线路、电抗器等。对于配电装置中的母线、断路器、电流互感器等元器件，由于其阻抗对短路电流影响较小，故一般不予考虑。

一、发电机

发电机的等效电路可以用相应的电动势和电抗串联来表示，如图 4-1 所示。在短路电流实用计算中，发电机电动势用次暂态电动势 E''表示，电抗用短路瞬间电抗即次暂态电抗 X''表示。发电机产品目录中给出的次暂态电抗标幺值是以发电机额定参数为基准值的，当数据不全或进行近似计算时，可采用表 4-1 所列平均值。

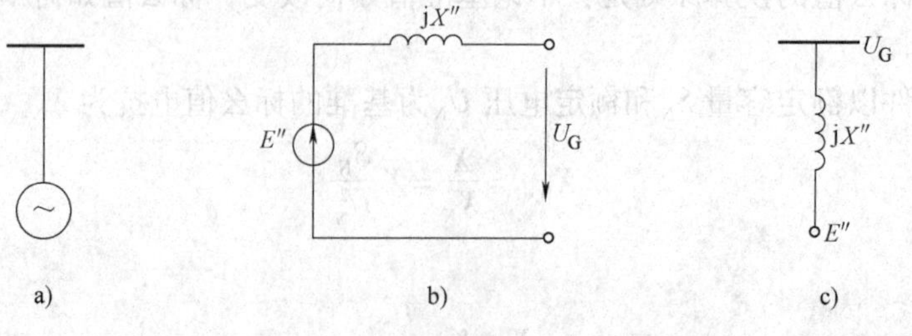

图 4-1　发电机及其等效电路

a）发电机　b）等效电路　c）简化等效电路

表 4-1　各类同步电机电抗的平均值（以电机额定参数为基准值的标幺值）

电机类型	电抗平均值	电机类型	电抗平均值
无阻尼绕组水轮发电机	0.29	200MW 的汽轮发电机	0.145
有阻尼绕组水轮发电机	0.21	300MW 的汽轮发电机	0.167
50MW 及以下的汽轮发电机	0.145	同步调相机	0.16
100MW、125MW 的汽轮发电机	0.175	同步电动机	0.15

二、电力变压器

忽略变压器励磁电流后的双绕组变压器简化等效电路为一个电抗，如图 4-2 所示。

图 4-2　双绕组变压器简化等效电路

双绕组变压器产品目录中给出的阻抗电压百分数 $U_k\%$，是在变压器一次绕组施加电压，当二次绕组短路电流为额定电流时，一次绕组施加的电压对额定电压比值的百分数。因此，以额定参数为基准值的变压器电抗标幺值为

$$X_{T*}=\frac{X_T}{X_N}=\frac{\sqrt{3}I_NX_T}{U_N}=\frac{U_k\%}{100} \tag{4-7}$$

忽略变压器励磁电流后的三绕组变压器和自耦变压器的简化等效电路如图 4-3 所示。

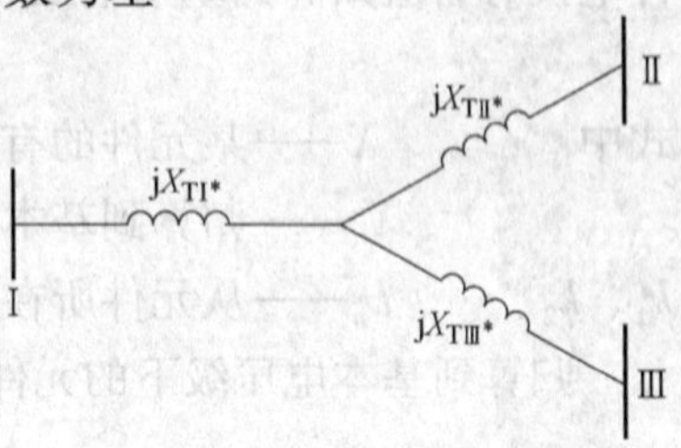

图 4-3　三绕组变压器和自耦变压器的简化等效电路

三绕组变压器和自耦变压器产品目录中给出了高压绕组Ⅰ、中压绕组Ⅱ、低压绕组Ⅲ两两之间的阻抗电压百分数分别用 $U_{k\text{Ⅰ-Ⅱ}}\%$、$U_{k\text{Ⅱ-Ⅲ}}\%$ 和 $U_{k\text{Ⅰ-Ⅲ}}\%$，各绕组的阻抗电压百分数为

$$\left.\begin{aligned}U_{k\text{Ⅰ}}\%&=\frac{1}{2}(U_{k\text{Ⅰ-Ⅱ}}\%+U_{k\text{Ⅰ-Ⅲ}}\%-U_{k\text{Ⅱ-Ⅲ}}\%)\\U_{k\text{Ⅱ}}\%&=\frac{1}{2}(U_{k\text{Ⅰ-Ⅱ}}\%+U_{k\text{Ⅱ-Ⅲ}}\%-U_{k\text{Ⅰ-Ⅲ}}\%)\\U_{k\text{Ⅲ}}\%&=\frac{1}{2}(U_{k\text{Ⅰ-Ⅲ}}\%+U_{k\text{Ⅱ-Ⅲ}}\%-U_{k\text{Ⅰ-Ⅱ}}\%)\end{aligned}\right\} \tag{4-8}$$

各绕组以额定参数为基准值的等效电抗为

$$X_{Ti*}=\frac{U_{ki}\%}{100},\qquad (i=\text{Ⅰ},\text{Ⅱ},\text{Ⅲ}) \tag{4-9}$$

三、线路

线路包括架空线路和电缆线路两种，在实用计算中，它们都可以用一个电抗等效，等效电路与图 4-2 相同。线路的每千米电抗的平均值通常采用表 4-2 所列的值。

表 4-2　各种线路每千米电抗的平均值

线路种类	电抗/（Ω/km）	线路种类	电抗/（Ω/km）
架空线	0.4（单回线）	35kV 三芯电缆	0.12
6～10kV 三芯电缆	0.08	110kV、220kV 单芯电缆	0.18
20kV 三芯电缆	0.11		

四、电抗器

电抗器的等效电路用其电抗 X_r 表示，产品目录中给出电抗器的电抗百分数 $X_r\%$，一般为 3% ~10%，因此以电抗器额定参数为基准值的电抗标幺值为 0.03 ~0.1。

第四节　电力网络等效电路及其化简

一、由变压器联系的不同电压等级电网中各元件参数标幺值的计算

1. 精确计算法

取某一电压级为基本电压级，并取基本电压级的基准电压 U_B，将其他电压级下的各元件电抗有名值归算到基本电压级下，即

$$X_n=(k_1k_2\cdots k_n)^2X$$

式中　X——某元件的有名值电抗；

X_n——归算到基本电压级下的有名值电抗；

k_1、k_2、…、k_n——从元件所在处到基本电压级间各变压器的电压比。

归算到基本电压级下的元件电抗标幺值为

$$X_{n*B}=\frac{X_n}{Z_B}=(k_1k_2\cdots k_n)^2X\frac{S_B}{U_B^2} \tag{4-10}$$

当已知元件在额定参数下的电抗标幺值 X_{*N} 时，归算到基本电压级下的元件电抗标幺值为

$$X_{n*B}=(k_1k_2\cdots k_n)^2X_{*N}\frac{U_N^2S_B}{S_NU_B^2} \tag{4-11}$$

2. 近似计算法

实用计算中常常采用平均额定电压 U_{av} 代替额定电压，各电压级额定电压值及相应的平均额定电压值如表 4-3 所示。

表 4-3　各电压级额定电压值及相应的平均额定电压值

额定电压/kV	0.38	3	6	10	35	60	110	220	330	500
平均额定电压/kV	0.4	3.15	6.3	10.5	37	63	115	230	345	52

近似计算时，取平均额定电压为基准电压，变压器电压比为平均额定电压值之比，式（4-10）、式（4-11）变为

$$X_{n*B}=X\frac{S_B}{U_N^2} \tag{4-12}$$

$$X_{n*B}=X_{*N}\frac{S_B}{S_N} \tag{4-13}$$

由式（4-13），发电机电抗的标幺值为

$$X''_{*B} = X''_{*N}\frac{S_B}{S_N} \tag{4-14}$$

双绕组变压器电抗的标幺值为

$$X_{T*B} = \frac{U_k\%}{100}\frac{S_B}{S_N} \tag{4-15}$$

三绕组变压器电抗的标幺值为

$$\begin{aligned} X_{\mathrm{I}*B} &= \frac{U_{k\mathrm{I-II}} + U_{k\mathrm{I-III}} - U_{k\mathrm{II-III}}}{200}\frac{S_B}{S_N} \\ X_{\mathrm{II}*B} &= \frac{U_{k\mathrm{I-II}} + U_{k\mathrm{II-III}} - U_{k\mathrm{I-III}}}{200}\frac{S_B}{S_N} \\ X_{\mathrm{III}*B} &= \frac{U_{k\mathrm{I-III}} + U_{k\mathrm{II-III}} - U_{k\mathrm{I-II}}}{200}\frac{S_B}{S_N} \end{aligned} \tag{4-16}$$

线路电抗的标幺值为

$$X_{L*B} = X_L\frac{S_B}{U_{av}^2} \tag{4-17}$$

电抗器电抗的标幺值为

$$X_{r*B} = \frac{X_r\%}{100}\frac{U_N}{\sqrt{3}\,I_N}\frac{S_B}{U_{av}^2} \tag{4-18}$$

式（4-17）、式（4-18）中，U_{av}为元件所在电压等级的平均额定电压。

二、等效电路的拟制

在短路电流计算等电气计算中，往往给出一种简化的以单线图表示的电力系统接线图，称为计算电路图，如图4-4所示。图中，画出了与短路计算有关的元件及它们之间的相互连接方式，并在各元件旁注明了其技术数据，如发电机的额定功率和电抗、变压器的额定容量和阻抗电压百分数等。

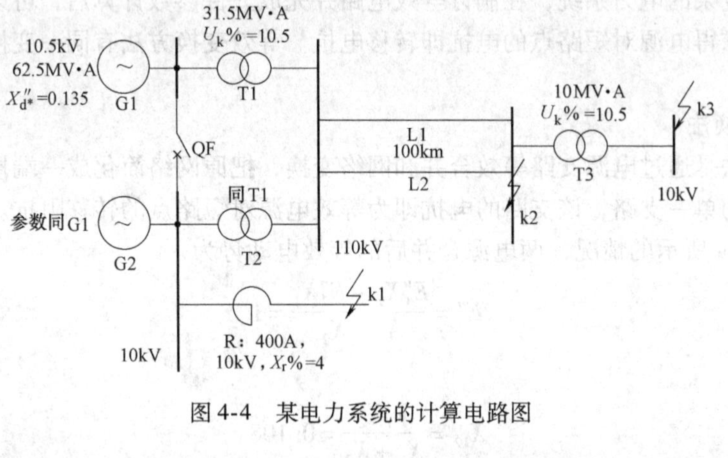

图4-4　某电力系统的计算电路图

将图4-4的各元件均用各自的等效电路表示，参数取同一基准（此处取$S_B=100\text{MV}\cdot\text{A}$，$U_B=U_{av}$），可得到系统的等效电路，如图4-5所示。图中，用分数形式注明了元件的编号和电抗标幺值，分子为元件编号，分母为电抗标幺值。

需要注意的是，图4-5所示的将几个短路点的等效电路绘在一起仅是一种习惯，某点发生短路时的系统等效电路，应仅包含短路电流所通过的元件。例如，当图4-5中k1点发生三相短路，且断路器QF处于合闸状态时，短路电流仅流过发电机和电抗器，等效电路如图4-6a所示；当k1点发生三相短路，且断路器QF处于分闸状态时，短路电流还流过变压器T1和T2，如图4-6b所示。

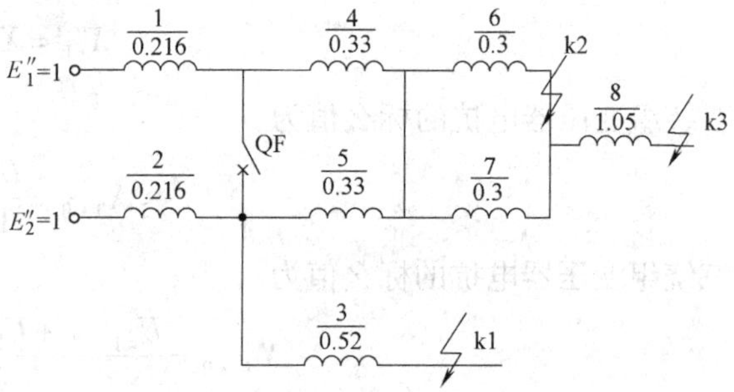

图4-5 对应图4-4计算电路的等效电路

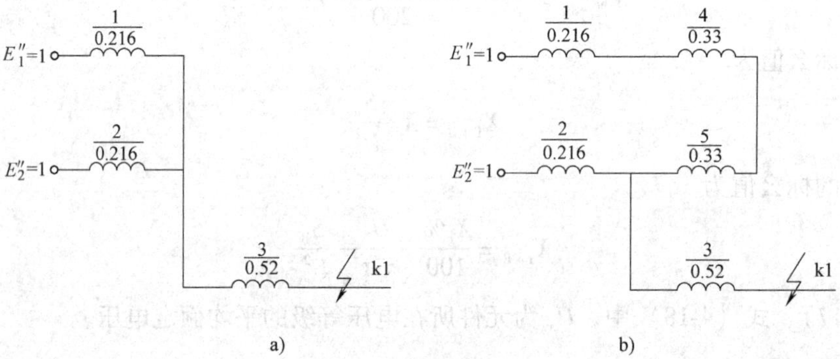

图4-6 k1点发生三相短路时的等效电路图

a）QF合闸时 b）QF分闸时

三、网络变换与化简

对于不太复杂的电力系统，在制订等效电路并完成元件参数计算后，可以直接对原网络进行等效变换求得电源对短路点的电抗即转移电抗。等效变换方法有同一变换法和个别变换法两种。

1. 同一变换法

同一变换法是通过电源支路等效合并和网络变换，把原网络简化成一端接等效电源，另一端接短路点的单一支路，该支路的电抗即为等效电源对短路点的转移阻抗。

对于图4-6a所示的情况，两电源合并后的等效电动势为

$$E''=\frac{E''_1X_2+E''_2X_1}{X_1+X_2}=1$$

等效电抗为

$$X_{12}=\frac{X_1X_2}{X_1+X_2}=0.108$$

等效电源对短路点的转移阻抗为

$$X_{12-k}=X_{12}+X_3=0.628$$

上述变换过程如图 4-7 所示。

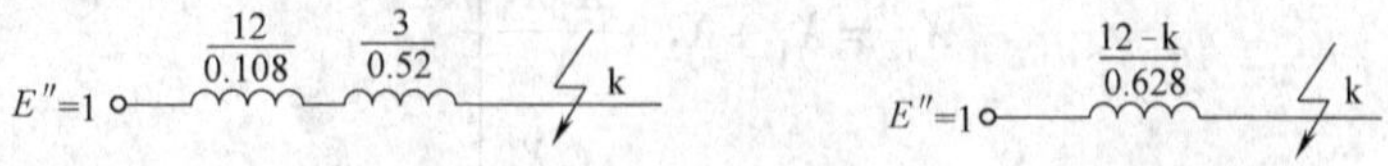

图 4-7　网络化简

短路电流标幺值为

$$I_{\mathrm{k}}=\frac{E''}{X_{12-\mathrm{k}}}=\frac{1}{0.628}=1.592$$

各电源对短路点提供的短路电流可利用电流分布系数概念，通过网络还原求得。

短路点的电流分布系数为 1，将其按与电抗成反比的原则分配到原来的两条支路，可求得每条支路的电流分布系数

$$c_1=\frac{X_{12}}{X_1}=\frac{X_2}{X_1+X_2}=0.5,\ c_2=\frac{X_{12}}{X_2}=\frac{X_1}{X_1+X_2}=0.5$$

则电源 G1、G2 对短路点提供的短路电流标幺值分别为

$$I_{1-\mathrm{k}}=c_1I_{\mathrm{k}}=0.796,\ I_{2-\mathrm{k}}=c_2I_{\mathrm{k}}=0.796$$

2. 个别变换法

同一变换法将所有电源等效成一个电源，虽然使计算简化，但也降低了计算精度。为了提高计算精度，可以采用个别变换法。个别变换法是在保留电源节点和短路点的前提下，对原网络进行网络变换，消去中间节点，最终形成以电源节点（含零电位节点）和短路点为顶点的网形电路。其中，连接某电源点和短路点的支路电抗即为该电源对短路点的转移电抗，总的短路电流（有名值）即为各电源提供的短路电流（有名值）之和。无限大容量电源不能合并，必须单独计算，有无限大容量电源时用个别变换法。

对于图 4-8a 所示的星形网络，可通过星网变换化为图 4-8b 所示的网形网络。星网变换公式为

$$X_{ij}=X_{in}X_{jn}\sum y_{mn} \tag{4-19}$$

式中　Σy_{mn}——与节点 n 相连的所有支路的导纳和。

当星形或网形网络仅有三条支路时，星网变换退化为Y/△变换，如图 4-9 所示。

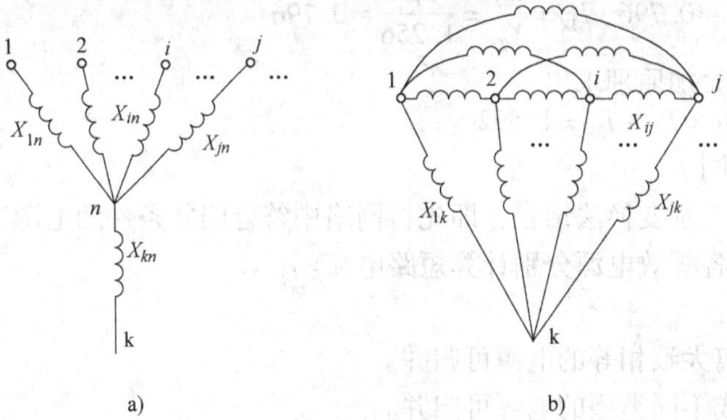

图 4-8　星网变换
a）星形网络　b）网形网络

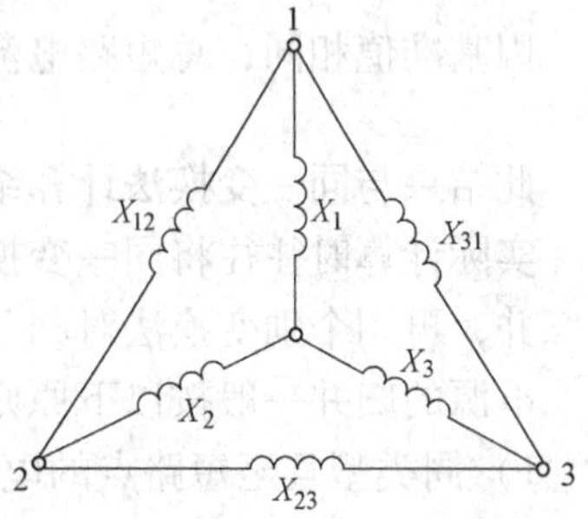

图 4-9　Y/△变换

将Y形变成△形时，△形各支路电抗为

$$\left.\begin{aligned}X_{12}&=X_1+X_2+\frac{X_1X_2}{X_3}\\X_{23}&=X_2+X_3+\frac{X_2X_3}{X_1}\\X_{31}&=X_3+X_1+\frac{X_3X_1}{X_2}\end{aligned}\right\}\tag{4-20}$$

将△形变成Y形时，Y形各支路电抗为

$$\left.\begin{aligned}X_1&=\frac{X_{12}X_{31}}{X_{12}+X_{23}+X_{31}}\\X_2&=\frac{X_{12}X_{23}}{X_{12}+X_{23}+X_{31}}\\X_3&=\frac{X_{23}X_{31}}{X_{12}+X_{23}+X_{31}}\end{aligned}\right\}\tag{4-21}$$

对于图4-6a的情况，将Y形变成图4-10所示的△形，△形各支路电抗为

$$X_{12}=0.216+0.216+\frac{0.216\times0.216}{0.52}\approx0.523$$

$$X_{23}=0.216+0.52+\frac{0.216\times0.52}{0.216}=1.256$$

$$X_{31}=0.216+0.52+\frac{0.216\times0.52}{0.216}=1.256$$

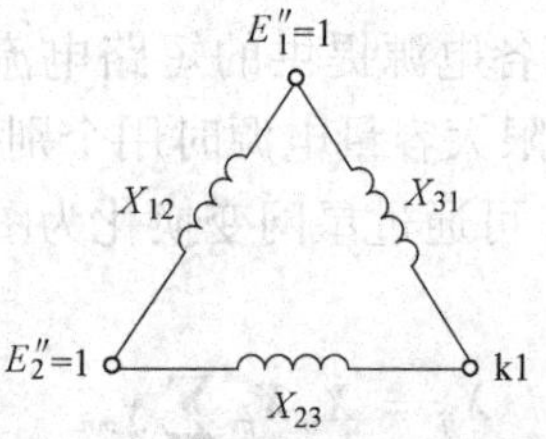

图4-10 图4-6a的△形等效电路

忽略电源间支路，求出各电源分别提供的短路电流标幺值

$$I_{1k}=\frac{E''_1}{X_{13}}=\frac{1}{1.256}\approx0.796,\ I_{2k}=\frac{E''_2}{X_{23}}=\frac{1}{1.256}\approx0.796$$

因基准值相同，总短路电流可按叠加原理求出

$$I_k=I_{1k}+I_{2k}=1.592$$

此结果与同一变换法计算结果相同。

实际计算时往往将同一变换法与个别变换法结合，即先将网络中符合归并条件的电源进行归并，再用个别变换法对归并后的各等效电源分别计算短路电流。

电源的归并一般按以下原则进行：

1）同类型且至短路点的电气距离大致相等的电源可归并。

2）至短路点距离较远的同类型或不同类型的电源可归并。

3）直接连于短路点上的同类型发电机可归并。

4）无限大容量电源与有限容量电源不能合并，必须单独计算。

第五节　电力系统三相短路的实用计算

一、无限大容量电力系统的三相短路计算

1. 无限大容量电力系统

无限大容量电力系统是指电源端电压在短路时幅值和频率恒定不变的电力系统，认为其容量为无穷大，电源内阻抗为零。

真正的无限大容量电力系统实际上是不存在的，只是一个相对概念。在短路电流实用计算中，当系统电抗不超过短路回路总电抗的5%～15%时，便可以不考虑系统电抗，该系统便可认为是无限大容量电力系统。

2. 短路电流各量的计算

1）周期分量。无限大容量电力系统发生三相短路后，短路电流包括周期分量和非周期分量。周期分量是一个幅值不变的正弦交流电流，忽略电路电阻，其有效值为

$$I_p = \frac{U_{av}}{\sqrt{3}X_{\Sigma}} \tag{4-22}$$

式中　X_{Σ}——短路点与无限大容量电源间的联系电抗。

因为母线平均额定电压 U_{av}不变，所以在任一时刻为中心的一个周期内，某短路点短路电流的周期分量有效值均相等，即

$$I_p = I_{pt} = I'' = I_{\infty} \tag{4-23}$$

式中　I_{pt}——t 时刻周期分量的有效值；

I''——$t=0$ 时周期分量的有效值，即周期分量起始有效值；

I_{∞}——$t=\infty$ 时周期分量的有效值，即周期分量稳态有效值。

用标幺值计算时，若取基准电压为 U_{av}，则

$$I_{p*} = \frac{1}{X_{\Sigma*}} \tag{4-24}$$

2）非周期分量。t 时刻非周期分量的瞬时值为

$$i_{ipt} = -\sqrt{2}I''e^{-\frac{\omega t}{T_a}} = -\sqrt{2}I_p e^{-\frac{\omega t}{T_a}} \tag{4-25}$$

式中　ω——电源电压角频率（rad/s）；

T_a——非周期分量衰减时间常数（s）。

3）短路冲击电流。短路冲击电流 i_{sh}出现在短路后半个周期（$t=0.01$s 时），是短路全电流的最大瞬时值，其表达式为

$$i_{sh} = \sqrt{2}I_p(1+e^{-\frac{0.01\omega}{T_a}}) = \sqrt{2}k_{sh}I_p \tag{4-26}$$

式中　k_{sh}——冲击系数，对于无限大容量电力系统，一般取 $k_{sh}=1.8$，则短路冲击电流为

$$i_{sh} = 2.55I_p \tag{4-27}$$

4）短路全电流最大有效值。短路全电流最大有效值 I_{sh}为

$$I_{sh} = \sqrt{I_p^2 + i_{ip}^2\big|_{t=0.01s}} \tag{4-28}$$

式中

$$i_{ip}\big|_{t=0.01s}=i_{sh}-\sqrt{2}I_p=\sqrt{2}(k_{sh}-1)I_p$$

故

$$I_{sh}=I_p\sqrt{1+2(k_{sh}-1)^2} \tag{4-29}$$

当 $k_{sh}=1.8$ 时，则

$$I_{sh}=1.52I_p \tag{4-30}$$

5）母线剩余电压。短路进入稳态时，若某一母线至短路点的电抗为 X，则该母线的剩余电压为

$$U_{sy}=\sqrt{3}I_{\infty}X \tag{4-31}$$

6）短路功率。短路功率或称短路容量是一个假定值，其标幺值与短路电流周期分量有效值的标幺值相等，有名值为

$$S_k=\sqrt{3}U_{av}I_{\infty} \tag{4-32}$$

或者用下式计算：

$$S_k=I_{p*}S_B \tag{4-33}$$

二、有限容量电力系统三相短路的实用计算——计算曲线法

1. 短路电流的变化情况

无限大容量电力系统只是一种理想情况，实际上的电力系统容量总是有限的，内阻抗不可能为零，短路时母线电压必定下降。当有限容量电力系统发生短路时，发电机端电压在短路暂态过程中是一个变化值，由它所决定的短路电流周期分量幅值和有效值也随之变化，这是其与无限大容量电力系统短路的主要区别。

短路电流周期分量变化的情况与发电机是否装有自动调节励磁装置有关。对于无自动调节励磁装置的发电机，由于电枢反应的去磁作用，短路电流周期分量幅值和有效值逐渐减小，在达到稳定值之前，为短路的暂态过程。虽然暂态过程中的短路电流周期分量是衰减的，但在其中任一周期内可忽略其衰减。在以时间 t 为中心的一个周期内短路电流周期分量的有效值用 I_{pt} 表示，在 $t=0$ 时称为周期分量起始有效值，也称次暂态短路电流，用 I'' 表示。经足够长时间进入稳态后，短路电流周期分量不再变化，其有效值用 I_{∞} 表示。

目前电力系统中的发电机都装有自动调节励磁装置，其作用是在发电机端电压变化时，自动调节励磁电流，维持机端电压在一定范围内。但由于任何励磁调节器动作都需要一定时间，加之励磁系统也有一定的惯性，这使得励磁电流不能立即增大。所以，不论发电机有无自动励磁调节装置，在短路后几个周期内，短路电流变化情况基本一致。不同的是，有自动调节励磁装置发电机的短路电流周期分量稳态值较大。

除了与有无自动调节励磁装置以及调节程度大小有关外，短路电流周期分量稳态值还与短路点到发电机的电气距离有关。该电气距离与短路回路总电抗和总容量有关，可用计算电抗 X_{js*} 表示，计算电抗是指折算到发电机额定容量的外接电抗标幺值和发电机纵轴次暂态电抗标幺值 X''_d 之和。设短路回路总电抗为 X_{Σ}（标幺值为 $X_{\Sigma*}$），电源总额定容量为 $S_{N\Sigma}$，则

$$X_{js*}=\frac{X_{\Sigma}S_{N\Sigma}}{U_{av}^2}=\frac{X_{\Sigma*}S_{N\Sigma}}{S_B} \tag{4-34}$$

显然，X_{Σ}和$S_{N\Sigma}$越大，计算电抗也就越大，表明短路点到电源的电气距离越大，短路时电源电压下降越多。可见，不同的计算电抗值对周期分量的大小有不同的影响。

2. 计算曲线的概念

由上述可知，有限容量电力系统发生短路时，周期分量有效值I_{p*}与时间t和计算电抗X_{js*}有关，即$I_{p*}=f(X_{js*}, t)$。表明这种函数关系的曲线叫作计算曲线，对不同时间t可分别做出相应的曲线，如图4-11所示。曲线的纵坐标为I_{p*}，横坐标为X_{js*}，I_{p*}和X_{js*}都是以电源等效发电机的总额定容量为基准功率。为了方便应用，计算曲线也常做成数字表的形式。

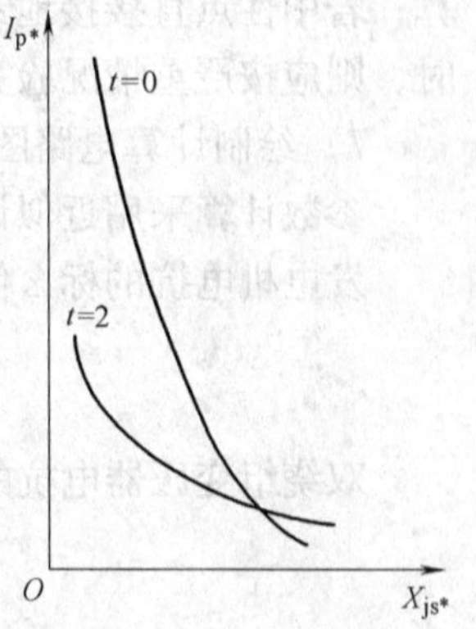

图4-11　计算曲线

3. 计算曲线的制作条件

20世纪80年代初期，我国根据电力系统实际情况制作了一种计算曲线，该曲线所用的典型接线如图4-12所示。该接线认为短路前发电机额定满载运行，50%的负荷接于发电厂高压母线，其余负荷均在短路点外侧。

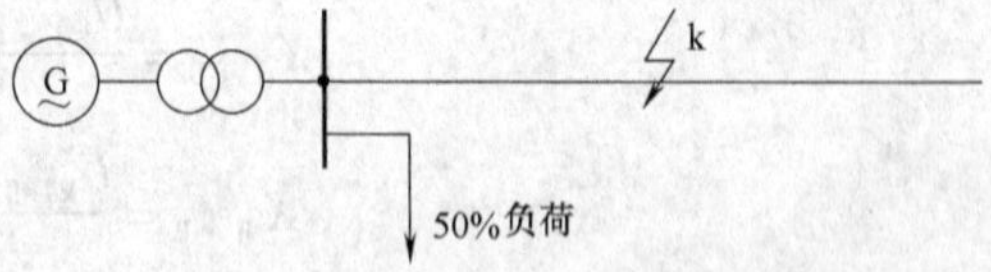

图4-12　制作计算曲线的典型接线

由于我国制造和使用的发电机组型号繁多，为了使计算曲线具有通用性，选取了18种不同型号的汽轮发电机作为样机。对于给定的计算电抗值X_{js*}和时间t，分别算出每种汽轮发电机的短路电流周期分量值，取其算术平均值作为在该X_{js*}和t下汽轮发电机的短路电流周期分量，用以绘制汽轮发电机的计算曲线。对于水轮发电机，则选取了17种不同型号的机组作为样机，用同样的方法制作水轮发电机的计算曲线。

计算曲线只作到$X_{js*}=3.45$为止。当$X_{js*}\geqslant 3.45$时，可以近似认为短路电流周期分量幅值已不随时间而变，其标幺值直接按下式计算即可：

$$I_{z*}=\frac{1}{X_{js*}} \tag{4-35}$$

另外，由于短路暂态过程较短，一般在短路发生后数秒内周期分量即进入稳态，所以计算曲线数字表中的时间t一般只取到4s，其后的周期分量有效值认为不再变化。

4. 计算曲线法计算步骤

用计算曲线计算短路电流周期分量十分方便，由于制作曲线时已近似计及负荷，故计算时一般不再计及负荷支路。计算步骤如下：

（1）绘制系统的等效网络

1）选定基准功率S_B（可选1000MV·A或电源总额定容量$S_{N\Sigma}$），基准电压$U_B=U_{av}$。

2）无限大功率电源电抗为零。

3）发电机以次暂态电抗表示，略去网络各元件的电阻、输电线路的电容及变压器励磁支路，略去负荷且不考虑变压器实际电压比的影响，计算各元件的电抗参数。

4）按设计规划容量（5～10年发展规划）及可能发生最大短路电流的正常接线方式计算。

5）变电站的短路点一般选在各电压级母线上。

6）短路种类。电气设备的热稳定和动稳定以及电器的开断电流，一般按三相短路验算；若中性点直接接地系统、自耦变压器等回路中的单相、两相接地短路较三相短路严重时，则应按严重情况验算。

7）绘制计算电路图并作出等效电路图。

参数计算采用近似计算，常用元件参数的计算公式如下：

发电机电抗的标幺值为

$$X''_{*B}=X''_{*N}\frac{S_B}{S_N}$$

双绕组变压器电抗的标幺值为

$$X_{T*B}=\frac{U_k\%}{100}\frac{S_B}{S_N}$$

三绕组变压器电抗的标幺值为

$$\left\{\begin{aligned}X_{\mathrm{I}*B}&=\frac{U_{k\mathrm{I}-\mathrm{II}}+U_{k\mathrm{I}-\mathrm{III}}-U_{k\mathrm{II}-\mathrm{III}}}{200}\frac{S_B}{S_N}\\X_{\mathrm{II}*B}&=\frac{U_{k-\mathrm{II}}+U_{k\mathrm{II}-\mathrm{III}}-U_{k\mathrm{I}-\mathrm{III}}}{200}\frac{S_B}{S_N}\\X_{\mathrm{III}*B}&=\frac{U_{k\mathrm{I}-\mathrm{III}}+U_{k\mathrm{II}-\mathrm{III}}-U_{k\mathrm{I}-\mathrm{II}}}{200}\frac{S_B}{S_N}\end{aligned}\right.$$

线路电抗的标幺值为

$$X_{L*B}=x_0L\frac{S_B}{U_B^2},\quad x_0=0.4\Omega/\mathrm{km}$$

电抗器电抗的标幺值为

$$X_{r*B}=\frac{X_r\%}{100}\frac{I_BI_N}{I_NU_B}$$

（2）进行网络化简，求计算电抗

1）对于多电源系统，按照本章第四节所述电源归并原则将电源合并分组，采用同一变换法或个别变换法进行化简，求出各等效发电机对短路点的转移电抗 x_{fi}。对于无限大功率电源，求出其对短路点归算到 S_B 的转移电抗 x_{fs}。

2）将转移电抗按相应的等效发电机的容量归算为各等效发电机对短路点的计算电抗

$$x_{jsi}=x_{fi}\frac{S_{Ni}}{S_B},\quad (i=1,2,\cdots,n)$$

式中　S_{Ni}——第 i 台等效发电机的额定容量，即它所包含的发电机的额定容量之和。

无限大功率电源对短路点的计算电抗与其转移电抗相等。

（3）计算 t 时刻短路电流周期分量的标幺值 I_{pt*i}

根据计算电抗值 x_{jsi} 及所指定的时刻 t 查计算曲线（或对应的数字表格），可得出第 i 台等效发电机在短路发生后 t 时刻短路电流周期分量有效值的标幺值 I_{pt*i}。需注意的是，由于基准值不同，这些标幺值不能直接相加。

无限大功率电源向短路点提供的短路电流周期分量的标幺值为

$$I_{ps*}=\frac{1}{x_{fs*}}$$

（4）计算 t 时刻短路电流周期分量的有名值 I_{pt}

第 i 台等效发电机提供的短路电流为

$$I_{pt,\,i}=I_{pt,\,i*}I_{Ni}=I_{pt,\,i*}\frac{S_{Ni}}{\sqrt{3}U_{av}}$$

无限大功率电源提供的短路电流为

$$I_{ps}=I_{ps*}I_B=I_{ps*}\frac{S_B}{\sqrt{3}U_{av}}$$

上两式中，I_{Ni}为归算到短路处电压等级的第 i 台等效发电机的额定电流；I_B为所选基准功率 S_B在短路处电压等级对应的基准电流。因此，短路处总的短路电流周期分量的有名值为

$$\begin{aligned}I_{pt}&=I_{pt,\,1}+I_{pt,\,2}+\cdots+I_{ps}\\&=\sum_{i=1}^{n}I_{pt,\,i*}\frac{S_{Ni}}{\sqrt{3}U_{av}}+I_{ps*}\frac{S_B}{\sqrt{3}U_{av}}\end{aligned}$$

第六节　限制短路电流的措施

为了保证电力系统安全可靠地运行，减轻短路的影响，除了在运行维护中应设法消除可能引起短路的一切原因外，还应尽快地切除短路故障部分，使系统电压在较短时间内恢复到正常值。为此，可采用快速动作的继电保护和断路器，以及发电机装设自动调节励磁装置等。此外，还应考虑采取适当的限制短路电流的措施，如合理选择电气主接线形式和运行方式，采用分裂绕组变压器，加装限流电抗器等。无论哪一种限流措施，其限流原理是相同的，即增大短路点到电源点之间的等效电抗。

一、合理选择电气主接线形式和运行方式

电气主接线形式和运行方式对短路时的电流大小影响较大。通过选择计算电抗较大的接线形式或运行方式，减少接线中的并联支路或增加串联支路，可以增大系统阻抗，有效地减小短路电流。具体措施包括：适当限制接入发电机电压母线的发电机台数和容量；对大容量发电机采用没有发电机电压母线的单元接线形式；降压变电站低压侧分段断路器平时断开运行，即采用变压器低压侧分列运行方式；合理地断开环网（在环网中穿越功率最小处开环运行)；双回线分开运行等。

二、采用分裂低压绕组变压器

分裂低压绕组变压器是一种将低压绕组分裂成两个绕组的变压器，两个支路的容量相等，其电路图形符号和等效电路如图 4-13 所示。该措施常用于发电机－变压器扩大单元接线（见图 4-13a)，限制发电机出口短路时的短路电流，或作为大容量机组的高压厂用变压器（见图 4-13b)，以限制发电厂用电系统的短路电流。图 4-13c 所示是分裂低压绕组变压器的等效电路，图 4-13d 所示是正常运行时的等效电路。图 4-13c 中，x_1为高压绕组电抗，数值很小；x_2'、x_2''分别为低压两个分裂绕组的电抗，它们的数值相等而且比较大。

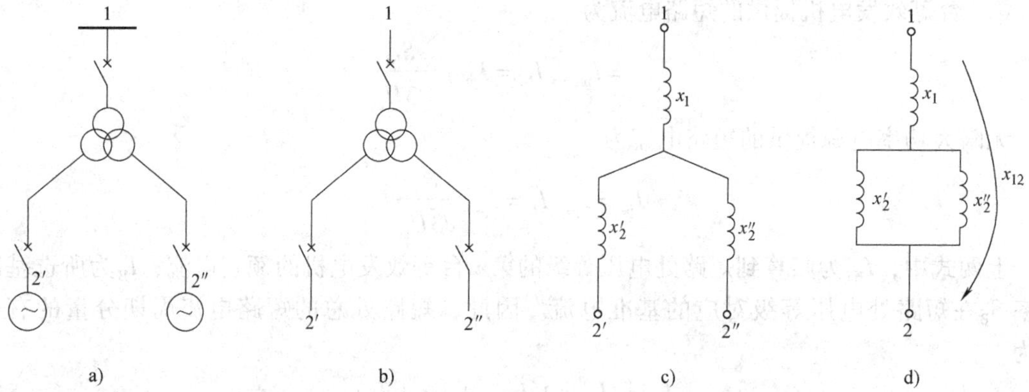

图 4-13 分裂低压绕组变压器的电路图形符号和等效电路

由图 4-13d 可见，分裂低压绕组变压器正常工作时，高压绕组与低压绕组之间总的等效电抗为

$$x_{12}=x_1+\frac{1}{2}x_2'$$

若忽略高压侧电抗 x_1，则

$$x_{12}=\frac{1}{2}x_2'$$

当高压侧有电源、低压侧一端短路（如 2′点短路）时，等效电抗为

$$x_{12'}=x_1+x_2'\approx x_2'=2x_{12}$$

即此时短路电抗约为正常工作时的 2 倍。

当高压侧开路、低压侧两端有电源、一端短路时，两个分裂绕组间的等效电抗为

$$x_{2'2''}=x_2'+x_2''=2x_2'\approx 4x_{12}$$

即此时短路电抗约为正常工作时的 4 倍。

对于图 4-13a，若高压侧不开路，低压侧一台发电机出口处发生短路，这时来自另一台发电机的短路电流遇到的电抗仍为 $4x_{12}$，来自高压侧的短路电流遇到的电抗仍为 $2x_{12}$。这些电抗都比正常运行时大很多，能起到限制短路电流的作用。

三、加装限流电抗器

1. 装设母线分段电抗器

在发电机电压母线分段处装设电抗器，能够限制来自接于另一母线的发电机所提供的短路电流，对发电厂内部短路限流作用较大，对外部系统提供的短路电流也能起到一定的限制作用。由于母线分段处穿越功率小，所以在此处安装电抗器可以使电抗器正常运行时的电压和功率损耗也比较小。

母线分段电抗器的额定电流，通常按照事故切除母线上最大一台发电机时可能通过电抗器的电流，即该发电机额定电流的 50% ~80% 来选择。分段电抗器的额定电抗百分值一般取 8% ~12%。

2. 装设线路电抗器

线路电抗器装设于 6 ~10kV 母线上的每条电缆（因架空线路的电抗较大，不需要限流）

出线回路，可以显著减小其所在回路中的短路电流，使出线能选用轻型断路器，还可以减小出线回路电缆的截面积（不致因满足不了短路时的发热而增大截面积）。由于出线回路数一般较多，发生短路故障的几率比较大，装设出线电抗器的另一目的是出线发生短路故障时，能维持母线上有较高的剩余电压（一般大于65%），这对其他没有故障的用户，特别是对电动机的自起动非常有利。由于出线电抗器数目较多，致使配电装置结构复杂，投资与运行费用增加，故仅在采用前述其他方法不能把短路电流限制到预期数值时，才装设线路电抗器。线路电抗器额定电流一般为300～600A，额定电抗百分值常取3%～6%。为了保证电压质量，正常运行时其电压损失不超过5%。

3. 装设分裂电抗器

分裂电抗器的符号、单相接线和等效电路如图4-14所示。

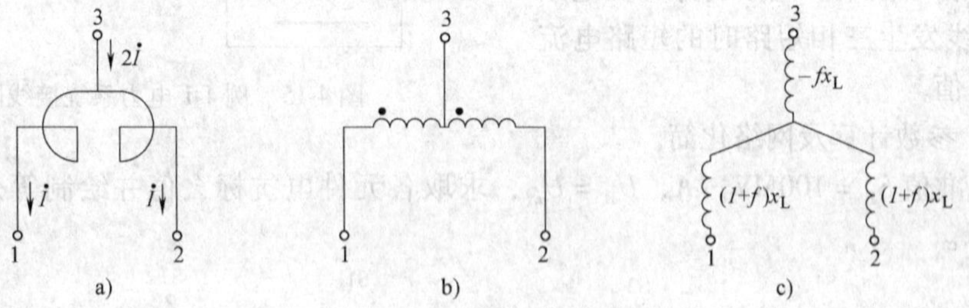

图4-14 分裂电抗器
a）图形符号 b）单相接线 c）等效电路

分裂电抗器是一个中间有抽头的电感线圈，中间抽头3将电抗器分成两个分支1和2（也称两臂），它是两臂的公共端。两个分支线圈的缠绕方向与结构参数都相同，其间不仅有互感耦合，而且电气上直接连接。若分裂电抗器的每臂自感为L，两臂间互感为M，互感系数$f=M/L$，则每臂自感抗$x_L=\omega L$，两臂间的互感抗$x_M=\omega M=\omega fL=fx_L$。互感系数$f$与电抗器的结构有关，一般取$f=0.5$。

如果分裂电抗器的工作方式是其公共端3接电源，两个臂1、2接均衡负荷，正常运行时，所接的负荷电流大小大致相等但方向相反，在两臂中产生的磁通方向也相反。每臂的电压降为

$$\Delta\dot{U}_{31}=\mathrm{j}\dot{I}x_L-\mathrm{j}\dot{I}x_M=\mathrm{j}\dot{I}(1-f)x_L=\mathrm{j}\dot{I}\frac{x_L}{2}$$

由上式可见，正常运行时，互感的作用使得每臂的电抗值只有其自感电抗的一半。

当1端发生短路时，若忽略臂2上的负荷电流（短路电流），则臂1上的电压降为

$$\Delta\dot{U}_{31}=\mathrm{j}\dot{I}x_L$$

由于1端发生短路时互感作用很小，因此每臂的等效电抗为每臂的自感电抗x_L，大于正常运行时的电抗。可见，分裂电抗器的短路等效电抗与每臂自感电抗间的关系，取决于其运行中的接线方式及短路点的位置。

与普通电抗器相比，分裂电抗器的主要优点是正常工作时的电压损失小，而短路时的限流作用较强。主要缺点是一臂负荷变动过大时，另一臂将产生较大的电压波动；一臂短路、另一臂接有负荷时，由于互感电动势的作用，将在另一臂产生感应过电压。

第七节　短路电流计算实例

【例 4-1】　电力系统接线如图 4-15 所示。BY110kV 降压变电站两台主变压器为同型号双绕组变压器，电压比为 110kV/10.5kV，额定容量 25000kV·A，$U_k\%=10.5$；系统 S1 容量为 1250MV·A，系统电抗 $X_{S1}=0.6$；系统 S2 容量为 350MV·A，系统电抗 $X_{S2}=0.8$。线路 L1～L5 的型号与长度（km）标于图中。试分别计算变电站各电压级母线发生三相短路时的短路电流周期分量 0s 值。

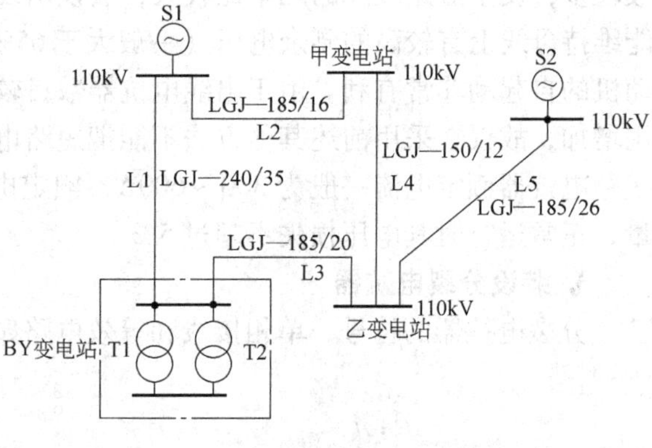

图 4-15　例 4-1 电力系统接线图

解：1）参数计算及网络化简。

① 选基准值 $S_B=100\text{MV·A}$，$U_B=U_{av}$，求取各元件电抗标幺值并绘制等效电路，如图 4-16a所示。

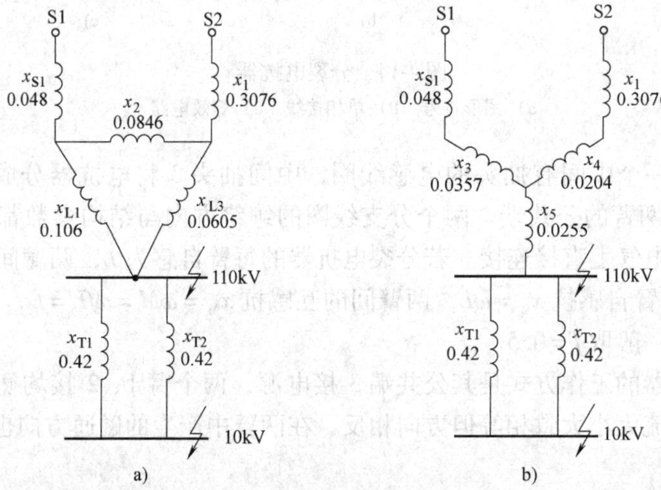

图 4-16　例 4-1 电力系统的等效电路及其△/Y变换化简

a）等效电路　b）△/Y变换后

系统 S1、S2

$$x_{S1*}=0.6\times\frac{100}{1250}=0.048,\ x_{S2*}=0.8\times\frac{100}{350}=0.229$$

线路 L1～L5

$$x_{L1*}=0.4\times35\times\frac{100}{115^2}=0.106,\ x_{L2*}=0.4\times16\times\frac{100}{115^2}=0.0484$$

$$x_{L3*}=0.4\times20\times\frac{100}{115^2}=0.0605,\ x_{L4*}=0.4\times12\times\frac{100}{115^2}=0.0362$$

$$x_{L5*}=0.4\times26\times\frac{100}{115^2}=0.0786$$

主变压器 T1、T2

$$x_{T1*}=x_{T2*}=\frac{10.5}{100}\times\frac{100}{25}=0.42$$

② 利用△/Y变换进行网络化简，等效网络如图 4-16b 所示。图中，产生变化的各等效电抗计算如下：

$$x_{1*}=0.229+0.0786=0.3076,\ x_{2*}=0.0484+0.0362=0.0846$$

$$x_{3*}=\frac{0.106\times0.0846}{0.106+0.0846+0.0605}=0.0357$$

$$x_{4*}=\frac{0.0605\times0.0846}{0.106+0.0846+0.0605}=0.0204$$

$$x_{5*}=\frac{0.106\times0.0605}{0.106+0.0846+0.0605}=0.0255$$

③ 分别将 x_{S1} 与 x_3、x_1 与 x_4 合并，化为如图 4-17a 所示网络，再利用Y/△变换进行网络化简，求出 S1 和 S2 对 110kV 母线的转移电抗，等效网络如图 4-17b 所示。图 4-17 中，产生变化的各等效电抗计算如下：

$$x_{6*}=0.048+0.0357=0.0837,\ x_{7*}=0.3076+0.0204=0.328$$

$$x_{8*}=0.0837+0.0255+\frac{0.0837\times0.0255}{0.328}=0.1157$$

$$x_{9*}=0.328+0.0255+\frac{0.328\times0.0255}{0.0837}=0.4534$$

$$x_{11*}=0.42/2=0.21$$

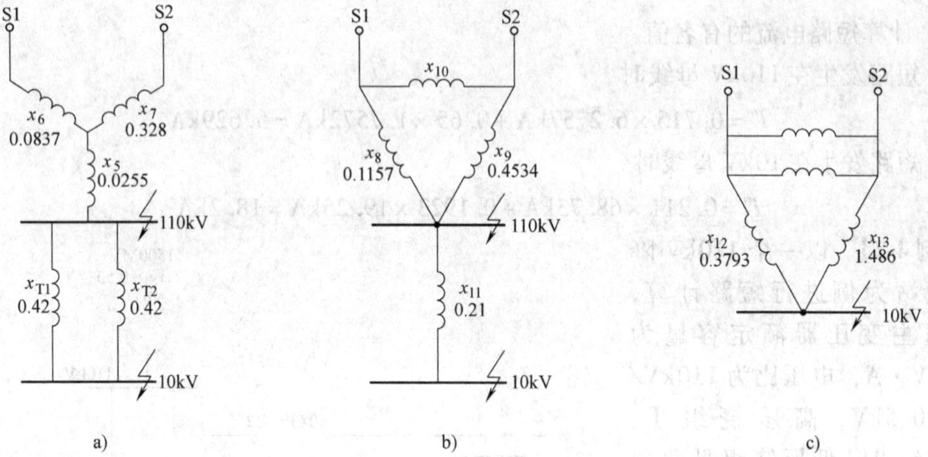

图 4-17　等效电路化简

S1 和 S2 对 110kV 母线的转移电抗分别为 x_{8*} 和 x_{9*}。

④ 利用Y/△变换，由电抗 x_{8*}、x_{9*}、x_{11*} 求出电源 S1 和电源 S2 对 10kV 母线的转移电抗，等效网络如图 4-17c 所示。图中，产生变化的各等效电抗计算如下：

$$x_{12*}=0.1157+0.21+\frac{0.1157\times0.21}{0.4534}=0.3793$$

$$x_{13*}=0.4534+0.21+\frac{0.4534\times0.21}{0.1157}=1.486$$

x_{12*}和x_{13*}即 S1 和 S2 对 10kV 母线的转移电抗。

2）计算电抗的计算。

① 短路发生在 110kV 母线时

$$x_{js.S1*}=0.1157\times\frac{1250}{100}=1.446,\ x_{js.S2*}=0.4534\times\frac{350}{100}=1.587$$

② 短路发生在 10kV 母线时

$$x_{js.S1*}=0.3793\times\frac{1250}{100}=4.741,\ x_{js.S2*}=1.486\times\frac{350}{100}=5.2$$

3）查计算曲线，得短路电流周期分量标幺值。

① 短路发生在 110kV 母线时

$$I''_{S1*}=0.715,\ I''_{S2*}=0.65$$

② 短路发生在 10kV 母线时，因为 $x_{js.S1*}=4.741>3.45$，$x_{js.S2*}=5.2>3.45$，故

$$I''_{S1*}=1/4.741=0.211,\ I''_{S2*}=1/5.2=0.1923$$

4）计算基准电流。

① 短路发生在 110kV 母线时，归算到短路点所在电压级的各电源的额定电流分别为

$$I_{N.S1}=\frac{1250}{\sqrt{3}\times115}\text{kA}=6.2757\text{kA},\ I_{N.S2}=\frac{350}{\sqrt{3}\times115}\text{kA}=1.7572\text{kA}$$

② 短路发生在 10kV 母线时，归算到短路点所在电压级的各电源的额定电流分别为

$$I_{N.S1}=\frac{1250}{\sqrt{3}\times10.5}\text{kA}=68.73\text{kA},\ I_{N.S2}=\frac{350}{\sqrt{3}\times10.5}\text{kA}=19.25\text{kA}$$

5）计算短路电流的有名值。

① 短路发生在 110kV 母线时

$$I''=0.715\times6.2757\text{kA}+0.65\times1.7572\text{kA}=5.629\text{kA}$$

② 短路发生在 10kV 母线时

$$I''=0.211\times68.73\text{kA}+0.1923\times19.25\text{kA}=18.2\text{kA}$$

【例 4-2】 以一个 110kV 降压变电站为例进行短路计算，三绕组主变压器额定容量为 31500kV · A，电压比为 110kV/35kV/10.5kV，高压绕组Ⅰ、中压绕组Ⅱ、低压绕组Ⅲ两两之间的阻抗电压百分数分别为 $U_{k\,\text{I}-\text{II}}\%=10.5$、$U_{k\,\text{II}-\text{III}}\%=6.5$ 和 $U_{k\,\text{I}-\text{III}}\%=17.5$。线路 L1～L5的型号与长度（km）标于图 4-18 中。试分别计算变电站各电压级母线发生三相短路时的短路电流周期分量 0s 值。

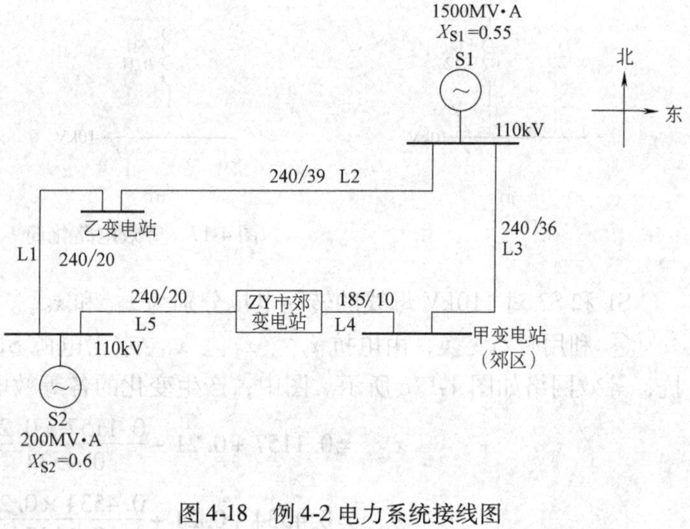

图 4-18 例 4-2 电力系统接线图

解：1）参数计算及网络化简。

① 选基准值 $S_B = 1000\text{MV}\cdot\text{A}$，$U_B = U_{av}$，求取各元件电抗标幺值并绘制等效电路，如图4-19a所示。

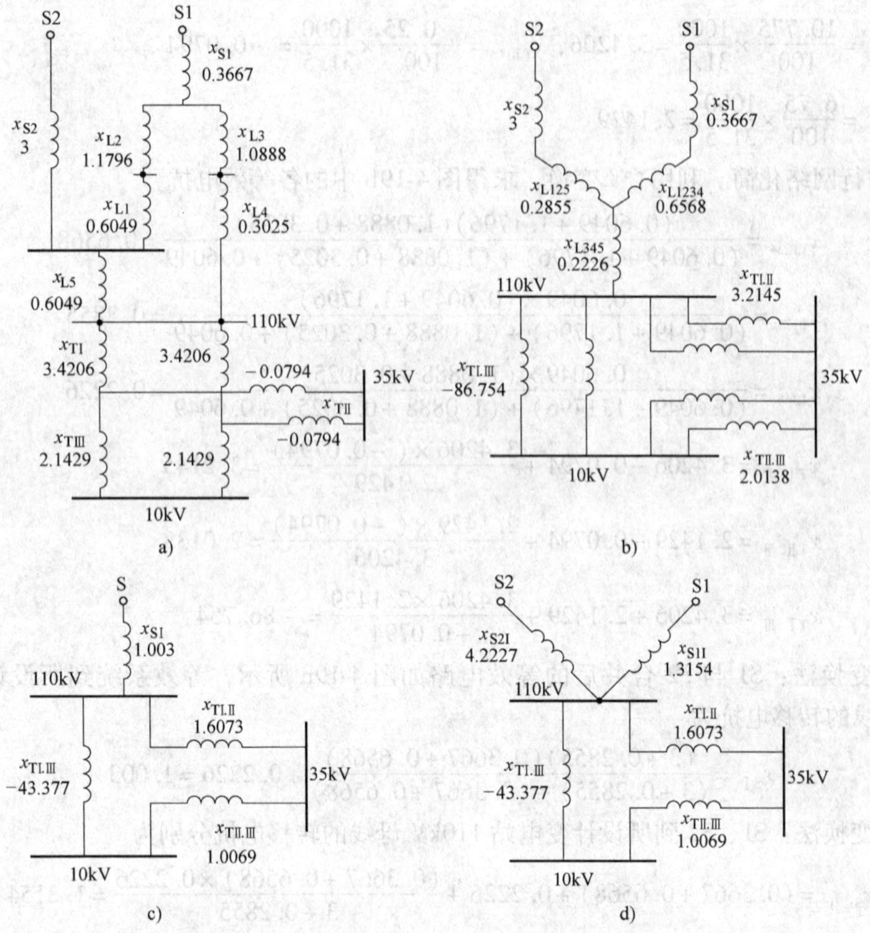

图 4-19　例 4-2 电力系统的等效电路及其化简

a）等效电路　b）Y/△变换后　c）同一变换法化简（S1、S2 合并）　d）个别变换法化简

系统 S1、S2

$$x_{S1*} = 0.55 \times \frac{1000}{1500} = 0.3667, \qquad x_{S2*} = 0.6 \times \frac{1000}{200} = 3$$

线路 L1 ~ L5

$$x_{L1*} = 20 \times 0.4 \times \frac{1000}{115^2} = 0.6049, \qquad x_{L2*} = 39 \times 0.4 \times \frac{1000}{115^2} = 1.1796$$

$$x_{L3*} = 36 \times 0.4 \times \frac{1000}{115^2} = 1.0888, \qquad x_{L4*} = 10 \times 0.4 \times \frac{1000}{115^2} = 0.3025$$

$$x_{L5*} = 20 \times 0.4 \times \frac{1000}{115^2} = 0.6049$$

主变压器 T1、T2

$$U_{k\mathrm{I}}\% = \frac{1}{2}(10.5+17.5-6.5)=10.775,\ U_{k\mathrm{II}}\% = \frac{1}{2}(10.5+6.5-17.5) = -0.25$$

$$U_{k\mathrm{III}}\% = \frac{1}{2}(6.5+17.5-10.5)=6.75$$

$$x_{\mathrm{TI}*} = \frac{10.775}{100}\times\frac{1000}{31.5}=3.4206,\ x_{\mathrm{TII}*} = \frac{-0.25}{100}\times\frac{1000}{31.5} = -0.0794$$

$$x_{\mathrm{TIII}*} = \frac{6.75}{100}\times\frac{1000}{31.5}=2.1429$$

② 进行网络化简。利用Y/△变换，求得图 4-19b 中的各等效电抗

$$x_{\mathrm{L1234}} = \frac{(0.6049+1.1796)(1.0888+0.3025)}{(0.6049+1.1796)+(1.0888+0.3025)+0.6049}=0.6568$$

$$x_{\mathrm{L125}} = \frac{0.6049\times(0.6049+1.1796)}{(0.6049+1.1796)+(1.0888+0.3025)+0.6049}=0.2855$$

$$x_{\mathrm{L345}} = \frac{0.6049\times(1.0888+0.3025)}{(0.6049+1.1796)+(1.0888+0.3025)+0.6049}=0.2226$$

$$x_{\mathrm{TI.II}} = 3.4206-0.0794+\frac{3.4206\times(-0.0794)}{2.1429}=3.2145$$

$$x_{\mathrm{TII.III}} = 2.1429-0.0794+\frac{2.1429\times(-0.0794)}{3.4206}=2.0138$$

$$x_{\mathrm{TI.III}} = 3.4206+2.1429+\frac{3.4206\times2.1429}{-0.0794} = -86.754$$

同一变换法：S1 与 S2 合并后的等效电路如图 4-19c 所示，等效系统到所设计变电站 110kV 母线的转移电抗为

$$x_{\mathrm{SI}} = \frac{(3+0.2855)(0.3667+0.6568)}{(3+0.2855)+(0.3667+0.6568)}+0.2226=1.003$$

个别变换法：S1、S2 到所设计变电站 110kV 母线的转移电抗分别为

$$x_{\mathrm{S1.I}} = (0.3667+0.6568)+0.2226+\frac{(0.3667+0.6568)\times0.2226}{3+0.2855}=1.3154$$

$$x_{\mathrm{S2.I}} = (3+0.2855)+0.2226+\frac{(3+0.2855)\times0.2226}{0.3667+0.6568}=4.2227$$

化简后的网络如图 4-19d 所示。

2）计算电抗的计算。

① 短路发生在高压母线时

同一变换法

$$x_{\mathrm{jsSI}} = 1.003\times\frac{1700}{1000}=1.7051$$

个别变换法

$$x_{\mathrm{jsS1.I}} = 1.3154\times\frac{1500}{1000}=1.9731,\ x_{\mathrm{jsS2.I}} = 4.2227\times\frac{200}{1000}=0.8445$$

② 短路发生在 35kV 母线时（同一变换法）

$$x_{\mathrm{jsSII}} = [1.003+(-42.37//1.6073)]\times\frac{1700}{1000}=4.5453$$

③ 短路发生在 10kV 母线时（同一变换法）：

低压侧并列运行时：$x_{jsS\text{Ⅲ}}=[1.003+(-43.377//2.6142)]\times\frac{1700}{1000}=6.4343$。

低压侧分列运行时：$x_{jsS\text{Ⅲ}}\approx(1.003+\frac{3.2145}{2}+2.0138)\times\frac{1700}{1000}=7.8609$。

3）查计算曲线，得短路电流周期分量标幺值。

① 短路发生在高压母线时：

同一变换法：查汽轮发电机计算曲线

$$I''_{*}=0.603$$

0.1s 和 0.2s 时的短路电流周期分量标幺值分别为 0.578 和 0.569。

2.03s 和 4.06s 时的短路电流周期分量标幺值分别为 0.62 和 0.62。

个别变换法

$$I''_{S1*}=0.519,\ I''_{S2*}=1.231$$

② 短路发生在 35kV 母线时：$I''_{*}=\frac{1}{4.5453}=0.22$。

③ 短路发生在 10kV 母线时：

低压侧并列运行时：$I''_{*}=\frac{1}{6.4343}=0.1554$。

低压侧分列运行时：$I''_{*}=\frac{1}{7.8609}=0.1272$。

4）计算基准电流

① 短路发生在高压母线时，归算到短路点所在电压级的各电源的额定电流分别为

$$I_{NS1}=\frac{1500}{\sqrt{3}\times115}\text{kA}=7.531\text{kA}$$

$$I_{NS2}=\frac{200}{\sqrt{3}\times115}\text{kA}=1.004\text{kA}$$

$$I_{NS1,S2}=\frac{1700}{\sqrt{3}\times115}\text{kA}=8.535\text{kA}$$

② 短路发生在 35kV 母线时，归算到短路点所在电压级的等效电源的额定电流为

$$I_{NS1,S2}=\frac{1700}{\sqrt{3}\times37}\text{kA}=26.528\text{kA}$$

③ 短路发生在 10kV 母线时，归算到短路点所在电压级的等效电源的额定电流为

$$I_{NS1,S2}=\frac{1700}{\sqrt{3}\times10.5}\text{kA}=93.478\text{kA}$$

5）计算短路电流的有名值。

① 短路发生在高压母线时：

同一变换法

$$I''=0.603\times8.535\text{kA}=5.1466\text{kA}$$

0.1s 时的短路电流有名值为 $0.578\times8.535\text{kA}=4.933\text{kA}$。

0.2s 时的短路电流有名值为 $0.569\times8.535\text{kA}=4.8564\text{kA}$。

2.03s 和 4.06s 时的短路电流有名值为 0.62 ×8.535kA =5.2917kA。

个别变换法

$$I''_{S1}=0.519\times7.531\text{kA}=3.9086\text{kA},\ I''_{S2}=1.231\times1.004\text{kA}=1.2359\text{kA}$$

$$I''=(3.9086+1.2359)\text{kA}=5.1445\text{kA}$$

② 短路发生在 35kV 母线时：$I''=0.22\times26.528\text{kA}=5.8362\text{kA}$。

③ 短路发生在 10kV 母线时：

低压侧并列运行时：$I''=0.1554\times93.478\text{kA}=14.5265\text{kA}$。

低压侧分列运行时：$I''=0.1272\times93.478\text{kA}=11.89\text{kA}$。

第五章 电气主接线

电气主接线也称为电气主系统或电气一次接线，它是由电气一次设备按电力生产的顺序和功能要求连接而成的接受和分配电能的电路，是发电厂、变电站电气部分的主体，也是电力系统网络的重要组成部分或枢纽点。电气主接线直接关系到电力系统运行的可靠性、灵活性和安全性，直接影响发电厂、变电站电气设备的选择，配电装置的布置，保护与控制方式选择和检修的安全与方便性。因此，电气主接线是电力设计、运行、检修部门以及有关技术人员必须深入掌握的主要内容。

第一节 对电气主接线的基本要求

对电气主接线的基本要求，概括地说是应满足可靠性、灵活性、经济性三项基本要求。

一、可靠性

电能生产的特点是，电能不能大量储存，发电、输电和用电必须在同一瞬间完成的，任何一个环节出现故障都会造成供电中断。因此，保证电力系统的安全可靠运行是电力生产的首要任务，作为其中一个重要环节的电气主接线，首先应满足可靠性的要求。但是，可靠性不是绝对的，可靠性与灵活性和经济性是密切相关的，在满足可靠性的前提下、还需要与灵活性和经济性协调一致，避免浪费。电气主接线设计应全面考虑变电站在电力系统中的地位和作用、负荷的性质、设备的可靠性和运行实践等因素。

1. 分析和评估主接线可靠性时应该考虑的几个问题

1）变电站在系统中的地位和作用。特高压、超高压大容量变电站，其在电力系统中的地位非常重要，它们的供电容量大、担负的供电区域广，发生事故的影响面大、甚至会造成系统的瓦解，其电气主接线应具有很高的可靠性。对于中小型变电站，若过分地追求过高的可靠性而选择复杂的主接线形式则会造成投资浪费。

2）用户的负荷性质。电力用户的负荷按照其对供电可靠性的要求分为三个等级，即Ⅰ、Ⅱ、Ⅲ类负荷。Ⅰ类负荷：对这类负荷突然中断供电，将造成人身伤亡，或造成重大设备损坏，或给国民经济带来重大的损失。对Ⅰ类负荷供电的要求是：任何时候都不允许停电。Ⅱ类负荷：对这类负荷突然中断供电将造成生产设备局部破坏，或造成生产流程紊乱且难以恢复，或出现大量废品和减产，因而在经济上造成一定损失。对Ⅱ类负荷供电的要求是：必要时仅允许短时间停电。Ⅲ类负荷：Ⅰ类和Ⅱ类负荷之外的其他负荷。这类负荷对供电没有特殊的要求，可以较长时的停电。由此可见，对于带Ⅰ、Ⅱ类型负荷的发电厂与变电站应该选择可靠性较高的主接线形式。当然也要综合分析，有些企业属于Ⅰ类负荷用户，但它也包含Ⅱ、Ⅲ类负荷；而对属于Ⅲ类负荷的农业用电，在抗旱排涝时期，则必须保证供电。

3）设备的可靠性。电气主接线是由电气设备组成的，选择可靠性高、性能先进的电气设备是保证主接线可靠性的基础。另外，主接线的可靠性是包括一次部分和相应的二次部分在运行中可靠性的综合，二次设备的可靠性也影响主接线的可靠性。

4）运行实践。应重视国内外长期积累的运行实践经验，优先选用经过长期实践考验的主接线形式。

2. 定性分析和衡量主接线可靠性的评判标准

1）断路器检修时，能否不影响供电。

2）断路器或母线故障以及母线或母线隔离开关检修时，停运的回路数的多少和停电的时间的长短，能否保证对Ⅰ类负荷和大部分Ⅱ类负荷的供电。

3）变电站全部停运的可能性。

4）特高压、超高压的电气主接线能否满足对可靠性的特殊要求。

二、灵活性

1）调度灵活。能按照调度的要求，方便而灵活地投切变压器和线路，调配电源和负荷，以满足在正常、事故、检修等运行方式下对电气主接线的切换操作要求。

2）检修安全、方便。应尽可能地使操作步骤少，便于运行人员掌握，不易发生误操作。

3）扩建方便。能根据扩建的要求。方便地从初期接线过渡到远景接线，投入新变压器或线路时不影响其他设备的运行。对一次设备和二次设备的改造为最少。

三、经济性

电气主接线应在满足可靠性和灵活性的前提下，做到经济合理。

1）节约投资。电气主接线应力求简单清晰，节省断路器、隔离开关等一次电气设备；要使相应的控制、保护不过于复杂，节省二次设备与控制电缆等；能限制短路电流，以便于选择价廉电气设备等。

2）占地面积小。电气主接线的形式影响配电装置的布置和电气总平面的格局，主接线设计应尽量节约配电装置占地。在运输条件许可的地方，应采用三相变压器而不用三台单相变压器组。

3）年运行费用小。年运行费用包括电能损耗费、折旧费及大修费、日常小修的维护费等。电能损耗主要由变压器引起，因此要合理选择主变压器的型式、容量和台数，并避免两次变压而增加损耗。

第二节 变电站电气主接线的基本接线形式

电气主接线的基本环节是电源（发电机或变压器）和出线，它们之间如何连接是电气主接线的主体。当同一电压等级配电装置中的进出线数目较多时（一般超过4回），需设置母线作为中间环节；对于进出线数目少，不再扩建和发展的电气主接线，不设置母线而采用简化的中间环节。根据是否有母线，主接线接线形式可以分为有母线、无母线两大类型。母线也称汇流母线，起汇集和分配电能的作用。母线是电气主接线的中心，由于设置了母线，使得电源和引出线之间连接方便，接线清晰，接线形式多，运行灵活，维护方便，便于安装和扩建。但有母线的电气主接线使用的开关电器多，配电装置占地面积较大，投资较大；而无母线的电气主接线使用的开关电器少，配电装置占地面积较小，投资较小。

一、有母线的基本接线形式

1. 单母线接线及其母线分段的接线

（1）单母线接线

单母线接线如图 5-1 所示，这种接线只有一组母线 W，接在母线上的所有电源和出线回路，都经过开关电器连接在该母线上并列运行。其中，各回路中的断路器用以正常工作时投切该回路及故障时切除该回路；隔离开关用以在切断电路时建立明显可见的断开点，将电源与停运设备可靠隔离，以保证检修安全。与母线相连接的隔离开关，称为母线隔离开关，如图 5-1 中的 QS11；与线路相连接的隔离开关，称为线路隔离开关，如图 5-1 中的 QS12。图 5-1 中的接地开关 QS13 只在该出线的断路器 QF1 检修时合上（其他出线回路的接地开关简略未画出），它是保证检修安全的安全措施。当电压等级在 110kV 及以上时，线路隔离开关侧或断路器两侧的隔离开关（布置较高时）都应该配置接地开关，110kV 及以上的母线也应设置接地开关或接地器，以代替人工挂接地线，保证出线、断路器和母线的检修安全。

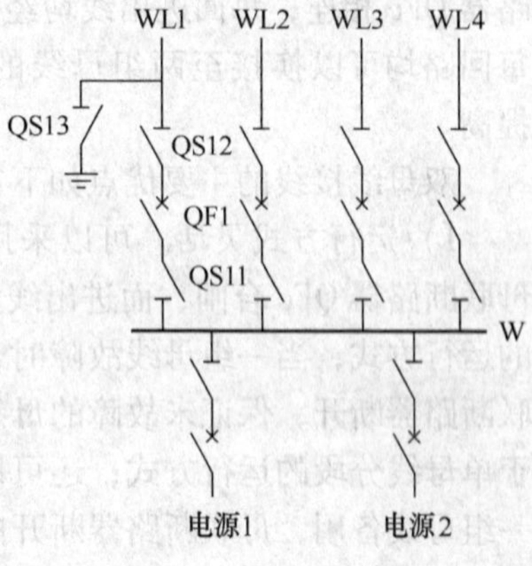

图 5-1　单母线接线

单母线接线的主要优点是，接线简单清晰，设备少，操作方便，造价便宜，只要配电装置留有余地，母线可以向两端延伸，可扩性好。主要缺点是，可靠性和灵活性都较差，它只有一种运行方式，母线和母线隔离开关检修或故障时，全部回路均需停运，任一断路器检修时，其所在回路也将停运。单母线接线只能用于某些出线回数较少，对供电可靠性要求不高的小容量变电站中。

（2）单母线分段接线

图 5-2 所示是单母线分段接线，它利用分段断路器 QFd 将母线分成两段，当可靠性要求不高时，也可利用分段隔离开关 QSd 进行分段。采用单母线分段接线时，重要用户可从不同母线段上分别引出两回馈线向其供电，保证不中断供电。单母线分段接线有单母线运行、各段并列运行和各段分列运行等运行方式。任一母线或母线隔离开关检修时，仅停该段，不影响其他段运行，减小了母线检修时的停电范围。任一段母线故障时，继电保护装置可使分段断路器跳闸，保证正常母线段继续运行，减小了母线故障影响范围。在大城市的降压变电站中，由于低压馈线回路多，短路容量大，也可以将母线分成几段（一般是 2 ~ 3 段），正常运行时分段开关断开，即低压母线处于分列运行状态，可以限制短路电流。为防止因某段母线上的电源断开而停电，可在分段断路器上装设备用电源自动投入装置。设计时，应尽量将电源与负荷均衡地分配于各母线段

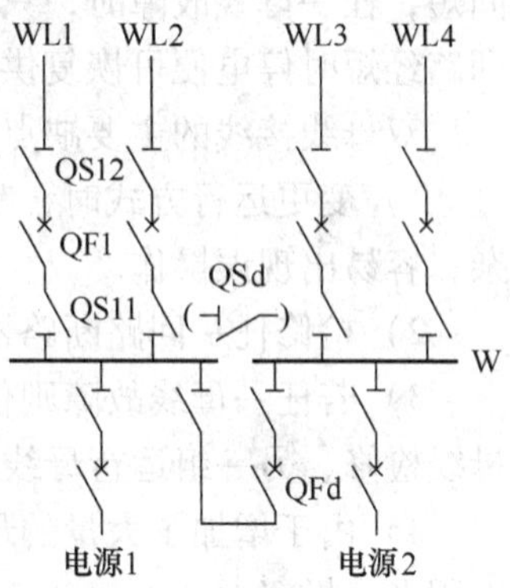

图 5-2　单母线分段接线

上，以减少各分段间的穿越功率。

单母线分段接线的主要缺点是，在任一段母线故障或检修期间，该段母线上的所有回路均需停电；任一断路器检修时，该断路器所带用户也将停电。这种接线广泛应用于中、小容量变电站的6～10kV配电装置和出线回路数较少的35～220kV配电装置中。当不允许停电检修断路器时，可设置旁路设施。当6～35kV配电装置采用手车式高压开关柜时，不宜设置旁路设施。

2. 双母线接线

在图5-3所示的双母线接线中，设置有两组母线W1、W2，两组母线间通过母线联络断路器QFc相连，每回进出线均经一组断路器和两组母线隔离开关分别接至两组母线，所以每回路均可以换接至两组母线的任一组上运行，使得双母线接线的可靠性和灵活性大大提高。

双母线接线的主要优点如下：

1）运行方式灵活。可以采用两组母线同时工作，将母联断路器QFc合闸，而进出线均衡地分配在两组母线上的运行方式，当一组母线故障时，在继电保护作用下，母联断路器断开，保证未故障的母线继续运行，可见这相当于单母线分段的运行方式；还可以采用一组母线工作，另一组母线备用，母联断路器断开的单母线运行方式。根据需要，双母线接线还可以完成一些特殊功能，例如，利用母联断路器进行同期或解列操作；当某个回路需要单独进行试验时，可以将该回路单独接到一组母线上；当线路需要利用短路方式融冰时，也可用一组母线作为融冰母线，不至影响其他回路等。

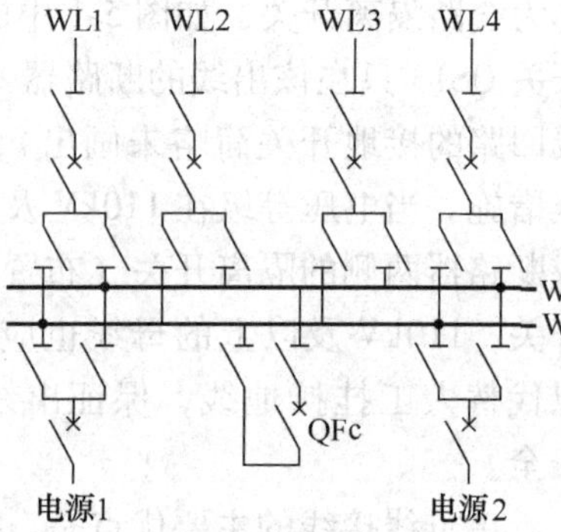

图5-3 双母线接线

2）检修母线时不中断供电。由于每个回路都有两组隔离开关，因此只需将欲检修母线上的所有回路通过倒闸操作切换接至另一组母线上，即可不中断供电地进行检修。检修任一回路母线隔离开关时，只中断该回路。这时，只需将所要检修隔离开关所在的母线停电，将其他回路切换接至另一组母线继续运行，然后停电检修该母线隔离开关。

3）任一组母线故障时仅短时停电。双母线接线与单母线分段相比，母线故障时停电时间短，任一母线故障时，只需将接于该母线上的所有回路切换至另一组母线，故障母线上的回路经短时停电便可恢复供电。

双母线接线的主要缺点如下：

1）变更运行方式时，都是用各回路母线侧的隔离开关进行倒闸操作，操作步骤较为复杂，容易出现误操作。

2）检修任一回路断路器时，该回路仍需停电或短时停电（装设临时跨条）。

3）若任一母线故障则仍需短时停电。若母联断路器故障则两组母线全部停电。当一组母线检修、另一组运行母线故障时，全部停电。

4）由于增加了大量的母线隔离开关和母线长度，双母线的配电装置结构较复杂，占地面积大，投资大。

双母线接线广泛应用于对可靠性要求较高、出线回路数较多的6～220kV配电装置中。

3. 双母线分段接线

不分段的双母线接线在母联断路器故障或一组母线检修、另一组运行母线故障时，有可能造成严重的或全厂（所）停电事故，难以满足大型电厂和变电站对主接线可靠性的要求。为了提高大型电厂和变电站主接线可靠性，防止全厂（所）停电事故的发生，减小母线故障的停电范围，大型电厂和变电站的220kV主接线可采用双母线分段接线。图5-4所示的双母线分段接线中，将一组母线用分段断路器QFd分为两段（W1和W2），两个分段母线（W1和W2）与另一组母线（W3）之间都用母联断路器连接，也称为双母线三分段接线。这种接线方式比双母线具有更高的可靠性，运行方式更为灵活。例如，可以将两个母联断路器断开，分段断路器合上，W1和W2作为工作母线，W3作为备用母线，全部进出线均分在W1和W2两个分段上运行；也可以将两个母联断路器中的一个和分段断路器合上，而另一个母联断路器断开，进出线合理地分配在三段上运行，可以减小母线故障的停电范围，母线故障时的停电范围只有1/3。除此之外，双母线三分段接线在一段母线检修或故障时，没有停电部分还可以按双母线或单母线分段运行，仍具有较高的可靠性。若将两组母线均用分段断路器分为两段，就构成了双母线四分段接线（见图5-5），该接线可以避免双母线三分段接线在一组母线检修合并母联断路器故障时发生全厂（所）停电事故，母线故障时的停电范围只有1/4，可靠性进一步提高，是一种发生任何双重故障情况下均不致造成全停电的接线。但双母线分段接线使用的电气设备更多，配电装置也更为复杂。

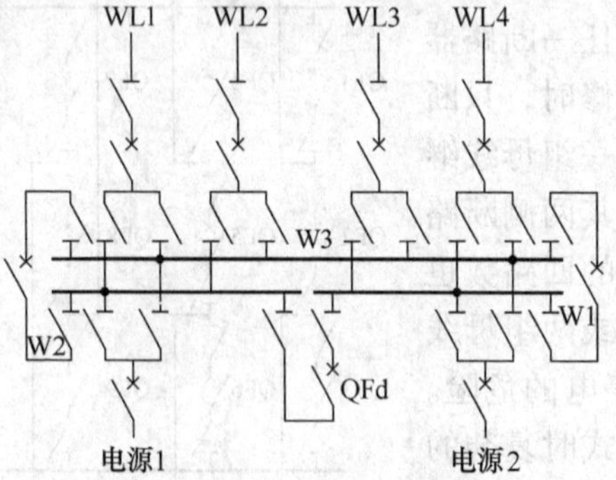

图5-4　双母线三分段接线

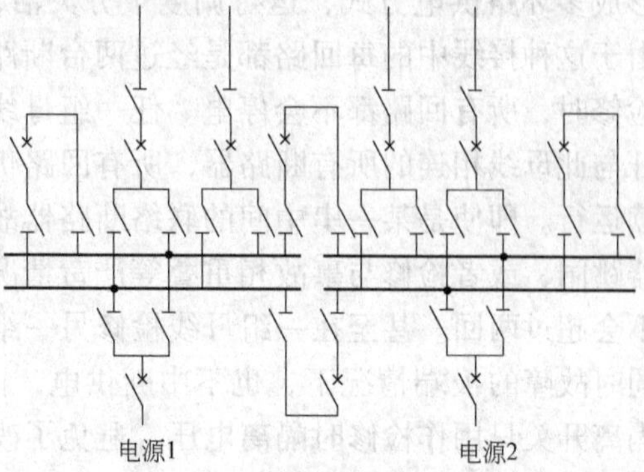

图5-5　双母线四分段接线

近年来电网建设发展迅速，可靠性大大提高，系统联系紧密且110kV及以上电压等级使用工作可靠、不检修周期长的六氟化硫断路器，35kV及以上电压等级一般不再采用带旁路母线的电气主接线。对于采用手车式成套开关柜的6～35kV配电装置，由于断路器可以快速更换，重要负荷可以采用双回路供电，一般也不设置旁路母线。

GB 50059—2011《35～110kV变电站设计规范》中规定：

1）35～110kV线路为两回及以下时，宜采用桥形、线路变压器组或线路分支接线。超过两回时，宜采用扩大桥形、单母线或分段单母线的接线。

2）35～66kV线路为8回及以上时，也可采用双母线接线。110kV线路为6回及以上时，宜采用双母线接线。

3）当变电站装有两台及以上主变压器时，6～10kV侧宜采用分段单母线，分段方式应满足当其中一台变压器停运时，有利于其他主变压器的负荷分配的要求。

DL/T 5218—2012《220～750kV 变电站设计技术规程》中规定：

1）220kV 变电站中的220kV 配电装置，当在系统中居重要地位、出线回路数为4回及以上时，宜采用双母线接线；当出线和变压器等连接元器件总数为10～14回时，可在一条母线上装设分段断路器，15回及以上时，在两条主母线上装设分段断路器；也可根据系统需要将母线分段。一般性质的220kV 变电站的配电装置，出线回路数在4回及以下时，可采用其他简单的主接线。

220kV 终端变电站的配电装置，能满足运行要求时，宜采用断路器较少的或不用断路器的接线，如线路变压器组或桥形接线等。当电力系统继电保护能满足要求时，也可采用线路分支接线。

2）220kV 变电站中的110kV、66kV 配电装置，当出线回路数在6回以下时宜采用单母线或单母线分段接线，6回及以上时，宜采用双母线接线。35kV、10kV 配电装置宜采用单母线接线，并根据主变压器台数确定母线分段数量。

4. 一台半断路器接线

一台半断路器接线，又称为3/2接线，如图5-6所示，每两个回路用三台断路器（称为一串）分别接至两组母线，处于每串中间的断路器称为联络断路器。由于平均每个回路装设一台半（3/2台）断路器，故称为一台半断路器接线。

正常运行时，两组母线和每串上的三个断路器都同时工作，形成多环路供电方式，运行调度十分灵活，具有很高的可靠性。由于这种接线中的每回路都是经过两台断路器供电，任一断路器检修时，所有回路都不会停电。任一组母线故障或检修时，只断开与此母线相连的所有断路器，所有回路仍可通过另一组母线继续运行。即使是某一串中间的联络断路器故障，致使其两侧断路器跳闸，或者检修与事故相重叠等严苛情况下，停电的回路数也不会超过两回。甚至在一组母线检修另一组母线故障或两组母线同时故障的极端情况下，也不中断供电，而无全部停电的危险。隔离开关只用作检修时隔离电压，避免了改变运行方式时复杂的倒闸操作。

这种接线的主要缺点是，所用断路器、电流互感器等设备多、投资较高；继电保护及二次电路的设计、调整、检修等比较复杂。

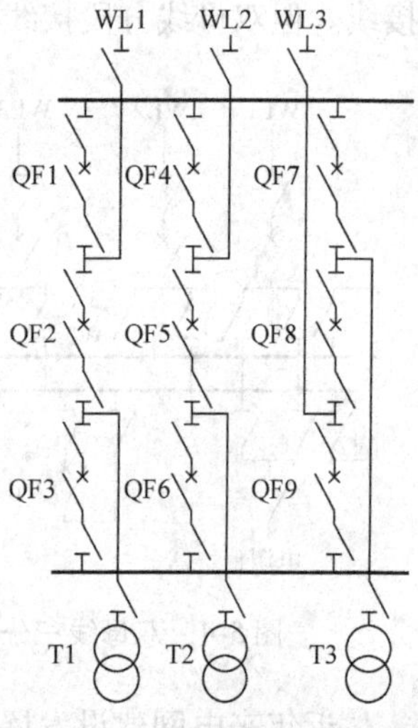

图5-6　一台半断路器接线

为了避免两个电源回路或去同一系统的两回线路同时停电，进一步提高可靠性，同名回路（两个电源回路或两回线路）的配置原则如下：

1）同名回路应布置在不同串中，以避免联络断路器故障时或一串中母线侧断路器检修，同串中另一侧回路故障时，使该串中的两个同名回路同时断开。

2）在只有两串的情况下，对于特别重要的同名回路，应分别接入不同的母线，称为交叉换位，以避免一串中联络断路器检修时，另一串两个回路中的任一个故障，同时切除两个同名回路，可能造成全厂（所）停电。当接线的串数多于两串时，由于是多环路供电方式，也可以不进行交叉换位。

一台半断路器接线是大机组、超高压主接线中应用得最多的一种接线，对于大型变电站的 550～1000kV 配电装置多采用一个半断路器接线。500kV 变电站中的 220kV 配电装置和 330kV 变电站中的 220kV 或 110kV 配电装置，可采用双母线接线，技术经济合理时，也可采用一个半断路器接线。

DL/T 5218—2012《220～750kV 变电站设计技术规程》中规定：

1）500kV、750kV 配电装置的最终接线方式，当线路、变压器等连接元件总数为 6 回及以上，且变电站在系统中具有重要地位时，宜通过技术经济比较确定采用一个半断路器接线或双母线分段的接线。在确因系统潮流控制、限制短路电流、分片运行需要的情况下，经技术经济论证后，可在一台半断路器接线中装设母线分段断路器。

当采用一台半断路器接线时，宜将电源回路与负荷回路配对成串，同名回路配置在不同串内，同名回路可接于同一侧母线。当变压器台数超过两台时，其他几台变压器可不进串，直接经断路器接母线。

2）330～750kV 变电站中的 220kV 配电装置，可采用双母线接线，技术经济合理时，也可采用一台半断路器接线。当采用双母线接线，且出线和变压器等连接元器件总数为10～14 回时，可在一条母线上装设分段断路器；15 回及以上时，在两条主母线上装设分段断路器；当为了限制 220kV 母线短路电流或满足系统解列运行的要求时，也可根据需要将母线分段。

二、无母线的主接线形式

当只有两台变压器和两条线路时，可采用桥形接线。桥形接线属于无母线类接线，分内桥接线和外桥接线两种，图 5-7a 所示是内桥接线，图 5-7b 所示是外桥接线，断路器 QF3 称为联络断路器。

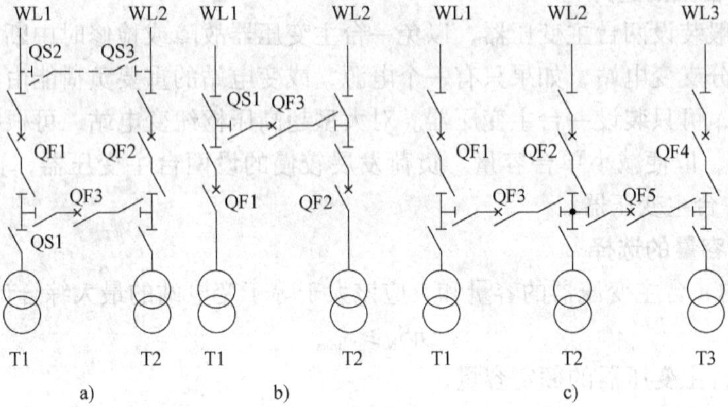

图 5-7　桥形接线
a）内桥接线　b）外桥接线　c）双桥接线

内桥接线的特点是联络断路器 QF3 接在靠近变压器侧，在线路正常投切或故障切除时，不影响其他回路运行。而投切变压器时则需要操作两台断路器及相应的隔离开关，相应线路要短时停电。例如，在切除变压器 T1 时，要先断开 QF1 和 QF3，才能断开 QS1 使变压器 T1 退出运行，然后再合上 QF3 和 QF1，恢复线路供电。这种接线适用于变压器不需要经常切换、输电线路较长（故障率高，故障断开机会较多）、电力系统穿越功率较小的场合。

外桥接线的特点是联络断路器 QF3 靠近线路侧，与内桥接线相反，它便于变压器的正常投切和故障操作，而线路的正常投切和故障操作都比较复杂，也需要操作两台断路器及相应的隔离开关。这种接线适用于线路较短（故障率较低）、主变压器需经常投切（因经济运行的需要）以及电力系统有较大的穿越功率通过联桥回路的场合。

图 5-7 中的虚线部分为跨条，加跨条可使联络断路器检修时不影响其他回路的运行，穿越功率可从“跨条”中通过，减少了系统的开环机会，正常运行时跨条断开。跨条回路中装设两台隔离开关的作用是能轮流停电检修任意一台隔离开关。

当有三台变压器和三条线路时，可采用双桥接线，也称扩大桥形接线，如图 5-7c 所示。

桥形接线简单清晰，没有母线，用三台断路器带 4 个回路工作，所用断路器数量最少，可节省投资，也易于发展过渡为单母线分段或双母线接线。但其工作可靠性和灵活性不够高，35 ~ 220kV 线路为两回时，宜采用桥形接线。超过两回时，宜采用扩大桥形、单母线或分段单母线的接线。桥形接线或作为最终接线为单母线分段或双母线接线的工程初期接线方式。

第三节　变电站主变压器的选择

在变电站中，用来向用户输送电能的变压器称为主变压器。合理选择主变压器的型式、台数、容量，是电气主接线设计的重要内容，其选择结果直接影响着主接线的形式和配电装置的结构。选择主变压器时，应根据变电站的性质、容量、与电力系统联系情况、电压等级、负荷状况等基本资料，并结合电力系统 5 ~ 10 年发展规划进行综合分析。

一、主变压器台数的选择

1. 主变压器台数的选择

变电站中一般装设两台主变压器，以免一台主变压器故障或检修时中断供电。对 110kV 及以下的终端或分支变电站，如果只有一个电源，或变电站的重要负荷能由中、低压侧电网取得备用电源时，可只装设一台主变压器。对大型超高压枢纽变电站，可根据具体情况装设 2 ~ 4 台主变压器，以便减小单台容量。负荷发展较慢的设两台主变压器，负荷密度高且发展较快的设 3 ~ 4 台主变压器。

2. 主变压器容量的选择

1）所选择的 n 台主变压器的容量和，应该大于等于变电站的最大综合计算负荷，即

$$nS_{\mathrm{N}} \geqslant S_{\max}$$

式中　S_{N}——单台主变压器的额定容量；

$S_{\max}$——最大综合计算负荷。

2）装有两台及以上主变压器的变电站中，当其中一台主变压器停运时，其余主变压器的容量一般应满足 60%（220kV 及以上电压等级的变电站应满足 70%）的全部最大综合计算负荷，以及满足全部 Ⅰ 类负荷 S_{I} 和大部分 Ⅱ 类负荷 S_{II}（220kV 及以上电压等级的变电站，在计及过负荷能力后的允许时间内，应满足全部 Ⅰ 类负荷 S_{I} 和 Ⅱ 类负荷 S_{II}），即

$$(n-1)S_{\mathrm{N}} \geqslant (0.6 \sim 0.7)S_{\max} \text{和} (n-1)S_{\mathrm{N}} \geqslant \sum S_{\mathrm{I}} + \sum S_{\mathrm{II}}$$

最大综合计算负荷的计算

$$S_{\max} = K_{\mathrm{t}}\left(\sum_{i=1}^{n} \frac{P_{i\max}}{\cos\varphi_i}\right)(1 + \alpha\%)$$

式中 $P_{i\max}$——各出线的远景最大负荷；

$\cos\varphi_i$——各出线的自然功率因数；

K_t——同时系数，其大小由出线回数决定，出线回路数越多其值越小，一般在 0.8 ~ 0.95 之间；

$\alpha\%$——线损率，取 5%。

若为三绕组变压器还应该考虑中、低压侧间的负荷同时系数，中、低压侧的最大综合计算负荷计算出来后，总的最大综合计算负荷为它们之和再乘以中、低压侧间的负荷同时系数。

二、主变压器型式的选择

主变压器型式的选择主要包含相数、绕组数、电压组合、容量组合、绕组结构、冷却方式、调压方式、绕组材料、全绝缘还是半绝缘、联结组标号、是否选择自耦变压器、主变压器中性点接地方式等，以下分别叙述。

1. 相数选择

变压器有三相变压器和单相变压器组。330kV 及以下的变电站，一般选用三相变压器。单相变压器组是由三个单相的变压器组成，造价高、占地多、运行费用高，只有受变压器的制造和运输条件限制时，才考虑用单相变压器组。对于 500kV 变电站，应根据技术经济论证，来决定选用三相变压器还是单相变压器组。750kV 和 1000kV 的变电站一般采用单相变压器组。

2. 绕组数选择

在具有三种电压等级的变电站中，如果通过主变压器各绕组的功率达到该变压器容量的 15% 以上，或在低压侧虽没有负荷，但是在变电站内需要装无功补偿设备时，主变压器宜选择三绕组变压器。

自耦变压器损耗小、造价低，但是其高中压侧必须都是中性点直接接地方式，所以对 220kV 及以上电压等级的变压器可以选择自耦变压器。但是由于其限制短路电流的效果差，保护配置和整定困难等，因此若不是容量太大而制造困难等原因，一般在 220kV 变电站选择普通三绕组变压器的比较多。

3. 绕组联结方式

变压器绕组的联结方式必须和系统电压相位一致，否则不能并列运行。电力系统中变压器绕组采用的联结方式有星形和三角形两种，星形联结用符号 Y 表示，如果将中性点引出则用 YN 表示，对于低压绕组则用 y 及 yn 表示；三角形联结用符号 D 表示，低压绕组用 d 表示。三角形联结的绕组可以消除三次谐波的影响，而若采用全星形的变压器用于中性点不直接接地系统时，三次谐波没有通路，将引起正弦波电压畸变，使电压波的峰值增大，危害变压器的绝缘，还会对通信设备产生干扰，并对继电保护整定的准确性和灵敏度有影响。我国 110kV 及以上的电压等级均为大电流接地系统，为取得中性点都需要选择 YN 的联结方式，对于 110kV 变压器的 35kV 侧也采用 yn 的联结方式，以便接入消弧线圈，而 6 ~ 10kV 侧采用 d 联结方式。例如，YNyn0 d11 联结的高中压侧中性点都引出，高中压间为 0 点接线，高低压间为 11 点接线。

4. 调压方式的选择

变压器的调压方式分带负荷切换的有载（有励磁）调压方式和不带负荷切换的无载

（无励磁）调压方式两种。无载调压变压器的分接头档位较少，电压调整范围一般在 10%（即 ±2×2.5%）以内，而有载调压变压器的电压调整范围大，能达到电压的 30%，但其结构比无载调压变压器复杂，造价高。

电力潮流变化大和电压偏移大的变电站，当经计算普通变压器不能满足电力系统和用户对电压质量的要求时，应采用有载调压变压器。对于大型枢纽变电站，为保证系统的电压质量，一般变压器都选用有载调压方式。在能满足电压正常波动情况下可以采用无载调压方式。

5. 变压器阻抗的选择

变压器各侧阻抗值的选择必须从电力系统稳定、潮流方向、无功分配、继电保护、短路电流、系统内的调压手段和并列运行等方面进行综合考虑，并应以对工程起决定作用的因素来确定。

由于三绕组变压器的各绕组之间的阻抗由变压器的三个绕组在铁心上的相对位置决定，因此变压器阻抗的选择实际上也是结构形式的选择。三绕组变压器可以分为升压结构和降压结构两种类型，如图 5-8a、b 所示。由于绝缘因素，高压绕组总是放在最外侧。升压结构变压器的低压绕组放在中间，而中压绕组放在最里层；降压结构变压器的中压绕组放在中间，而低压绕组放在最里层。升压结构变压器高、中压绕组阻抗大，而降压结构变压器高、低压绕组阻抗大。从电力系统稳定和供电电压质量及减小传输功率时的损耗考虑，变压器的阻抗越小越好，但阻抗偏小又会使短路电流增大，低压侧电器设备选择遇到困难。因此，接发电机的三绕组变压器，为了低压侧向高中压侧输送功率，应选升压结构；变电站的三绕组变压器，如果以高压侧向中压侧输送功率为主，则选用降压结构；如果以高压侧向低压侧输送功率为主，则可选用升压结构，但如果需要限制 6～10kV 系统的短路电流，也可以考虑优先采用降压结构变压器。

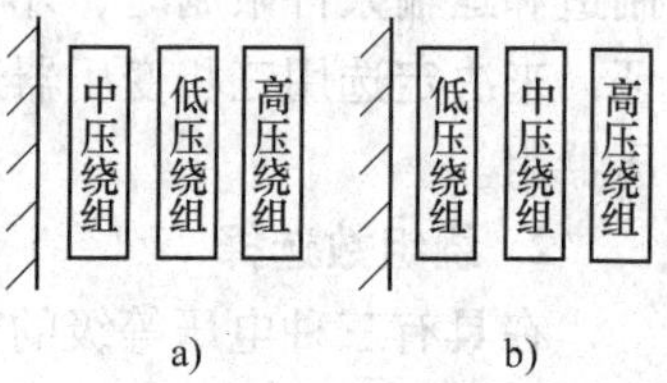

图 5-8　变压器绕组结构

a）升压结构　b）降压结构

6. 容量比

变压器各绕组容量相对总容量有 100/100/100、100/100/50、100/50/50 等几种形式。由于 110kV 变压器总容量不大，虽然其绕组容量对于造价影响不大，但其中、低压侧的传输功率相对总容量都比较大，因此为调度灵活，一般采用 100/100/100 的容量比。而对 220kV 及以上变电站，变压器容量大，其低压绕组主要带无功补偿电容器和所用电，容量小，为降低变压器的造价，一般选择 100/100/50 的容量比。

7. 变压器的冷却方式

变压器的冷却方式有自然风冷、强迫风冷、强迫油循环风冷、强迫油循环水冷和强迫导向油循环冷却等，它随变压器的型式和容量不同而异。一般中小容量的变压器选择自然风冷和强迫风冷；大容量的变压器采用强迫油循环风冷；对水源充足的发电厂的主变压器，为节约占地，也可采用强迫油循环水冷。强迫导向油循环冷却一般用在大型变压器中，它是在采用强迫油循环风冷或强迫油循环水冷的变压器中设置引导油流向的构件，利用油泵加压的条件，使被冷却的油沿着设置的油道流动，使绕组、铁心都能有效地被冷却。

8. 全绝缘、半（分级）绝缘和绕组材料等问题

全绝缘变压器的绕组首、尾绝缘水平是一样的，都是按照线电压设计的。为减小变压器的造价，变压器还可以采用半绝缘方式，即变压器绕组靠近中性点部分的主绝缘水平比绕组端部的绝缘水平低，不是按照额定线电压设计，而是低一个电压等级（我国 110kV 变压器中性点用 35kV 级绝缘，220kV 变压器中性点用 110kV 级绝缘，330kV 变压器中性点用 154kV 级绝缘）。半绝缘变压器只允许在中性点直接接地的情况下运行。

变压器绕组材料有铝绕组和铜绕组两种。一般变压器选用铝绕组，可以减少造价。为减小变压器的体积和降低变压器本身的损耗，应选择铜绕组。

9. 变压器各侧电压的选择

如果变压器的某个电压级作为电源，为保证向线路末端供电的电压质量，即保证在有 10% 电压损失的情况下，线路末端的电压为额定值，则该侧的电压应按照 110% 额定电压选择；而如果某个电压级是电网的末端（负荷端），则该侧的电压应按照电网额定电压选择。例如，对 110kV 降压变电站的 110kV 侧绕组的额定电压应选择 110kV；而对于其中压 35kV 侧绕组的额定电压应选择 38.5kV；作为低压侧的 6kV 或 10kV 绕组，额定电压一般选用 6.3kV 或 10.5kV。

【例 5-1】 某降压变电站，拟采用两台自然油循环冷却主变压器并列运行，电压为 110kV/38.5kV/10.5kV。负荷资料如表 5-1 所示，请选择主变压器并设计各电压等级的电气主接线。

表 5-1　负荷资料

电压等级	负荷名称	最大负荷/MW		穿越功率/MW		负荷组成（%）			自然功率因数	最大负荷利用小时/h	线长/km
		近期	远景	近期	远景	Ⅰ类	Ⅱ类	Ⅲ类			
110kV	市系线			10	18				0.9		20
	市甲线			10	18				0.9		10
	备用 1		10						0.9		
	备用 2		12						0.9		
35kV	郊区一	2	3			5	30		0.9		12
	郊区二	2.5	3.5			5	30		0.9		16
	水泥厂 1	1.5	2			20	30		0.9		20
	水泥厂 2	1.5	2			20	30		0.9		20
	耐火厂	1	1.5			15	35		0.9		18
	备用 1		2.5			20	40		0.9		15
	备用 2		2.5			20	30		0.9		15
10kV	棉纺厂 1	2	2.5			20	40		0.8	5500	3.5
	棉纺厂 2	2	2.5			20	40		0.8	5500	3.5
	印染厂 1	1.5	2			30	40		0.78	5000	4.5
	印染厂 2	1.5	2			30	40		0.78	5000	4.5
	毛纺厂	2	2			20	40		0.8	5000	2.5
	针织厂	1	1.5			20	40		0.8	4500	1.5
	柴油机厂 1	1.5	2			25	40		0.8	4000	3
	柴油机厂 2	1.5	2			25	40		0.8	4000	3
	橡胶厂	1	1.5			30	40		0.8	4500	3
	市区 1	1.5	4			20	30		0.8	3500	3
	市区 2	1.5	4			20	30		0.8	3500	3.5
	食品厂	1.2	1.5			15	30		0.8	4000	1.5
	备用 1		3			20	30		0.78		
	备用 2		3			20	30		0.78		

解：

1）主变压器选择：

① 35kV 的最大综合计算负荷：根据表 2-1 的 35kV 远景负荷和式（2-1），同时系数取 0.9，线损率取 5%，得

$S_{max}=0.9\times(3+3.5+2+2+1.5+2.5+2.5)\times1.05/0.9\text{MV}\cdot\text{A}=17.85\text{MV}\cdot\text{A}$

② 10kV 的最大综合计算负荷：根据表 2-1 的 10kV 远景负荷和式（2-1），同时系数取 0.85，线损率取 5%，得

$S_{max}=0.85\times(5/0.8+4/0.78+3.5/0.8+8/0.8+1.5/0.8+5.5/0.8+6/0.78)\times1.05\text{MV}\cdot\text{A}=35.866\text{MV}\cdot\text{A}$

③ 总的最大综合计算负荷：35kV 和 10kV 的同时系数取 0.9，得

$S_{max}=0.9\times(17.85+35.866)\text{MV}\cdot\text{A}=48.345\text{MV}\cdot\text{A}$

④ 主变压器选择。

60% 的全部最大综合计算负荷为 $0.6\times48.345\text{MV}\cdot\text{A}=29\text{MV}\cdot\text{A}$。

可以看出全部Ⅰ类负荷 S_{I} 和Ⅱ类负荷 S_{II} 之和小于 29MV · A。

选择 $S=31.5\text{MV}\cdot\text{A}$ 的有载调压降压结构变压器两台，$S>29\text{MV}\cdot\text{A}$，总容量为 $2S>S_{max}=48.345\text{MV}\cdot\text{A}$，满足要求。型号选 SFSZ9—31500/110，电压等级为 $110\pm8\times1.25\%/38.5\pm2\times2.5\%/10.5\text{kV}$，联结组标号 YN yn0 d11。110kV 侧有载调压开关采用 17 档分接头，35kV 侧有载调压开关采用 5 档分接头。

2）电气主接线设计：GB 50059—2011《35kV ~ 110kV 变电站设计规范》中规定：

① 35 ~ 110kV 线路为两回及以下时，宜采用桥形、线路变压器组或线路分支接线；超过两回时，宜采用扩大桥形、单母线或分段单母线的接线。

② 35 ~ 66kV 线路为 8 回及以上时，也可采用双母线接线；110kV 线路为 6 回及以上时，宜采用双母线接线。

③ 当变电站装有两台及以上主变压器时，6 ~ 10kV 侧宜采用分段单母线，分段方式应满足当其中一台变压器停运时，有利于其他主变压器的负荷分配的要求。

本例中 110kV 线路为 4 回，应采用分段单母线的接线。35kV 线路为 7 回，应采用分段单母线的接线。该变电站装有两台主变压器，因此 10kV 应采用分段单母线的接线（配电装置采用屋内手车式高压开关柜）。

第四节　变电站限制短路电流的方法

为了使变电站 6 ~ 10kV 侧短路电流不超过轻型断路器的额定开断电流，并且使选用的 6 ~ 10kV 电缆截面不因热稳定不能满足而增大（电缆耐受短时发热的能力较差），在变电站可以采用以下限制短路电流的措施：

1）变压器低压侧分列运行。由于母线分段电抗器的限流作用小，在变电站采用经济简便的两台变压器低压侧分列运行的限制短路电流的方法，将并联改为辐射式，6 ~ 10kV 侧发生短路时短路电流只通过一台变压器，其值较两台变压器并联运行时大为减小。

2）在变压器低压回路装设电抗器或分裂电抗器。当变压器容量较大，低压侧分列运行

还不能满足要求时，可以在变压器低压回路装设电抗器或分裂电抗器，例如 220kV 变电站中常采用在变压器低压回路装设电抗器的方法限制短路电流。

3）采用高阻抗变压器。

4）在出线上装设电抗器。当采用其他限流措施仍不能满足要求时，可以采用在出线上装设电抗器的限流措施，但会增加配电装置投资，故一般在变电站中不采用此方法。

第五节　电气主接线设计

变电站电气主接线的设计，是在电力系统整体规划设计的基础上进行的。设计部门在设计前，会得到上级主管部门根据电力系统规划下达的设计任务书，这是设计的依据，必须认真研究任务书，必须从电力系统运行与发展的总体要求出发，综合考虑变电站在系统中所处的地位、作用、性质、规模、负荷、站址等因素，根据建设规模、电压等级、线路回数、负荷要求、设备特点等条件来合理确定电气主接线方案，使之能满足工作可靠、运行灵活、操作方便、节约资金和便于发展过渡等要求。

电气主接线设计的主要内容如下：

1）电力系统分析：

① 分析电力系统现有主要电源、装机容量、负荷水平、电网结构、存在的问题，逐年电力电量平衡状况。

② 分析所设计的变电站的类型、性质、规模，在电力系统中所处的位置及所担负的任务等，从而明确其对电气主接线可靠性、灵活性、经济性的具体要求，这是影响电气主接线设计的首要因素。

③ 了解分期建设计划、系统逐年电力电量平衡以及规划变电容量等状况。变电站应根据电力系统 5～10 年发展规划及本站负荷资料，确定主变压器台数、容量及分期装设计划。

④ 研究变电站与电力系统连接的方式，可能采用的电压等级以及各电压级近期与远景出线回数等。为了避免变电站的设备与接线过繁，总的电压等级不宜多于三级。当变电站接入系统环网中时，应了解环网中的潮流变化、调压要求、稳定措施等。对系统主干线路、系统联络线，必须保证供电可靠性，检修其线路断路器时不应停电。对同名双回线路，应分别接在两段母线上。

2）负荷分析：负荷是影响电气主接线设计的又一重要因素。应分析由本站供电的主要负荷生产特点，电力、电量需要，功率因数和保安负荷要求，各电压级负荷水平（最大值、最小值）及逐年增长情况等。电力负荷按其重要性可分为三类。在设计电气主接线时，对于Ⅰ类负荷必须要由两个独立的电源供电，并且当任何一个电源失去后，能保证对全部Ⅰ类负荷不间断供电；对于Ⅱ类负荷，一般要由两个独立电源供电，并且当任何一个电源失去后，能保证对大部分Ⅱ类负荷的供电；对于Ⅲ类负荷，一般只需一个电源供电。

3）主变压器的选择：包括主变压器台数、型式、容量及主要技术参数的选择。

4）电气主接线方案的设计：包括初期与远景工程的主变压器配置、变压器与各级电压配电装置之间的连接方式、各级电压配电装置的接线形式、发展过渡方案，以及站用电接线设计等。一般拟出 2～3 个较好的电气主接线方案，进行技术经济综合比较，确定最终电气主接线方案。

5）中性点接地方式的确定：包括各级电压的中性点接地方案、6～35kV 系统单相接地电容电流的计算、中性点设备的选择等。

6）无功补偿：确定为了平衡无功功率而需要在变电站中装设的无功补偿装置类型（如并联电容器、吸收无功的并联电抗器、静止补偿装置等）、台数和容量。

7）站用电的选择：确定本变电站的站用电的电源取得方式、接线形式、站用电变压器的容量与台数等。

8）限制短路电流的措施。

9）短路电流计算。

10）主要电气设备的选择。

一、电气主接线的技术经济比较

在进行电气主接线设计时，一般根据设计任务书的要求，综合分析有关基础资料，拟定出若干技术经济上比较合理的电气主接线初步方案，然后对各方案进行初步技术经济比较，淘汰不合理的方案，保留 2～3 个技术上能满足要求的较好方案进行详细技术经济比较，最后确定最佳方案。

电气主接线方案的技术比较，主要是对各方案的可靠性、灵活性进行定性的对比分析，兼顾设计、施工、运行、维修等各方面的要求。对大型变电站的主接线应进行可靠性定量计算。

对保留的几个技术上相当的较好方案，难于直观判定优劣时，可粗略计算各接线方案的短路电流，初选出主变压器、断路器等主要电气设备，以便计算投资和年运行费，并通过经济比较计算确定最佳方案。经济比较中，一般只比较各个方案的不同部分，因而不必计算出各方案的全部费用。

二、无功补偿

无功补偿关系到电力系统的电压质量、安全及经济运行，无功补偿可以减少无功功率的传输，提高电压质量和减小电能损耗。为此，现代电力系统中，对无功电源与无功负荷采取在各级电压电网中逐级补偿、就地平衡的原则。在进行电气主接线设计时，应确定为了平衡无功功率而需要在变电站中装设的无功补偿装置类型、台数和容量。

1. 无功补偿并联电容器容量选择

变电站无功补偿的类型有调相机、并联电容器、并联电抗器（吸收无功功率）、静止补偿装置等，在 220kV 及以下电压级变电站常用并联电容器补偿。电力系统要求终端用户必须采取就地无功补偿措施，使用户 10kV 母线处的功率因数达到要求值，一般是在用户的 10kV 母线上、配电变压器的低压侧或主要负荷的旁边安装并联电容器。用户无功补偿并联电容器容量选择，需要根据用户自身负荷的功率因数计算。

变电站并联电容器的总容量应根据电力系统无功规划设计、调相调压计算及技术经济比较确定。对 35～110kV 变电站中的电容器总容量，按无功功率就地平衡的原则，可按主变压器容量的 10%～30% 考虑，在 6～10kV 两段母线上安装。对 220kV 变电站的电容器总容量可以先按照主变压器容量的 15% 选择，而后必须进行调压计算，校核在负荷变动时的电压是否满足允许的偏差。

2. 并联电容器型式及其接线方式的选择

无功补偿的并联电容器可以选择密集型电容器或由单个电容器组成的电容器组，电容器组的数量由上述计算出的总容量和单个电容器的容量计算而得，且还要将它们分成两部分，接在变电站的两个低压母线上。它们的联结方式有三角形（一般用于较小容量的电容器组）和星形联结两种，星形联结的电容器额定电压应该为所接母线电压的相电压，而三角形联结的电容器额定电压应该为所接母线电压的线电压。在星形联结方式中，还有双星形联结方式，以便采用中性线不平衡电流保护。

三、变电站站用变压器的选择

变电站的自用电称为站用电。

1. 站用电源

在有两台及以上主变压器的 35～110kV 变电站中，宜装设两台容量相同可互为备用的站用变压器。如能从变电站外引入一个可靠的低压备用所用电源时，也可装设一台站用变压器。当 35kV 变电站只有一回电源进线及一台主变压器时，可在电源进线断路器之前装设一台站用变压器。

220kV 变电站宜从主变压器低压侧分别引接两台容量相同，可互为备用，分列运行的站用工作变压器。每台工作变压器按全站计算负荷选择。只有一台主变压器时，其中一台站用变压器宜从站外电源引接。

330～500kV 变电站的主变压器为两台（组）及以上时，由主变压器低压侧引接的站用工作变压器台数不宜少于两台，并应装设一台从站外可靠电源引接的专用备用变压器。

2. 站用变压器的容量

1）负荷计算原则如下：

① 连续运行及经常短时运行的设备应予计算。

② 不经常短时及不经常断续运行的设备不予计算。

变电站主要站用电负荷特性如表 5-2 所示。

表 5-2　主要站用电负荷特性

序　号	名　　称	负荷类别	运行方式
1	充电装置	Ⅱ	不经常、连续
2	浮充电装置	Ⅱ	经常、连续
3	变压器强油风（水）冷却装置	Ⅰ	经常、连续
4	变压器有载调压装置	Ⅱ	经常、断续
5	有载调压装置的带电滤油装置	Ⅱ	经常、连续
6	断路器、隔离开关操作电源	Ⅱ	经常、断续
7	断路器、隔离开关、端子箱加热	Ⅱ	经常、连续
8	通风机	Ⅲ	经常、连续
9	事故通风机	Ⅱ	不经常、连续
10	空调机、电热锅炉	Ⅲ	经常、连续
11	载波、微波通信电源	Ⅰ	经常、连续

（续）

序号	名称	负荷类别	运行方式
12	远动装置	Ⅰ	经常、连续
13	微机监控系统	Ⅰ	经常、连续
14	微机保护、检测装置电源	Ⅰ	经常、连续
15	空压机	Ⅱ	经常、短时
16	深井水泵或给水泵	Ⅱ	经常、短时
17	生活水泵	Ⅱ	经常、短时
18	雨水泵	Ⅱ	不经常、短时
19	消防水泵、变压器水喷雾装置	Ⅰ	不经常、短时
20	配电装置检修电源	Ⅲ	不经常、短时
21	电气检修间（行车、电动门等）	Ⅲ	不经常、短时
22	站区生活用电	Ⅲ	经常、连续

注：1. 负荷特性系指一般情况，工程设计中由逆变器或不停电电源装置供电的通信、远动、微机监控系统，交流事故照明等负荷也可计入相应的充电负荷中。

2. 负荷分类：

Ⅰ类负荷：短时停电可能影响人身或设备安全，使生产运行停顿或主变压器减载的负荷。

Ⅱ类负荷：允许短时停电，但停电时间过长，有可能影响正常生产运行的负荷。

Ⅲ类负荷：长时间停电不会直接影响生产运行的负荷。

3. 运行方式栏中“经常”与“不经常”系区别该类负荷的使用机会。“连续”“短时”“断续”系区别每次使用时间的长短：

连续——每次连续带负荷运转2h以上的；

短时——每次连续带负荷运转2h以内，10min以上的；

断续——每次使用从带负荷到空载或停止，反复周期地工作，每个工作周期不超过10min的；

经常——系指与正常生产过程有关的，一般每天都要使用的负荷；

不经常——系指正常不用，只在检修、事故或者特定情况下使用的负荷。

2）负荷计算采用换算系数法，站用变压器容量按下式计算：

$$S \geqslant K_1 P_1 + P_2 + P_3$$

式中　S——站用变压器容量（kV·A）；

K_1——站用动力负荷换算系数，一般取 $K_1 = 0.85$；

P_1——站用动力负荷之和（kW）；

P_2——站用电热负荷之和（kW）；

P_3——站用照明负荷之和（kW）。

根据计算，一般110kV变电站的站用变压器容量为50kV·A左右。

500kV变电站站用变压器负荷计算及容量选择实例及负荷统计如表5-3所示。

表5-3　500kV变电站站用变压器负荷统计

序号	名称	额定容量/kW	安装/kW	运行/kW
1	充电装置	33	33	33
2	浮充电装置	16.5×2 4.5×2	42	42
3	主变压器冷却装置	60×2	120	120

（续）

序　号	名　　称	额定容量/kW	安装/kW	运行/kW
4	500kV 保护屏室分屏	90	90	90
5	220kV 保护屏室分屏	90	90	90
6	通信电源	30	30	30
7	逆变器及 UPS	15	15	15
8	深井水泵	22	22	22
9	生活水泵	5.5	5.5	5.5
	小计 P_1	447.5	447.5	447.5
10	500kV 配电装置加热	21	21	21
11	220kV 配电装置加热	28	28	28
12	35kV 配电装置加热	5.5	5.5	5.5
13	电热锅炉	2×150 2×2.6	152.6	152.6
14	空调机	74.22	74.22	74.22
	小计 P_2	359.7	207.1	207.1
15	500kV 配电装置照明	20	20	20
16	220kV 配电装置照明	11.8	11.8	11.8
17	35kV 配电装置照明	10	10	10
18	屋外道路照明	4	4	4
19	综合楼照明	30	30	30
20	辅助建筑照明	12	12	12
	小计 P_3	87.8	87.8	87.8

注：1. 两台电热锅炉分别接在两段母线上运行，计算负荷时按一台考虑；
2. 空调机为单冷型，该负荷仅在夏季使用。

变电站的计算负荷 $S=0.85P_1+P_2+P_3=(0.85\times447.5+207.1+87.8)\text{kV}\cdot\text{A}=675.3\text{kV}\cdot\text{A}$。

应选择的变压器容量为 800kV·A。

四、主变压器的中性点接地方式与设备选择

电力系统三相交流发电机、变压器接成星形绕组的公共点，称为电力系统的中性点。电力系统的中性点接地方式有中性点直接接地方式（或称为大电流接地系统）和中性点不接地方式（或称为小电流接地系统）或经消弧线圈以及高阻接地方式。根据我国电力系统的实际情况，110kV 及以上电力系统为了降低绝缘水平和费用是采用中性点直接接地方式，而 63kV 及以下电力系统是采用中性点不接地方式（或称为小电流接地系统）或经消弧线圈以及高阻接地方式。所以，变压器不同电压级绕组的中性点接地方式由相应的电力系统中性点接地方式决定。

1. 110kV 和 220kV 电压级的中性点接地方式与设备选择

（1）中性点接地方式

110kV 及以上电压系统为大电流接地系统，所以主变压器110kV 及以上电压级中性点接地方式，均应该选择中性点直接接地方式。

（2）主变压器110kV 和220kV 电压级中性点设备

图5-9以一个110kV 主变压器为例，示出了大电流接地系统变压器中性点的主要设备。由图5-9可见，它们主要由中性点接地开关、零序电流互感器、间隙、避雷器等组成。分级绝缘（半绝缘）变压器中性点设备的电压等级比变压器额定电压低，应该与中性点的电压等级匹配，如110kV 侧中性点处的中性点隔离开关，选60kV 电压级，型号选 GW13—72.5kV/630A，220kV 侧中性点处的中性点隔离开关选 GW13—126kV/630A。

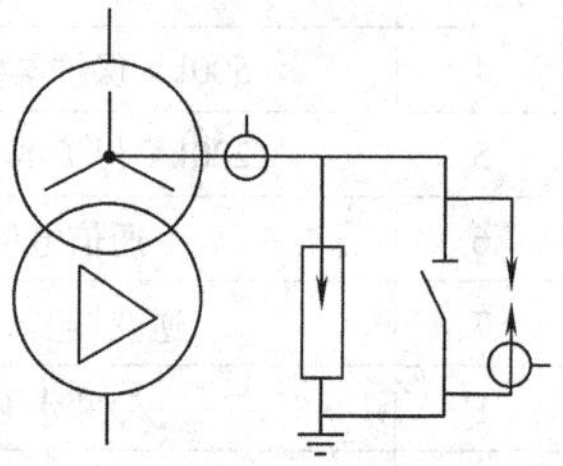

图5-9 主变压器中性点设备示意图

为满足继电保护的要求，电网的零序阻抗应保持为一定值。为使一台变压器因故退出运行时，电网的零序阻抗不改变，对于有多台并列运行变压器的情况，通常有一台变压器的中性点不接地。这就是说，大电流接地系统的变压器中性点刀开关，有可能在合闸状态，也有可能在分闸状态。为满足中性点不同运行状态时中性点继电保护的要求，可以配置两套保护。当中性点刀开关在合闸状态时，由靠近变压器中性点的零序电流互感器组成零序电流保护；当中性点刀开关在分闸状态时，由间隙与间隙下的零序电流互感器组成间隙保护。这时，由于中性点刀开关在分闸状态，系统发生单相接地故障时，变压器中性点的电位将升高，当电位升高超过整定值时，间隙被击穿，间隙回路的零序电流互感器有零序电流流过，间隙保护动作，使局部不接地系统全部停电，防止了异常的过电压造成系统运行设备的损坏和事故的扩大。

（3）分级绝缘变压器中性点的过电压保护

分级绝缘变压器中性点的过电压保护通常采用阀型避雷器（或氧化锌避雷器）加并联水平棒间隙的保护方式。

中性点直接接地系统中，变压器中性点为分级绝缘且装有隔离开关时，部分变压器中性点有可能不直接接地，中性点刀开关在分闸状态。对于中性点不接地的分级绝缘变压器，当雷电波从线路侵入变电站到达变压器中性点时，会产生较高的雷电过电压，中性点应装设避雷器，以防止雷电侵入波对变压器中性点绝缘的危害。

中性点不直接接地的变压器，在发生因继电保护等原因造成中性点不接地的孤立系统且带单相接地故障运行时，或断路器非同期操作、线路非全相断线，特别是伴随产生变压器励磁电感与线路对地电容谐振时，会产生较高的工频过电压，对分级绝缘变压器中性点构成威胁，甚至使变压器中性点绝缘损坏。如果采用普通阀型避雷器，则没有足够的通过能力来限制这种过电压而发生爆炸。因此变压器中性点应加装对地的间隙（采用氧化锌避雷器时，由于间隙保护的需要，仍需要加装间隙），在发生工频过电压时保护变压器中性点绝缘和普通阀型避雷器。间隙距离的选择应保证只在内过电压下动作，而在雷电过电压下不动作。110kV 电压级中性点用金属氧化锌避雷器时型号可选 Y1.5W—72/186，220kV 电压级中性点用金属氧化锌避雷器时型号可选 Y1.5W—144/320。

2. 66kV 及以下电压级的中性点接地方式与设备选择

在我国66kV、35kV 和6～10kV 系统均为小电流接地系统，它们的中性点应选用中性点不接地、经消弧线圈接地或高阻接地的方式。在中性点不接地系统中，当发生单相接地故障时，不能构成短路回路，故短路电流不大，但故障点与导线对地分布电容形成回路，故障点有不太大的容性电流通过，有可能使故障点的电弧不能自行熄灭并引起弧光接地过电压，甚至发展成相间短路故障，使事故扩大。在变压器的中性点装设消弧线圈，使消弧线圈产生的感性电流与接地容性电流相抵消，可减小接地故障点的电流，提高供电可靠性。中性点经消弧线圈接地时，有完全补偿、过补偿与欠补偿之分，为防止部分线路停运且合并运行线路出现单相接地故障时采用欠补偿方式可能出现的电弧谐振，一般采用过补偿方式。当35～63kV系统接地电容电流大于10A、6～10kV系统接地电容电流大于30A时，应选择经消弧线圈接地的接地方式。具体电容电流计算公式如下：

架空线路

$$I_C=(2.7\sim3.3)U_NL\times10^{-3}$$

式中　L——线路的长度（km）；

I_C——架空线路的电容电流（A）；

2.7、3.3——系数，前者适用于无架空地线的线路，后者适用于有架空地线的线路（有些35kV架空线路全长无架空地线，仅在靠近变电站的1～2km有架空地线，称为进线保护段）；

U_N——线路的额定线电压（kV）。

电缆线路

$$I_C=0.1U_NL$$

式中　L——线路的长度（km）；

I_C——电缆线路的电容电流（A）；

U_N——电缆线路的额定线电压（kV）。

由于变电站本身母线对地也有分布电容电流，所以在上述计算的基础上还应该增加一个百分数：6kV系统增加18%，10kV系统增加16%，35kV系统增加13%，63kV系统增加12%。

若经过上述计算的接地电容电流大于允许值，则应该考虑加装消弧线圈，消弧线圈容量选择公式为

$$Q=KI_C\frac{U_N}{\sqrt{3}}$$

式中　Q——补偿容量（kV·A）；

K——系数，过补偿时取1.35；

U_N——额定线电压（kV）；

I_C——系统总的电容电流（A）。

根据计算容量，在产品手册中选用合适的消弧线圈。

加装消弧线圈时，还需要考虑它的引接方式。对于35～66kV系统，因为变压器一般为星形联结，有中性点，所以消弧线圈就直接接到主变压器35～66kV侧的中性点上，且两台主变压器共用一个消弧线圈，35kV配GW5—35型单相隔离开关和Y1W—42/102W型避雷器。而6～10kV系统需要加装消弧线圈时，由于主变压器的6～10kV侧一般是三角形联结，没有中性点，故对6～10kV侧需要加装专用接地变压器。因接地变压器高压绕组为星形联结，可以利用接地变压器6～10kV侧的中性点接入消弧线圈。一般应该在6～10kV的每一段母线上都安装型号一样、容量相同的接地变压器。接地变压器一般只有一次绕组，采用Z联结。当接地变压器需要兼作站用变压器使用时，此时接地变压器就会带有二次绕组，一次

绕组仍是Z联结，二次绕组为yn联结，为站用低压系统供电。经消弧线圈接地时，接地变压器容量应为消弧线圈容量的1.1倍；如果接地变压器兼作站用变压器，则接地变压器一次绕组的容量等于消弧线圈的容量与站用变压器容量之和，注意并不是简单的相加，消弧线圈容量要按无功计算，它与站用电的无功功率相加的二次方再与站用电的有功功率的二次方相加，开二次方得到总容量（站用负荷功率因数取0.8）。二次绕组的容量等于站用变压器的容量。选用接地变压器后就不用再选择站用变压器。接地变压器的接线如图5-10所示。

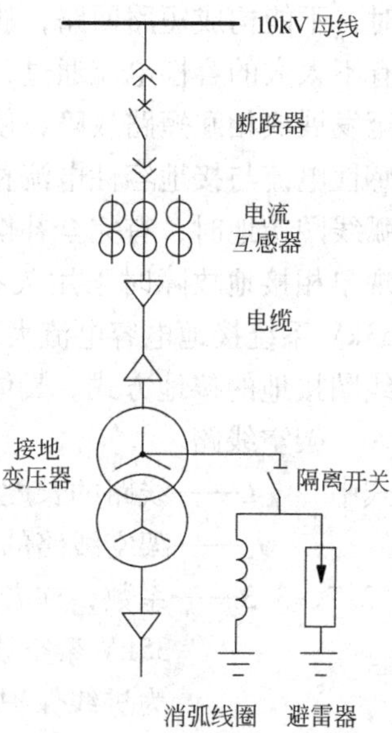

图5-10 接地变压器的接线

【例5-2】 设计例5-1中降压变电站中性点的接地方式。35kV采用架空线路，10kV采用电缆线路。

解：

1）110kV。中性点采用直接接地方式。

2）35kV。35kV采用架空线路，根据例5-1可得架空线路总长度为116km，系统接地电容电流为

$$I_C = 2.7U_NL \times 10^{-3} = 2.7 \times 35 \times 116 \times 10^{-3}\text{A} = 10.962\text{A}$$

35kV系统的接地电容电流大于10A，应该考虑加装消弧线圈，消弧线圈容量计算值为

$$Q = KI_C\frac{U_N}{\sqrt{3}} = 1.35 \times 10.962 \times \frac{35}{\sqrt{3}}\text{kV}\cdot\text{A} = 299.05\text{kV}\cdot\text{A}$$

消弧线圈容量选315kV · A，型号选XDZ—315/35。

3）10kV。10kV采用电缆线路，根据例5-1可得电缆线路总长度为37km，系统接地电容电流为

$$I_C = 0.1U_NL = 0.1 \times 10 \times 37\text{A} = 37\text{A}$$

10kV系统的接地电容电流大于30A，应该考虑加装消弧线圈，消弧线圈容量计算值为

$$Q = KI_C\frac{U_N}{\sqrt{3}} = 1.35 \times 37 \times \frac{10}{\sqrt{3}}\text{kV}\cdot\text{A} = 288.395\text{kV}\cdot\text{A}$$

消弧线圈容量选315kV · A，型号选XDZ—315/10。

4）接地变压器选择。

如果接地变压器兼作站用变压器，则接地变压器一次绕组的容量等于消弧线圈容量与站用电的无功功率相加的二次方再与站用电的有功功率的二次方相加，开二次方得到总容量（站用负荷功率因数取0.8）。二次绕组的容量等于站用变压器的容量。选用接地变压器后就不用再选择站用变压器。

站用变压器的容量选80kV · A时，接地变压器容量计算值为

$$S = \sqrt{(80 \times 0.8)^2 + (315 + 0.6 \times 80)^2}\text{kV}\cdot\text{A} = \sqrt{64^2 + (315 + 48)^2}\text{kV}\cdot\text{A} = 368.6\text{kV}\cdot\text{A}$$

接地变压器容量选400kV · A，型号选SJD9—400/10。

五、电气主接线中的设备配置

1. 隔离开关的配置

1）接在母线上的避雷器和电压互感器宜合用一组隔离开关。

2）一台半断路器接线中，只有两串时，进出线应装设隔离开关，以便在进出线检修时，保证闭环运行。

3）桥形接线中的跨条宜用两组隔离开关串联，以便于进行不停电的轮流检修任意一台隔离开关。

4）断路器的两侧一般均应装设隔离开关，以便在断路器检修时隔离电源。

5）中性点直接接地的普通型变压器均应能通过隔离开关接地；自耦变压器的中性点则不必装设隔离开关。

2. 接地开关或接地器的配置

1）为保证电器和母线的检修安全，35kV 及以上每段母线根据长度宜装设 1～2 组接地开关，两组接地开关间的距离应尽量保持适中。母线的接地开关宜装设在母线电压互感器的隔离开关上和母联隔离开关上。必要时可设置独立式母线接地器。

2）63kV 及以上配电装置的断路器两侧隔离开关和线路隔离开关的线路侧宜配置接地开关。双母线接线两组母线隔离开关的断路器侧可共用一组接地开关。

3）旁路母线一般装设一组接地开关，设在旁路回路隔离开关的旁路母线侧。

4）63kV 及以上主变压器进线隔离开关的主变压器侧宜装设一组接地开关。

3. 电压互感器的配置

1）6～220kV 电压等级的每组主母线的三相上应装设电压互感器。旁路母线上是否需要装设电压互感器，应视各回出线外侧装设电压互感器的情况确定。

2）当需要监视和检测线路侧有无电压时（进行同步和设置重合闸），出线侧的一相上应装设电压互感器。

3）采用一台半断路器接线的 500kV 或 330kV 电压等级应在每回出线的三相上装设电压互感器；在主变压器进线和每组母线上，应根据继电保护装置、自动装置和测量仪表的要求，在一相或三相上装设电压互感器。线路与母线的电压互感器二次回路间不切换。

4. 电流互感器的配置

1）凡装有断路器的回路均应装设电流互感器，其数量应满足测量仪表、保护和自动装置要求。

2）在未设断路器的下列地点也应装设电流互感器：变压器的中性点、变压器的出口和桥形接线的跨条上等。

3）对中性点直接接地系统一般按三相配置，对中性点非直接接地系统依具体要求按两相或三相配置。

4）一台半断路器接线中，线路-线路串可装设 4 组电流互感器，在能满足保护和测量要求的条件下也可装设三组电流互感器。线路-变压器串，当变压器的套管电流互感器可以利用时，可装设三组电流互感器。

图 5-11 所示为某 110kV 变电站的互感器配置示意，该变电站有两台三绕组主变压器，各电压级均为单母线分段接线。110kV 系统为大电流接地系统，发生单相接地短路应立即切除故障，三相均装电流互感器。10kV 和 35kV 为小电流接地系统，发生单相接地短路可不立即切除故障，电缆线路上两相装电流互感器就可以满足保护和测量（用两表法测量三相功率）要求，另加装零序电流互感器实现小电流接地选线功能。10kV 和 35kV 架空线路无法加装零序电流互感器，为了获得零序电流实现小电流接地选线功能，三相都要装电流互感

器。10kV 和 35kV 主变压器低压侧因变压器保护的需要，三相都要装电流互感器。10kV 电容器回路因保护的需要也应三相装电流互感器。

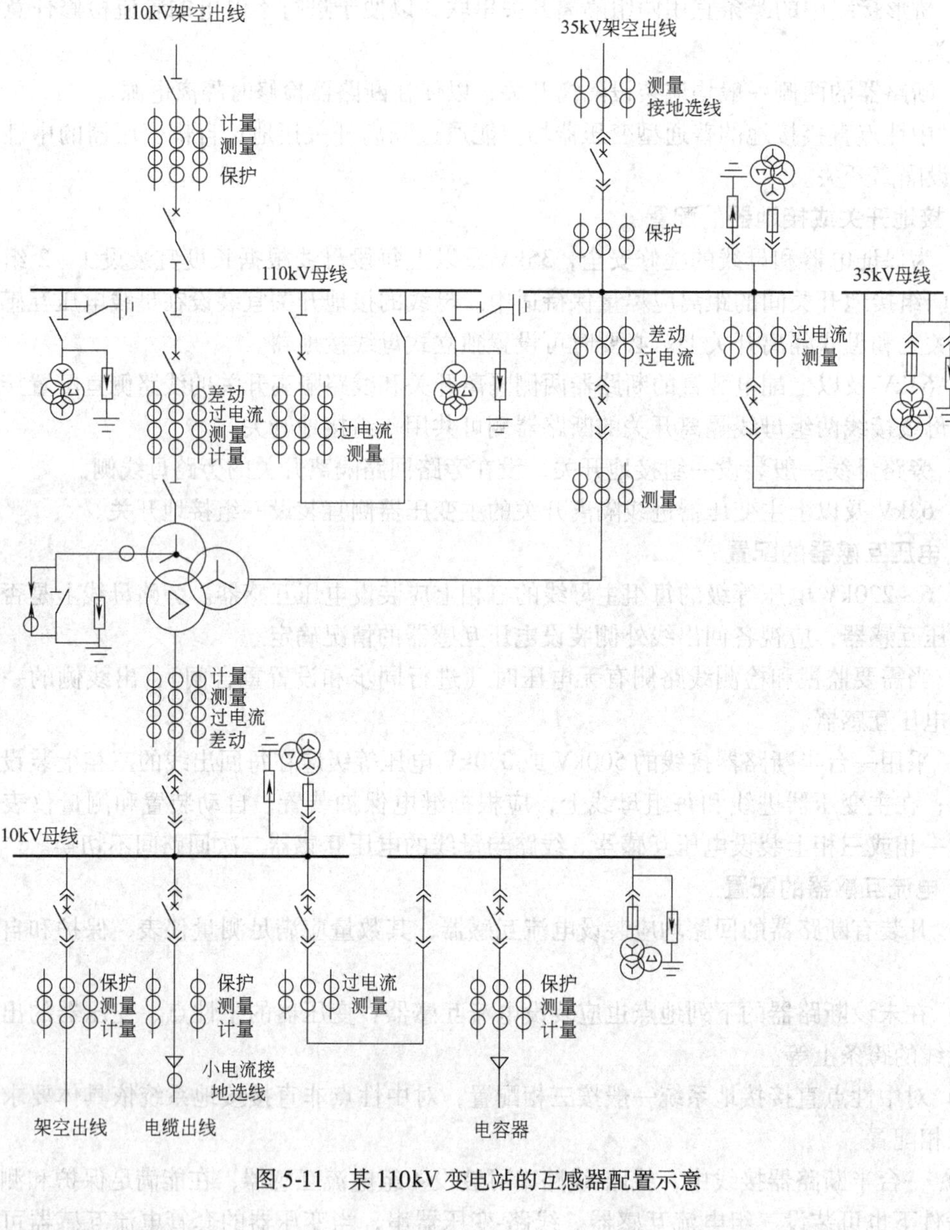

图 5-11 某 110kV 变电站的互感器配置示意

5. 避雷器的配置

1）配电装置的每组母线上均应装设避雷器，但进出线都装设避雷器时除外。电气主系统对雷电侵入波的防护，第一道防线是进线段保护，第二道防线是母线上装设的避雷器。发电厂和变电站应采取措施防止或减少近区雷击闪络（雷电侵入波电流幅值大，电压陡度上升，会使避雷器的负担太重，甚至造成其损坏）。未沿全线架设接闪线的 35 ~ 110kV 架空送电线路，应在变电站 1 ~ 2km 的进线段架设接闪线。在进线段以外落雷时，由于进线段导线本身的波阻抗作用，使流经避雷器的电流受到限制，同时由于在进线段内的导线上冲击电晕的影响而衰减变形，将使侵入波的电压陡度和幅值下降。10kV、35kV 母线避雷器可选 Y5W5Z1—54/134 型，110kV 母线避雷器可选 Y10W5—108/268W 型，主变压器进线可选 Y10W—100/260W 型，220kV 母线避雷器可选 Y10W—216/562W 型，主变压器进线可选 Y10W—216/562W 型。

2）旁路母线上是否需要装设避雷器，应视在旁路母线投入运行时，避雷器到被保护设备的电气距离是否满足要求而定。

3）330kV 及以上变压器和并联电抗器处必须装设避雷器，并应尽可能靠近设备本体。

4）220kV 及以下变压器到避雷器的电气距离超过允许值时，应在变压器附近增设一组避雷器。当避雷器离开变压器有一段距离时，在雷电波的作用下，由于避雷器至变压器的连线间的波过程，作用在变压器上的电压会超过避雷器的残压，而且连线越长，超过残压也越多，因此，避雷器有一定的保护距离，被保护的设备如果处在这个距离之外，就得不到有效保护。

5）三绕组变压器低压侧的一相上宜装设一台避雷器。三绕组变压器在运行时，有可能高-中压绕组处于工作状态，而低压绕组开路。这时由高压或中压侧来的雷电侵入波在开路的低压绕组产生静电感应过电压，从而能将低压绕组对地绝缘击穿。由于静电感应过电压是使低压绕组三相电位同时抬高，所以，为了限制这种过电压，要在三绕组变压器低压侧的某一相上装设一台避雷器。由于三绕组变压器中压侧绕组的绝缘水平比低压绕组高，一般可以不加装该避雷器。因为双绕组变压器的高压侧和低压侧的断路器都是闭合的，两侧都有避雷器保护，所以任一侧来波感应到另一侧的电压都不会造成损坏，因此低压侧的任何一相上都不装设避雷器。

6）自耦变压器必须在其两个自耦合的绕组出线上装设避雷器，并应接在变压器与断路器之间。

7）下列情况的变压器中性点应装设避雷器：

① 中性点直接接地系统中，变压器中性点为分级绝缘且装有隔离开关时。

② 中性点直接接地系统中，变压器中性点为全绝缘，但变电站是单进线且为单台变压器运行时。

③ 中性点不接地和经消弧线圈接地系统中，多雷区的单进线变压器中性点上。

8）连接在变压器低压侧的调相机出线处宜装设一组避雷器。

9）变电站 35kV 及以上电缆进线段，在电缆与架空线的连接处应装设避雷器。

10）110～220kV 线路侧一般不装设避雷器，330～500kV 的线路侧如操作过电压超过操作波保护水平，应设置避雷器。当不超过时，是否需装设避雷器，应根据出线侧的设备、本地区雷电活动情况并通过模拟试验或计算确定。

11）SF_6 全封闭电器的架空线路侧必须装设避雷器。

从图 3-19 可以看到某 110kV 降压变电站避雷器的配置情况。

6. 阻波器和耦合电容器的配置

阻波器和耦合电容器应根据系统通信对载波电话的规划要求配置，设计中需要与系统通信专业密切配合。

第六章 电气设备选择

电气设备选择是电力工程设计中的重要内容。本章概括介绍电气设备选择的一般条件，详细介绍各种常用电气设备的主要选择项目和选择计算方法。

第一节 电气设备选择的一般条件

由于电气设备的功能不同、工作条件也各异，因而它们的选择校验项目和方法也不尽相同。但是，除了某些特殊的选择校验项目外，大多数电气设备都具有以下必须满足的共同选择校验项目：按正常工作条件选择额定电压和额定电流，以及按短路条件校验热稳定和动稳定。

一、按正常工作条件选择额定电压和额定电流

1. 额定电压的选择

使电气设备可靠工作的正常电压要求是，电气设备所在回路的最高运行电压不得高于电气设备的允许最高工作电压。由于电气设备的允许最高工作电压为其额定电压 U_N 的 1.1～1.15 倍，而因电力系统负荷变化和调压等引起的电网最高运行电压不超过电网额定电压 U_{Ns} 的 1.1 倍，因此正常电压要求可以表示为（1.1～1.15）$U_N \geqslant 1.1U_{Ns}$。可见，按电气设备的额定电压 U_N 不得低于其所在电网的额定电压 U_{Ns} 的条件来选择电气设备就可以满足正常电压要求，即

$$U_N \geqslant U_{Ns}$$

电气设备装设地点的环境条件和海拔影响其绝缘性能，随装设地点海拔的增加，空气密度和湿度相应减小，使得电气设备外部空气间隙和固体绝缘外表面的放电特性降低，电气设备允许的最高工作电压减小。对海拔超过 1000m 的地区，一般应选用高原型产品或外绝缘提高一级的产品。对于现有 110kV 及以下大多数电器的外绝缘有一定裕度，可在海拔 2000m 以下地区使用。在空气污秽或有冰雪的地区，某些电气设备应选用绝缘加强型或高一级电压的产品。

2. 额定电流的选择

电气设备的额定电流 I_N（或载流量 I_{al}）是指其在额定环境温度 θ_0 下的长期允许电流。为了满足长期发热条件，应按额定电流 I_N（或载流量 I_{al}）不得小于所在回路最大持续工作电流 I_{max} 的条件进行选择，即

$$I_N（或 I_{al}）\geqslant I_{max}$$

回路最大持续工作电流 I_{max} 根据发电机、调相机、变压器容量和负荷等按表 6-1 的原则确定。

当实际环境温度 θ 不同于导体的额定环境温度 θ_0 时，其长期允许电流应该用下式进行修正：

$$I_{\mathrm{al}\theta}=KI_{\mathrm{al}} \tag{6-1}$$

式中　K——综合修正系数。

不计日照时，裸导体和电缆的综合修正系数为

$$K=\sqrt{\frac{\theta_{\mathrm{al}}-\theta}{\theta_{\mathrm{al}}-\theta_{0}}} \tag{6-2}$$

式中　θ_{al}——导体的长期发热允许最高温度，裸导体一般为70℃；

θ_{0}——导体的额定环境温度，裸导体一般为25℃。

表6-1　各回路最大持续工作电流

回路名称	最大持续工作电流	说明
发电机、调相机回路	1.05 倍发电机、调相机额定电流	发电机、调相机和变压器在电压降低到0.95额定电压运行时，出力可以保持不变，故电流可以增大5%
变压器回路	1.05 倍变压器额定电流	
	1.3~2.0 倍变压器额定电流	若要求承担另一台变压器事故或检修时转移的负荷
出线回路	1.05 倍线路最大负荷电流	考虑5%的线损，还应考虑事故时转移过来的负荷
母联回路	母线上最大一台发电机或变压器的 $I_{\max}$	
分段回路	母线上最大一台发电机额定电流的50%~80%	
	变电站应满足用户的Ⅰ级负荷和大部分Ⅱ级负荷	
汇流母线	按实际潮流分布确定	
电容器回路	1.35 倍电容器组额定电流	考虑过电压和谐波的共同作用

选择导体和电器的实际环境温度与其类别及安装场所有关，屋外裸导体和屋外电缆沟中的电缆采用最热月平均最高温度；屋外电器采用年最高温度；屋内裸导体、屋内电缆沟中的电缆和屋内电器采用屋内通风设计温度，当无资料时，可取最热月平均最高温度加5℃；电缆隧道中的电缆采用该处通风设计温度，当无资料时，可取最热月平均最高温度加5℃；土中直埋电缆采用最热月的平均地温。最热月平均最高温度为最热月每日最高温度的月平均值，取多年平均值。

二、按短路条件校验热稳定和动稳定

1. 短路热稳定校验

热稳定是指电气设备承受短路电流热效应而不损坏的能力。热稳定校验的实质是使电气设备承受短路电流热效应时的短时发热最高温度不超过短时最高允许温度。导体通常按最小截面法校验热稳定，电器的热稳定是由热稳定电流及其通过时间来决定的，满足热稳定的条件为

$$I_{\mathrm{t}}^{2}t\geqslant Q_{\mathrm{k}}$$

式中 Q_k——短路电流热效应；

I_t——所选用电器 t（单位为 s）内允许通过的热稳定电流。

2. 短路动稳定校验

动稳定是指电气设备承受短路电流产生的电动力效应而不损坏的能力。部分电气设备动稳定按应力和电动力校验，电器满足动稳定的条件为

$$i_{es} \geqslant i_{sh} \text{或} I_{es} \geqslant I_{sh}$$

式中 i_{sh}、I_{sh}——分别为短路冲击电流的幅值和有效值，$i_{sh}=\sqrt{2}K_{sh}I''$，其中，I''为 0s 短路电流周期分量有效值，K_{sh}为冲击系数，发电机机端取 1.9，发电厂高压母线及发电机电压电抗器后取 1.85，远离发电机时取 1.8；

i_{es}、I_{es}——分别为电器允许通过的动稳定电流幅值和有效值，生产厂商用此电流表示电器的动稳定特性，在此电流作用下电器能继续正常工作而不发生机械损坏。

3. 短路计算时间

计算短路电流热效应时所用的短路切除时间 t_k 等于继电保护动作时间 t_{pr}与相应断路器的全开断时间 t_{ab}之和，即

$$t_k = t_{pr} + t_{ab}$$

断路器的全开断时间 t_{ab}等于断路器的固有分闸时间 t_{in}与燃弧时间 t_a 之和，即

$$t_{ab} = t_{in} + t_a$$

验算裸导体的短路热稳定时，t_{pr}宜采用主保护动作时间，如主保护有死区时，则采用能对该死区起保护作用的后备保护动作时间；验算电器的短路热稳定时，t_{pr}宜采用后备保护动作时间。少油断路器的燃弧时间 t_a 为 0.04 ~ 0.06s，SF_6断路器的燃弧时间 t_a 为 0.02 ~ 0.04s。

4. 短路电流计算条件

1）短路计算容量和接线。验算电气设备的热稳定和动稳定以及电器开断电流所用的短路电流，应按本工程的设计规划容量计算，并考虑电力系统的远景发展规划（一般为本期工程建成后 5 ~ 10 年）。接线应是可能发生最大短路电流的正常接线方式。

2）短路种类。电气设备的热稳定和动稳定以及电器的开断电流，一般按三相短路验算。若发电机出口两相短路，或中性点直接接地系统、自耦变压器等回路中的单相、两相接地短路较三相短路严重时，则应按严重情况验算。

3）短路计算点。在正常接线方式时，通过电气设备的短路电流为最大的短路点，称为短路计算点。

第二节　导体与电缆的选择

一、导体的选择

1. 导体材料、类型与布置方式选择

（1）导体的材料

导体材料主要采用铝和铜。铜的电阻率低，机械强度高，耐腐蚀性比铝强，但储量少、价格高。铝的电阻率比铜高，机械强度低，耐腐蚀性较铜差，但储量高、价格低。一般优先采用铝导体，在工作电流大、地方狭窄的场所和对铝有严重腐蚀的地方可采用铜导体。

（2）导体的选型

常用硬导体的截面形状有矩形、槽形和管形。导体截面形状影响导体的散热、趋肤效应系数和机械强度，矩形导体广泛用于35kV 及以下、工作电流不超过4000A 的屋内配电装置中，例如主母线、连接导体和变压器及小容量发电机的引出线母线等。当单条导体的载流量不能满足要求时，每相可采用2 ~4 条并列使用。槽形导体适用于35kV 及以下，工作电流为4000 ~8000A 的配电装置中。管形导体适用于8000A 以上的大电流母线，如容量为200MW 及以上的发电机引出线等。对110kV 及以上屋内外配电装置，采用硬母线时，应选用管形导体（防止电晕）。

常用的软导线有钢芯铝绞线、组合导线、空心导线、扩径导线和分裂导线。钢芯铝绞线适用于35kV 及以上的屋外软母线；组合导线用于中小容量发电机和变压器的引出线；空心导线、扩径导线和分裂导线直径大，可以减小线路电抗、减小电晕损耗和对通信的干扰，用于超高压母线和输电线路。220kV 输电线路常采用两分裂导线，500kV 输电线路常采用四分裂导线。

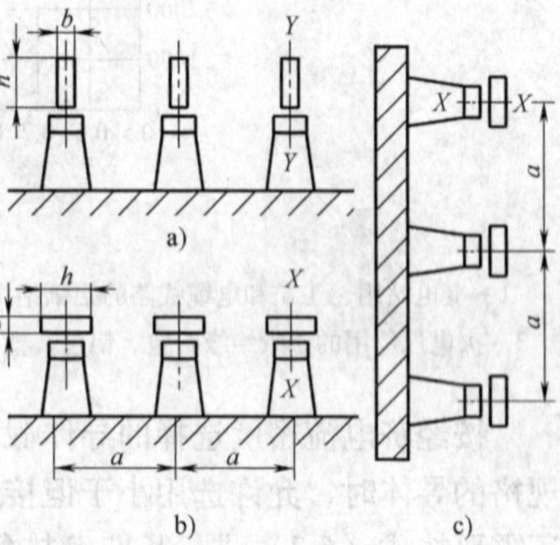

图6-1　矩形导体的布置方式
a）水平布置，导体竖放
b）水平布置，导体平放
c）垂直布置，导体竖放

（3）导体的布置方式

导体的布置方式常采用三相水平布置和三相垂直布置，对于矩形导体，其散热和机械强度还与布置方式有关。图6-1a、b 所示为矩形导体三相水平布置，图6-1a 中导体竖放，散热条件好，载流量大，但机械强度较差；图6-1b 中导体平放，机械强度较高，但散热条件较差；图6-1c 所示为矩形导体三相垂直布置，它综合了图6-1a、b 的优点。

2. 导体截面积的选择

（1）按导体的长期发热允许电流选择

汇流母线及长度在20m 以下的导体等，一般应按长期发热允许电流选择其截面积，即

$$I_{max} \leqslant KI_{al} \tag{6-3}$$

式中　I_{max}——导体的最大持续工作电流；

I_{al}——对应于所选导体的长期发热允许最高温度 θ_{al} 和额定环境温度 θ_0 的长期允许电流；

K——实际环境温度 θ 时的综合修正系数，不计日照等影响时，按式（6-2）计算。

（2）按经济电流密度选择

按经济电流密度选择导体截面积可以使年计算费用（折算到每年的投资与年运行费之和）最小。除汇流母线外，年最大负荷利用时数较大、长度在20m 以上的变压器引出线，其截面积一般按经济电流密度选择。经济截面积用下式计算：

$$S = \frac{I_{max}}{J} \tag{6-4}$$

式中　I_{max}——正常运行方式下导体的最大持续工作电流，计算时不考虑过负荷和事故时转移过来的负荷；

J——经济电流密度，常用导体的 J 值可根据最大负荷利用时数 T_{max} 由图 6-2 查得，

$$T_{max}=\frac{\int_0^{8760}P\mathrm{d}t}{P_{max}}$$，其中 P_{max}、P 为年最大负荷和年持续负荷。

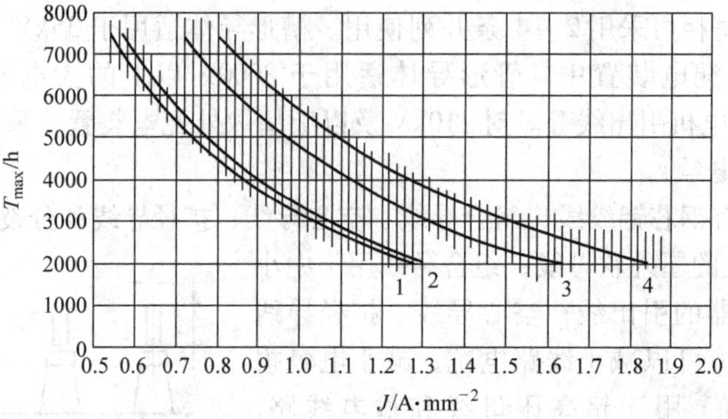

图 6-2　经济电流密度

1—变电站用、工矿和电缆线路的铝纸绝缘铅包、铝包、塑料护套及各种铠装电缆　2—铝矩形、槽形及组合导线
3—火电厂厂用的铝纸绝缘铅包、铝包、塑料护套及各种铠装电缆　4—35～220kV 线路的 LGJ、LGJQ 型钢芯铝绞线

按经济电流密度选择的导体截面积应尽量接近式（6-4）计算的经济截面积，当无合适规格的导体时，允许选用小于但接近经济截面积的导体。按经济电流密度选择的导体截面积还需要按式（6-3）进行长期发热条件校验，此时计算 I_{max} 需考虑过负荷和事故时转移过来的负荷。由于汇流母线各段的工作电流大小不相同，且差别较大，故汇流母线不按经济电流密度选择截面积。

3. 电晕电压校验

导体的电晕放电会产生电能损耗、噪声、无线电干扰和金属腐蚀等不良影响。为了防止发生全面电晕，要求 110kV 及以上裸导体的电晕临界电压 U_{cr} 应大于其最高工作电压 U_{max}，即

$$U_{cr}>U_{max}$$

在海拔不超过 1000m 的地区，当 110kV 采用了不小于 LGJ—70 型，220kV 采用了不小于 LGJ—300 型钢芯铝绞线或 110kV 采用了外径不小于 ϕ20mm 型，220kV 采用了外径不小于 ϕ30mm 型的管形导体时，可不进行电晕电压校验。

4. 热稳定校验

满足热稳定的导体最小截面积为

$$S_{min}=\frac{1}{C}\sqrt{Q_k K_s}$$

热稳定系数 C 值（$\sqrt{J/(\Omega\cdot mm^4)}$）可以根据短路前导体的工作温度由表 6-2 查出。

表 6-2　不同工作温度下裸导体的 C 值

工作温度/℃	40	45	50	55	60	65	70	75	80	85	90
硬铝及铝锰合金	99	97	95	93	91	89	87	85	83	81	79
硬铜	186	183	181	179	176	174	171	169	166	164	161

短路前导体的工作温度为

$$\theta_w = \theta + (\theta_{al} - \theta)\frac{I_{max}^2}{I_{al\theta}^2}$$

式中　θ、$I_{al\theta}$——分别为实际环境温度和对应于实际环境温度 θ 的允许电流。

校验钢芯铝绞线的热稳定时，应考虑钢芯附加发热的影响，即

$$S_{min} = \frac{1}{0.87C}\sqrt{Q_k}$$

5. 硬导体的动稳定校验

固定在支柱绝缘子上的硬导体，在短路电流产生的电动力作用下会发生弯曲，承受很大的应力，可能使导体变形或折断。为了保证硬导体的动稳定，必须进行应力计算与校验。硬导体的动稳定校验条件为最大计算应力 σ_{max} 不大于导体的最大允许应力 σ_{al}，即

$$\sigma_{max} \leqslant \sigma_{al}$$

硬导体的最大允许应力：硬铝为 70×10^6Pa，硬铜为 140×10^6Pa（$1Pa = 1N/m^2$）。

由于相间距离较大，无论什么形状的导体和组合，计算单位长度导体所受相间电动力 f_{ph}（单位为 N/m）时，可不考虑形状的影响，均按下式计算：

$$f_{ph} = 1.73 \times 10^{-7}\frac{1}{a}i_{sh}^2\beta$$

式中　i_{sh}——三相短路冲击电流（A）；

a——相间距离（m）；

β——动态应力系数。

（1）每相为单条矩形导体的应力计算与校验

矩形导体母线系统可以视为均匀荷载作用的多跨连续梁，导体所受到的最大弯矩 M 为

$$M = \frac{f_{ph}L^2}{10}$$

式中　M——最大弯矩（N·m）；

L——支柱绝缘子跨距（m）。

导体最大相间计算应力 σ_{ph}（单位为 Pa）为

$$\sigma_{ph} = \frac{M}{W} = \frac{f_{ph}L^2}{10W} \tag{6-5}$$

式中　W——导体的截面系数（m^3），即导体对垂直于电动力作用方向轴的抗弯矩，W 越大，承载能力越强。W 的大小与导体尺寸和布置方式有关，见表 6-3。按图 6-1b 与 c 布置时，用单条平放的截面系数，按图 6-1a 布置时，用单条竖放的截面系数。

满足动稳定的条件为

$$\sigma_{max} = \sigma_{ph} \leqslant \sigma_{al}$$

不满足动稳定要求时，可以适当减小支柱绝缘子跨距 L，重新计算应力 σ_{ph}。为了避免重复计算，常用绝缘子间最大允许跨距 L_{max}（单位为 m）校验动稳定。令式（6-5）中的 $\sigma_{ph} = \sigma_{al}$，得

$$L_{max} = \sqrt{\frac{10\sigma_{al}W}{f_{ph}}}$$

只要支柱绝缘子跨距 $L\leqslant L_{max}$，即可满足动稳定要求。为了避免导体因自重而过分弯曲，所选支柱绝缘子跨距 L 不得超过 1.5m。

（2）每相为双条、三条矩形导体的应力计算与校验

多条矩形导体母线中，每相由多条相同截面尺寸的矩形导体并列组成。导体除受相间电动力的作用外，还受到同相中条与条之间的电动力作用，短路时的最大计算应力 σ_{max} 由相间计算应力 σ_{ph} 和同相条间计算应力 σ_b 之和组成，满足动稳定的条件为

$$\sigma_{max}=\sigma_{ph}+\sigma_b\leqslant\sigma_{al}$$

多条矩形导体的相间计算应力 σ_{ph} 与每相单条矩形导体时的相同，按式（6-5）计算，但截面系数为多条矩形导体的截面系数，根据每相导体的条数和布置方式选用表 6-3 中公式计算。

由于条间距离很小，相邻导体条间距离一般为矩形导体短边 b 的 2 倍，故条间计算应力 σ_b 比相间应力大得多，为了减小条间计算应力，一般在同相导体的条间每隔 30～50cm 左右装设一金属衬垫，如图 6-3 所示。每个绝缘子跨距 L 中所安装的衬垫个数不宜过多，以免影响导体散热。衬垫跨距 L_b 可通过动稳定校验条件来确定。

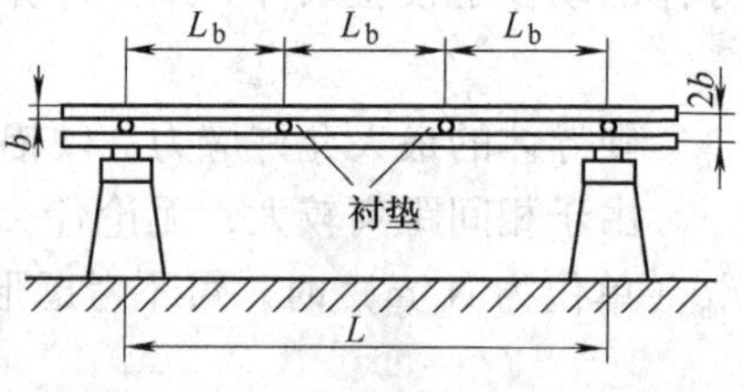

图 6-3 双条平放矩形导体侧视图

每相两条矩形导体时，导体中电流的方向相同，所受电动力相同。根据两平行导体电动力计算公式，并考虑导体形状对电动力的影响，每相为两条且各通过 50% 的电流时，单位长度条间最大电动力 f_b（单位为 N/m）为

$$f_b=2K_{12}(0.5i_{sh})^2\frac{1}{2b}\times10^{-7}=2.5K_{12}i_{sh}^2\frac{1}{b}\times10^{-8}$$

每相为三条时，导体中电流的方向相同，边条受的电动力最大。可以认为中间条通过 20% 电流，两边条各通过 40% 电流，则单位长度条间最大电动力 f_b（单位为 N/m）为

$$\begin{aligned}f_b&=2K_{12}(0.4i_{sh})(0.2i_{sh})\frac{1}{2b}\times10^{-7}+2K_{13}(0.4i_{sh})^2\frac{1}{4b}\times10^{-7}\\&=8(K_{12}+K_{13})i_{sh}^2\frac{1}{b}\times10^{-9}\end{aligned}$$

上两式中，K_{12} 和 K_{13} 分别是第 1、2 条导体和第 1、3 条导体间的形状系数。

边条导体所受的最大弯矩 M_b（单位为 N·m）为

$$M_b=\frac{f_bL_b^2}{12}$$

实际上不论导体是平放还是竖放，每相多条导体所受条间电动力的方向与每相单条竖放时所受相间电动力方向相同，故边条导体的截面系数为 $W=b^2h/6$，因而条间计算应力 σ_b（单位为 Pa）为

$$\sigma_b=\frac{M_b}{W}=\frac{f_bL_b^2}{12W}=\frac{f_bL_b^2}{2b^2h}\tag{6-6}$$

按 $\sigma_{max}=\sigma_{ph}+\sigma_b\leqslant\sigma_{al}$ 校验动稳定，如果不满足动稳定要求时，可以适当减小衬垫跨距 L_b，重新计算应力 σ_b。为了避免重复计算，常用最大允许衬垫跨距 L_{bmax} 校验动稳定。令 $\sigma_{max}=\sigma_{ph}+\sigma_b$ 中 $\sigma_{max}=\sigma_{al}$，得条间允许应力 $\sigma_{bal}=\sigma_{al}-\sigma_{ph}$，代入式（6-6）得最大允许衬

垫跨距 L_{bmax}（单位为 m）为

$$L_{\mathrm{bmax}}=\sqrt{\frac{12\sigma_{\mathrm{bal}}W}{f_{\mathrm{b}}}}=b\sqrt{\frac{2h\sigma_{\mathrm{bal}}}{f_{\mathrm{b}}}}$$

为防止因 L_{b} 太大，同相各条导体在条间电动力作用下弯曲接触，还应计算衬垫临界跨距 L_{cr}（单位为 m），即

$$L_{\mathrm{cr}}=\lambda b\sqrt[4]{h/f_{\mathrm{b}}}$$

式中　λ——系数，铝：双条为 1003，三条为 1197。

只要所选衬垫跨距 $L_{\mathrm{b}}=\dfrac{L}{n+1}\leqslant\min(L_{\mathrm{bmax}},L_{\mathrm{cr}})$，就能既满足动稳定又避免同相各条导体在条间电动力作用下弯曲接触，其中 n 即为满足动稳定的衬垫个数。矩形导体的动稳定校验总结如表 6-3 所示。

表 6-3　矩形导体的动稳定校验总结

类型	布置方式	截面系数	单位长度相间电动力	相间应力
单条	平放	$W=\dfrac{bh^2}{6}$	$f_{\mathrm{ph}}=1.73\times10^{-7}\dfrac{1}{a}i_{\mathrm{sh}}^2\beta$	$\sigma_{\mathrm{ph}}=\dfrac{f_{\mathrm{ph}}L^2}{10W}$
	竖放	$W=\dfrac{b^2h}{6}$		
双条	平放	$W=\dfrac{bh^2}{3}$		
	竖放	$W=1.44b^2h$		
三条	平放	$W=\dfrac{bh^2}{2}$		
	竖放	$W=3.3b^2h$		

类型	单位长度条间电动力	条间应力	检验条件
单条	—	—	$\sigma_{\max}=\sigma_{\mathrm{ph}}\leqslant\sigma_{\mathrm{al}}$ 或 $L\leqslant L_{\max}=\sqrt{\dfrac{10\sigma_{\mathrm{al}}W}{f_{\mathrm{ph}}}}$
双条	$f_{\mathrm{b}}=2.5K_{12}i_{\mathrm{sh}}^2\dfrac{1}{b}\times10^{-8}$	$\sigma_{\mathrm{b}}=\dfrac{f_{\mathrm{b}}L_{\mathrm{b}}^2}{2b^2h}$	$\sigma_{\max}=\sigma_{\mathrm{ph}}+\sigma_{\mathrm{b}}\leqslant\sigma_{\mathrm{al}}$ 或 $L_{\mathrm{b}}=\dfrac{L}{n+1}\leqslant L_{\mathrm{bmax}}=b\sqrt{\dfrac{2h\sigma_{\mathrm{bal}}}{f_{\mathrm{b}}}}$ $L_{\mathrm{b}}\leqslant L_{\mathrm{cr}}=\lambda b\sqrt[4]{h/f_{\mathrm{b}}}$
三条	$f_{\mathrm{b}}=8(K_{12}+K_{13})\times i_{\mathrm{sh}}^2\dfrac{1}{b}\times10^{-9}$		

注：长度单位为米，电流单位为安培。n 为满足动稳定的衬垫个数。

【例 6-1】 某降压变电站，两台 31500kV·A 自然油循环冷却主变压器并列运行，电压为 110kV/35kV/10.5kV，容量比为 100/100/100。已知：10kV 年最大负荷利用小时为 4100h，环境温度为 32℃，10kV 主保护动作时间为 0.1s，后备保护动作时间为 2s，断路器全开断时间为 0.1s，10kV 引出线导体三相水平布置，导体平放，相间距离 $a=0.7$m，支持绝缘子跨距 $L=1.2$m，10kV 母线（为单母线分段接线）短路时的短路电流为 $I''=14.5265$kA，$I_{0.1}=14.5265$kA，$I_{0.2}=14.5265$kA。10kV 配电装置采用 JYN2—10 型高压开关柜

（KYN28A—12 型母线为三角形布置），母线三相垂直布置，导体竖放，布置方式见图 6-1c，相间距离 $a=0.25\text{m}$，支持绝缘子跨距 $L=1.0\text{m}$。110kV 侧穿越功率为 22.5MV·A，主保护动作时间与断路器全开断时间之和取 0.2s，110kV 母线（为单母线分段接线，采用屋外普通中型配电装置）短路时的短路电流（见例 4-2）为 $I''=5.1466\text{kA}$，$I_{0.1}=4.933\text{kA}$，$I_{4.06}=4.8564\text{kA}$。试选择变压器 10kV 低压侧引出线导体和 10kV 母线及 110kV 母线。

解： 1）变压器低压侧引出线导体的选择。应按经济电流密度选择导体截面积，选择校验如下：

① 按经济电流密度选择导体截面积。根据例 2-1 可得 10kV 负荷占总负荷的 68.2%，变压器低压侧引出线导体中通过的最大持续工作电流按 70% S_N 计算为

$$I_{max}=0.7\times\frac{1.05S_N}{\sqrt{3}U_N}=0.7\times\frac{1.05\times31500}{\sqrt{3}\times10.5}\text{A}=0.7\times1818.65\text{A}=1273\text{A}$$

采用矩形铝导体，根据最大负荷利用小时为 4100h，由图 6-3 可以查得 $J=0.9$，经济截面积为

$$S=\frac{I_{max}}{J}=\frac{1818.65}{0.9}\text{mm}^2=1414.5\text{mm}^2$$

查矩形铝导体长期允许载流量表，每相选用两条 100mm×8mm 矩形铝导体，平放时允许电流 $I_{al}=2259\text{A}$，趋肤系数 $K_s=1.3$。低压侧引出线在屋外，环境温度取 32℃，允许电流为

$$I_{al\theta}=KI_{al}=I_{al}\sqrt{\frac{70-32}{70-25}}=0.92\times2259\text{A}=2078.28\text{A}$$

长期发热按一台主变压器停运，另一台运行的主变压器不带 35kV 负荷，全部带 10kV 负荷校验，即 $I'_{max}=I_N=1818.65\text{A}$，则 $I_{al\theta}=2078.28\text{A}>I'_{max}$，选用两条 100mm×8mm 矩形铝导体能满足长期发热条件要求。

② 热稳定校验

$$Q_p=\frac{0.2}{12}\times(14.5265^2+10\times14.5265^2+14.5265^2)\text{kA}^2\cdot\text{s}=42.2\text{kA}^2\cdot\text{s}$$

$$Q_{np}=TI''^2=0.05\times14.5265^2\text{kA}^2\cdot\text{s}=10.551\text{kA}^2\cdot\text{s}$$

短路电流热效应为 $Q_k=Q_p+Q_{np}=(42.2+10.551)\text{kA}^2\cdot\text{s}=52.751\text{kA}^2\cdot\text{s}$

短路前导体的工作温度为

$$\theta_w=\theta+(\theta_{al}-\theta)\frac{I_{max}^2}{I_{al\theta}^2}=32+(70-32)\times\frac{1273^2}{2078.28^2}℃=46.257℃$$

查表 6-2，用插值法得

$$C=C_2+\frac{\theta_2-\theta_w}{\theta_2-\theta_1}(C_1-C_2)=95+\frac{50-46.257}{50-45}(97-95)=96.497$$

$$S_{min}=\frac{1}{C}\sqrt{Q_kK_s}=\frac{1}{96.497}\times\sqrt{52.751\times1.3\times10^6}\text{mm}^2=85.817\text{mm}^2$$

所选截面积 $S=1600\text{mm}^2>S_{min}=85.817\text{mm}^2$，能满足热稳定要求。

③ 共振校验

$$m=hb\rho_w=2\times0.1\times0.008\times2700\text{kg/m}=4.32\text{kg/m}$$

$$I=bh^3/6=(0.008\times0.1^3/6)\text{m}^4=1.333\times10^{-6}\text{m}^4$$

$$f_1=\frac{N_f}{L^2}\sqrt{\frac{EI}{m}}=\frac{3.56}{1.2^2}\times\sqrt{\frac{7\times10^{10}\times1.333\times10^{-6}}{4.32}}\text{Hz}=363.38\text{Hz}>160\text{Hz}$$

取 $\beta=1$，即不考虑共振影响。

④ 动稳定校验

$$i_{sh}=2.55\times14.5265\text{kA}=37.04\text{kA}$$

相间电动力

$$f_{ph}=1.73\times10^{-7}\frac{1}{a}i_{sh}^2=1.73\times10^{-7}\frac{1}{0.7}\times(37040)^2\text{N/m}=339.07\text{N/m}$$

$$W=bh^2/3=(0.008\times0.1^2/3)\text{m}^3=26.666\times10^{-6}\text{m}^3$$

相间应力

$$\sigma_{ph}=\frac{f_{ph}L^2}{10W}=\frac{339.07\times1.2^2}{10\times26.666\times10^{-6}}\text{Pa}=1.831\times10^6\text{Pa}$$

根据 $\frac{b}{h}=0.08$，$\frac{a-b}{h+b}=\frac{16-8}{100+8}=0.074$ 可以查得形状系数 $K_{12}\approx0.33$。

条间电动力

$$f_b=2.5K_{12}i_{sh}^2\frac{1}{b}\times10^{-8}=2.5\times0.33\times(37040)^2\frac{1}{0.008}\times10^{-8}\text{N/m}=1414.835\text{N/m}$$

最大允许衬垫跨距

$$L_{bmax}=b\sqrt{\frac{2h\sigma_{bal}}{f_b}}=0.008\times\sqrt{\frac{2\times0.1\times(70-1.831)\times10^6}{1414.835}}\text{m}=0.7853\text{m}$$

$$L_{cr}=\lambda b\sqrt[4]{h/f_b}=1003\times0.008\times\sqrt[4]{0.1/1414.835}\text{m}=0.74\text{m}$$

一般每隔 30～50cm 左右装设一金属衬垫，因此每跨选取两个衬垫时，$L_b=\frac{L}{n+1}=\frac{1.2}{2+1}m=0.4\text{m}<\min(L_{bmax},L_{cr})$，可以满足动稳定要求。

2）10kV 母线的选择。主母线应按长期发热允许电流选择导体截面积，选择校验如下：

① 按长期发热允许电流选择导体截面积。本例 10kV 母线中通过的最大持续工作电流可以取变压器低压侧引出线导体中通过的最大持续工作电流，不考虑主变压器过负荷时，为 1818.65A。10kV 母线采用矩形铝导体，查矩形铝导体长期允许载流量表，每相选用单条 125mm×10mm 矩形铝导体，竖放时允许电流 $I_{al}=2242\text{A}$，趋肤系数 $K_s=1.12$。10kV 母线在屋内，环境温度取 32℃+5℃=37℃，此时的允许电流为

$$I_{al\theta}=KI_{al}=I_{al}\sqrt{\frac{70-37}{70-25}}=0.86\times2242\text{A}=1928.12\text{A}>1818.65\text{A}$$

满足长期发热条件要求。

② 热稳定校验。短路电流热效应

$$Q_k=Q_p+Q_{np}=(42.2+10.551)\text{kA}^2\cdot\text{s}=52.751\text{kA}^2\cdot\text{s}$$

短路前导体的工作温度为

$$\theta_w=\theta+(\theta_{al}-\theta)\frac{I_{max}^2}{I_{al\theta}^2}=[37+(70-37)\times\frac{1818.65^2}{1928.12^2}]℃=66.36℃$$

查表 6-2，用插值法得

$$C = C_2 + \frac{\theta_2 - \theta_w}{\theta_2 - \theta_1}(C_1 - C_2) = 87 + \frac{70 - 66.36}{70 - 65}(89 - 87) = 88.456$$

$$S_{min} = \frac{1}{C}\sqrt{Q_k K_s} = \frac{1}{88.456} \times \sqrt{52.751 \times 1.12 \times 10^6}\text{mm}^2 = 86.9\text{mm}^2$$

所选截面积 $S = 1250\text{mm}^2 > S_{min} = 86.9\text{mm}^2$，能满足热稳定要求。

③ 共振校验

$$m = hb\rho_w = 0.125 \times 0.01 \times 2700\text{kg/m} = 3.375\text{kg/m}$$

$$I = bh^3/12 = (0.01 \times 0.125^3/12)\text{m}^4 = 1.6276 \times 10^{-6}\text{m}^4$$

$$f_1 = \frac{N_f}{L^2}\sqrt{\frac{EI}{m}} = \frac{3.56}{1.0^2} \times \sqrt{\frac{7 \times 10^{10} \times 1.6276 \times 10^{-6}}{3.375}}\text{Hz} = 654\text{Hz} > 160\text{Hz}$$

取 $\beta = 1$，即不考虑共振影响。

④ 动稳定校验

$$i_{sh} = 2.55 \times 14.5265\text{kA} = 37.04\text{kA}$$

相间电动力

$$f_{ph} = 1.73 \times 10^{-7}\frac{1}{a}i_{sh}^2 = 1.73 \times 10^{-7}\frac{1}{0.25} \times (37040)^2\text{N/m} = 949.397\text{N/m}$$

$$W = bh^2/6 = (0.01 \times 0.125^2/6)\text{m}^3 = 26 \times 10^{-6}\text{m}^3$$

相间应力

$$\sigma_{ph} = \frac{f_{ph}L^2}{10W} = \frac{949.397 \times 1.0^2}{10 \times 26 \times 10^{-6}}\text{Pa} = 3.65 \times 10^6\text{Pa} < 70 \times 10^6\text{Pa}$$

满足动稳定要求。

3）110kV 母线的选择。主母线应按长期发热允许电流选择导体截面积，选择校验如下：

① 按长期发热允许电流选择导体截面积。本例 110kV 母线中通过的最大持续工作电流应取两台主变压器回路最大持续工作电流，再加上 110kV 侧的穿越功率，即

$$I_{max} = 2 \times \frac{1.05 \times 31500}{\sqrt{3} \times 110}\text{A} + \frac{22500}{\sqrt{3} \times 110}\text{A} = 2 \times 173.6\text{A} + 118.1\text{A} = 465.3\text{A}$$

由于 110kV 采用屋外普通中型配电装置，110kV 母线应采用钢芯铝绞线，查钢芯铝绞线长期允许载流量表，选用 LGJ—185mm²，+70℃时允许电流 $I_{al} = 539\text{A}$。环境温度为 32℃时的允许电流为

$$I_{al\theta} = KI_{al} = I_{al}\sqrt{\frac{70 - 32}{70 - 25}} = 0.92 \times 539\text{A} = 495.88\text{A} > I_{max} = 465.3\text{A}$$

满足长期发热条件要求。

② 热稳定校验。短路电流热效应

$$Q_p = \frac{0.2}{12}(5.1466^2 + 10 \times 4.933^2 + 4.8564^2)\text{kA}^2 \cdot \text{s} = 4.89\text{kA}^2 \cdot \text{s}$$

$$Q_{np} = (0.05 \times 5.1466^2)\text{kA}^2 \cdot \text{s} = 1.3244\text{kA}^2 \cdot \text{s}$$

$$Q_k = (4.89 + 1.3244)\text{kA}^2 \cdot \text{s} = 6.2144\text{kA}^2 \cdot \text{s}$$

最小截面积工程上常简化计算，按短路前导体的工作温度为 70℃取 $C = 87$，这时最小截面积大于实际工作温度时的最小截面积，因此是安全的。即

$$S_{min}=\frac{1}{C}\sqrt{Q_kK_s}=\frac{1}{87\times0.87}\times\sqrt{6.2144\times10^6}mm^2=32.9353mm^2$$

所选截面积 $S=185mm^2>S_{min}=32.9353mm^2$，能满足热稳定要求。

二、电力电缆的选择

1. 电缆型号的选择

电力电缆的基本结构由导电线芯、绝缘层和保护层三部分组成。电力电缆的线芯材料有铜和铝两种，常用的线芯数目有单芯充油电缆（用于 110kV 及以上），三芯电缆（用于 35kV 及以下三相系统），双芯电缆（用于单相系统），四芯、五芯电缆（用于 380V/220V 三相四线系统或有一线芯用于安全接地）。线芯绝缘主要有油浸纸绝缘，塑料绝缘和橡皮（胶）绝缘三类。塑料电缆的保护层由聚乙烯做成。油浸纸绝缘电力电缆保护层由内保护层和外保护层构成，内保护层目的是防潮和防漏油，有金属铝包和铅包两种；外保护层防机械损伤和防腐蚀，有钢带铠装（抗压）、钢丝铠装（抗拉）等种类，铠装层外还有防腐蚀外被层。选择电缆时，应根据其用途、敷设方式和场所、工作条件及负荷大小，选择线芯材料、线芯数目、线芯绝缘材料和保护层等，进而确定电缆的型号。

2. 额定电压的选择

按电缆的额定电压 U_N 不得低于其所在电网额定电压 U_{Ns} 的条件来选择。

3. 截面积的选择

电力电缆的截面积选择方法和适用范围与导体截面积的选择基本相同，按导体的长期发热允许电流选择电缆的截面积时，按式（6-3）选择，只是综合修正系数 K 的计算除环境温度外还与电缆的敷设方式有关。

在空气中敷设时　　$K=K_tK_1$

在空气中穿管敷设时　　$K=K_tK_2$

土壤中直埋或穿管直埋时　　$K=K_tK_3K_4$

以上三式中，K_t 为温度修正系数，按式（6-2）计算；K_1 为电缆在空气中多根并列敷设时的修正系数；K_2 为空气中穿管敷设时的修正系数，若电压在 10kV 及以下，当截面积 $S\leqslant 95mm^2$ 时，$K_2=1$，当截面积 $S=120\sim185mm^2$ 时，$K_2=0.85$；K_3 为直埋因土壤热阻不同的修正系数；K_4 为土壤中多根并列敷设的修正系数。

按经济电流密度选择电缆截面积时，按式（6-4）计算电缆截面积，且还应满足长期发热要求。

为了便于敷设，一般尽量选用线芯截面积不大于 $185mm^2$ 的电缆。

4. 热稳定校验

电缆的热稳定校验仍采用最小截面法，即所选截面积 S（单位为 mm^2）应满足

$$S\geqslant S_{min}=\frac{1}{C}\sqrt{Q_k} \tag{6-7}$$

式中　Q_k——短路电流热效应（$A^2\cdot s$）。

热稳定系数 C 用下式计算：

$$C=\frac{1}{\eta}\sqrt{\frac{4.2Q}{K_s\rho_{20}\alpha}\ln\frac{1+\alpha(\theta_h-20)}{1+\alpha(\theta_w-20)}}\times10^{-2}$$

式中　η——计及电缆芯线充填物热容量随温度变化以及绝缘散热影响的校正系数，对于3~6kV厂用回路，取0.93；对于10kV及以上回路取1.0；

Q——电缆芯单位体积的热容量，铝芯取0.59J/(cm^3·℃)，铜芯取0.81J/(cm^3·℃)；

α——电缆芯在20℃时的电阻温度系数，铝芯取0.00403/℃，铜芯取0.00393/℃；

K_s——电缆芯在20℃时的趋肤效应系数，$S<150\text{mm}^2$的三芯电缆$K_s=1$，$S=150\sim240\text{mm}^2$的三芯电缆$K_s=1.01\sim1.035$；

ρ_{20}——电缆芯在20℃时的电阻率，铝芯取$3.1\times10^{-6}\Omega\cdot\text{cm}^2/\text{cm}$，铜芯取$1.84\times10^{-6}\Omega\cdot\text{cm}^2/\text{cm}$；

θ_h——短路时电缆的最高允许温度（℃）；

θ_w——短路前电缆的工作温度（℃）。

5. 允许电压降校验

对供电距离较远的电缆线路应校验其电压损失，三相电缆线路允许电压降校验条件为

$$\Delta U\% = \frac{\sqrt{3}}{U_N}I_{max}L(r\cos\varphi + x\sin\varphi)\times100\leqslant5\% \qquad (6\text{-}8)$$

式中　U_N、$\cos\varphi$——分别为线路额定电压（线电压）和功率因数；

L——电缆线路长度（km）；

r、x——分别为单位长度电缆的电阻和电抗（Ω/km），$r=\dfrac{\rho}{S}$。

由于电缆截面积可能不是圆形，周围不是空气，还有内外保护层（金属），因此使电缆的阻抗很难用解析法计算，只能由制造厂商事先测得。一般电缆线路的电阻略大于相同截面积的架空线路。另外，电缆三相导体间的距离很近，其电抗很小，6~10kV三芯电缆约为0.08Ω/km，35kV三芯电缆约为0.12Ω/km。

【例6-2】　某变电站10kV电压母线用双回电缆线路向一重要用户供电，用户最大负荷5400kW，功率因数$\cos\varphi=0.9$，最大负荷利用小时数为5200h/年，当一回电缆线路故障时，要求另一回仍能供给80%的最大负荷。线路直埋地下，长度为1200m，电缆净距为200mm^2，土壤温度10℃，热阻系数80℃·cm/W，短路电流$I''=8.7\text{kA}$，$I_1=7.2\text{kA}$，$I_2=6.6\text{kA}$，短路切除时间为2s，试选择该电缆。

解：正常情况下每回路的最大持续工作电流为

$$I_{max}=\frac{1.05\times5400}{2\sqrt{3}\times10\times0.9}\text{A}=181.86\text{A}$$

根据最大负荷利用小时数查图6-2的曲线1，得$J=0.72\text{A/mm}^2$，则

$$S=\frac{I_{max}}{J}=\frac{181.86}{0.72}\text{mm}^2=252.6\text{mm}^2$$

直埋敷设一般选用钢带铠装电缆，每回路选用两根三芯油浸纸绝缘铝芯铝包铠装防腐电缆，每根$S=120\text{mm}^2$，热阻系数80℃·cm/W时的允许载流量为$I_{al}=215\text{A}$，最高允许温度为60℃，额定环境温度为25℃。

长期发热按一回电缆线路故障时转移过来的负荷校验，即

$$I'_{max}=\frac{1.05\times5400}{\sqrt{3}\times10\times0.9}\times0.8\text{A}=291\text{A}$$

$$I_{al10℃}=K_tK_3K_4I_{al}=1.2\times1\times0.92\times215\times2A=475A$$

$I'_{max}\leqslant I_{al10℃}$，满足长期发热要求。

短路热效应

$$Q_k\approx Q_p=\frac{t_k}{12}(I''^2+10I^2_{t_k/2}+I^2_{t_k})=\frac{2}{12}\times(8.7^2+10\times7.2^2+6.6^2)kA^2\cdot s=106.3kA^2\cdot s$$

短路前电缆的工作温度

$$\theta_w=\theta+(\theta_{al}-\theta)\frac{I^2_{max}}{I^2_{al\theta}}=\left[10+(60-10)\frac{291^2}{475^2}\right]℃=28.77℃$$

热稳定系数 C 为

$$C=\frac{1}{\eta}\sqrt{\frac{4.2Q}{K_s\rho_{20}\alpha}\ln\frac{1+\alpha(\theta_h-20)}{1+\alpha(\theta_w-20)}}$$

$$=\sqrt{\frac{4.2\times0.59}{3.1\times10^{-6}\times0.00403}\ln\frac{1+0.00403(200-20)}{1+0.00403(28.77-20)}}\times10^{-2}=100.65$$

$$S_{min}=\frac{1}{C}\sqrt{Q_k}=\frac{\sqrt{106.3\times10^6}}{100.65}mm^2=102.4mm^2<2\times120mm^2$$

满足热稳定要求。

电压损失校验

$$\Delta U\%=\frac{\sqrt{3}}{U_N}I_{max}L(r\cos\varphi+x\sin\varphi)\times100$$

$$=\frac{\sqrt{3}}{10000}\times\frac{291}{2}\times1.2\times\left(\frac{0.0315\times1000}{120}\times0.9+0.08\times0.436\right)\times100=0.82\%<5\%$$

根据以上计算可以看出，所选电缆满足要求。

第三节　支柱绝缘子与穿墙套管的选择

支柱绝缘子与穿墙套管用作裸导体的对地绝缘和支撑固定。

一、支柱绝缘子的选择

支柱绝缘子只承受导体的电压、电动力和正常机械荷载，不载流，没有发热问题。

1. 种类和型式的选择

屋内型支柱绝缘子主要由瓷件及用水泥胶合剂胶装于瓷件两端的铁底座和铁帽组成，铁底座和铁帽胶装在瓷件外表面的称为外胶装（Z 型），胶装入瓷件孔内的称为内胶装（ZN 型）。外胶装机械强度高，内胶装电气性能好，但不能承受扭矩，对机械强度要求较高时，应采用外胶装或联合胶装绝缘子（ZL 型，铁底座外胶装，铁帽内胶装）。

屋外型支柱绝缘子采用棒式绝缘子，支柱绝缘子需要倒挂时，采用悬挂式支柱绝缘子。

2. 额定电压的选择

按支柱绝缘子的额定电压 U_N 不得低于其所在电网额定电压 U_{Ns} 的条件来选择。

在屋外有空气污秽或冰雪的地区，应选用高一级电压的产品。

3. 动稳定校验

当三相导体水平布置时，如图 6-4 所示，支柱绝缘子所受电动力应为两侧相邻跨导体受力总和的一半，作用在导体截面水平中心线与绝缘子轴线交点上的电动力 F_{max}（单位为 N）为

$$F_{max}=\frac{F_1+F_2}{2}=1.73\frac{L_1+L_2}{2a}i_{sh}^2\times10^{-7}$$

式中 L_1、L_2——与绝缘子相邻的跨距（m）。

由于制造厂商给出的是绝缘子顶部的抗弯破坏负荷 F_{de}，因此必须将 F_{max} 换算为绝缘子顶部所受的电动力 F_c（单位为 N）（见图 6-5），根据力矩平衡关系得

$$F_c=F_{max}\frac{H_1}{H}$$

式中 H——绝缘子高度（mm）；

H_1——绝缘子底部到导体水平中心线的高度（mm），$H_1=H+b+\frac{h}{2}$，h 为导体放置高度；b 为导体支持器下片厚度，一般竖放矩形导体为 18mm，平放矩形导体及槽形导体为 12mm。

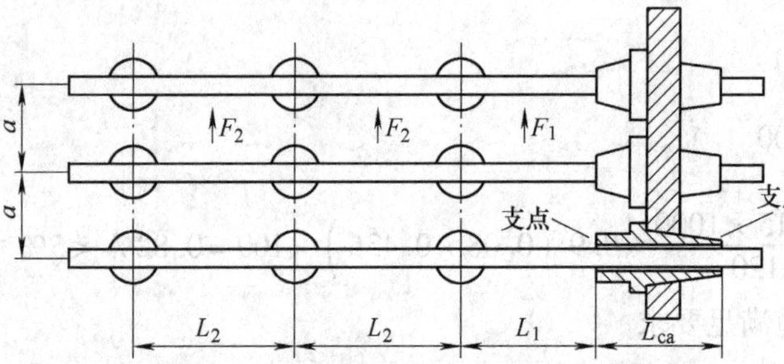

图 6-4 支柱绝缘子和穿墙套管所受电动力示意图（俯视）

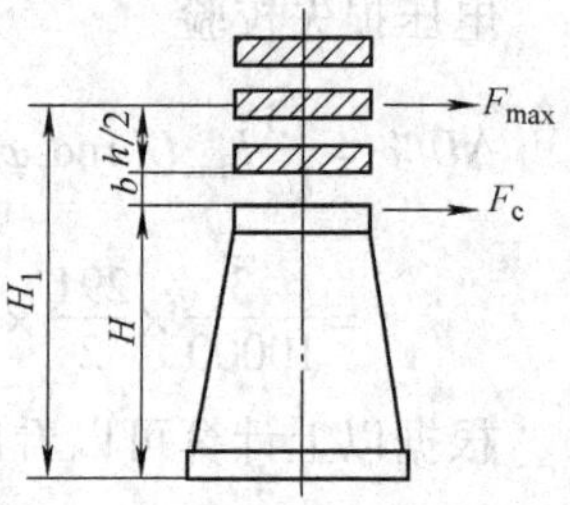

图 6-5 F_{max} 与 F_c 换算示意图

动稳定校验条件为

$$F_c\leqslant0.6F_{de}$$

式中 F_{de}——抗弯破坏负荷（N）；

0.6——安全系数。

二、穿墙套管的选择

1. 种类和型式的选择

根据装设地点可选屋内型和屋外型，根据用途可选择带导体的穿墙套管和不带导体的母线型穿墙套管。屋内配电装置一般选用铝导体穿墙套管。

2. 额定电压的选择

按穿墙套管的额定电压 U_N 不得低于其所在电网额定电压 U_{Ns} 的条件来选择。当有冰雪时，应选用高一级电压的产品。

3. 额定电流的选择

带导体的穿墙套管，其额定电流 I_N 不得小于所在回路最大持续工作电流 I_{max}。母线型穿

墙套管本身不带导体，没有额定电流选择问题，但应校核窗口允许穿过的母线尺寸。

4. 热稳定校验

满足热稳定的条件为

$$Q_k \leqslant I_t^2 t$$

式中 Q_k——短路电流热效应（$kA^2 \cdot s$）；

I_t——制造厂商给出的 t（单位为 s）内允许通过的热稳定电流（kA）。

母线型穿墙套管不需进行热稳定校验。

5. 动稳定校验

当三相导体水平布置时，穿墙套管端部所受电动力 F_{max}（单位为 N）为

$$F_{max} = \frac{F_1 + F_2}{2} = 1.73\,\frac{L_1 + L_2}{2a} i_{sh}^2 \times 10^{-7}$$

式中 L_1——套管端部至最近一个支柱绝缘子间的距离（m），如图 6-6 所示；

L_2——套管本身长度 L_{ca}（m）。

动稳定校验条件为

$$F_{max} \leqslant 0.6 F_{de}$$

式中 F_{de}——抗弯破坏负荷（N）；

0.6——安全系数。

【例 6-3】 选择例 6-1 中变压器低压侧引出线中的支柱绝缘子和穿墙套管。

解： 1）支柱绝缘子的选择。根据装设地点及工作电压，位于屋内部分选择 ZB—10Y 型屋内支柱绝缘子，其高度 $H = 215$mm，抗弯破坏负荷 $F_{de} = 7350$N。则

$$F_{max} = 1.73 \times 10^{-7} \frac{L_1 + L_2}{2a} i_{sh}^2 = 1.73 \times 10^{-7} \times \frac{1.2}{0.7} \times (37040)^2 \text{N} = 406.88\text{N}$$

$$H_1 = H + b + \frac{h}{2} = \left(215 + 12 + \frac{30}{2}\right)\text{mm} = 242\text{mm}$$

$$F_c = F_{max} \frac{H_1}{H} = 611.01 \times \frac{242}{215}\text{N} = 457.98\text{N} < 0.6 F_{de} = 0.6 \times 7350\text{N} = 4410\text{N}$$

可以满足动稳定要求。屋外部分选高一级电压的 ZS—20/8 型支柱绝缘子。

2）穿墙套管的选择。根据装设地点、工作电压及最大长期工作电流，选择 CWLC2—10/2000 型屋外铝导体穿墙套管，其 $U_N = 10$kV，$I_N = 2000$A，$F_{de} = 12250$N，套管长度 $L_{ca} = 0.435$m，5s 热稳定电流为 40kA。根据例 4-2 可知 $I'' = I_{1.05} = I_{2.1} = 14.5265$kA。

校验电器热稳定时的短路切除时间应采用后备保护动作时间，短路电流热效应为

$$Q_k \approx Q_p = \frac{2.1}{12} \times (14.5265^2 + 10 \times 14.5265^2 + 14.5265^2)\text{kA}^2 \cdot \text{s} = 443.14\text{kA}^2 \cdot \text{s} Q_k < I_t^2 t = 40^2 \times 5\text{kA}^2 \cdot \text{s}$$

满足热稳定要求。

$$i_{sh} = 2.55 \times 14.5265\text{kA} = 37.04\text{kA}$$

$$F_{max} = 1.73 \times 10^{-7} \frac{L_1 + L_2}{2a} i_{sh}^2 = 1.73 \times 10^{-7} \times \frac{1.2 + 0.435}{2 \times 0.7} \times (37040)^2 \text{N} = 277.19\text{N}$$

$$F_{max} < 0.6 F_{de} = 0.6 \times 12250\text{N} = 7350\text{N}$$

满足动稳定要求。

第四节　高压断路器与隔离开关的选择

一、高压断路器的选择

1. 种类和型式的选择

高压断路器应根据其安装地点、环境条件和使用技术条件等进行选择，还应考虑便于施工调试和运行维护，并进行必要的技术经济比较。6～10kV 电网一般选择少油、真空和六氟化硫断路器。35kV 电网一般选择少油、真空和六氟化硫断路器，某些 35kV 屋外配电装置也可用多油断路器。110～330kV 电网一般选择少油和六氟化硫断路器（可选瓷柱式断路器或罐式断路器）。500kV 及以上电网一般选择六氟化硫断路器（可选瓷柱式断路器或罐式断路器）。110kV 及以上电网还可以选择 GIS 或 HGIS 开关（组合）电器。由于油断路器的开断性能较真空和六氟化硫断路器差，维护量大，油断路器已很少选用。

6～10kV 少油断路器可选择 SN10—10Ⅰ、Ⅱ、Ⅲ型，真空断路器可选用 VS1—10 型等。35kV 屋内真空断路器可选择 ZN72—40.5 型等，屋外真空断路器可选用 ZW7—40.5 型等，屋外六氟化硫断路器可选用 LW8—40.5 型等，35kV 屋外多油断路器可选用 DW8—35 型。110kV 六氟化硫断路器可选用 LW35—126 型，220kV 六氟化硫断路器可选用 LW35—252 型，500kV 六氟化硫断路器可选用 LW10B—550 型。

2. 额定电压的选择

按断路器的额定电压 U_N 不得低于其所在电网额定电压 U_{Ns} 的条件来选择，即

$$U_N \geqslant U_{Ns}$$

3. 额定电流的选择

按断路器的额定电流 I_N 不得小于所在回路最大持续工作电流 I_{max} 的条件来选择，即

$$I_N \geqslant I_{max}$$

4. 额定开断电流校验

断路器的额定开断电流 I_{Nbr} 应不小于其触头刚刚分开时的短路电流有效值 I_k，即

$$I_{Nbr} \geqslant I_k$$

从发生短路到断路器的触头刚刚分开所经历的时间称为开断计算时间 t_{br}，为保证断路器能开断最严重情况下的短路电流，开断计算时间等于主保护动作时间 t_{pr1} 与断路器固有分闸时间 t_{in} 之和，即

$$t_{br} = t_{pr1} + t_{in}$$

对于非快速动作断路器（其 $t_{br} \geqslant 0.1s$），计算开断短路电流时可略去短路电流非周期分量的影响，简化用短路电流周期分量 0s 有效值 I'' 校验断路器的开断能力，即

$$I_{Nbr} \geqslant I''$$

对于快速动作断路器（其 $t_{br} < 0.1s$），当在发电机附近短路时，开断短路电流中非周期分量可能超过周期分量的 20%，需要用 t_{br} 时刻的短路全电流有效值校验断路器的开断能力，即

$$I_k = \sqrt{I_{pt}^2 + \left(\sqrt{2}I''e^{-t_{br}/T_a}\right)^2}$$

式中　I_{pt}——触头刚刚分开时的短路电流周期分量有效值，在此可取 $I_{pt}=I''$；

$T_a=\dfrac{X_\Sigma}{\omega R_\Sigma}$——短路电流非周期分量衰减时间常数，其中，$X_\Sigma$、$R_\Sigma$ 分别为电源至短路点的等效电抗和等效电阻。

5. 额定关合电流校验

如果在断路器关合前已存在短路故障，则断路器合闸时也会产生电弧，为了保证断路器关合时不发生触头熔焊及合闸后能在继电保护控制下自动分闸切除故障，断路器额定关合电流 i_{Ncl}不应小于短路电流最大冲击值，即

$$i_{Ncl}\geqslant i_{sh}$$

6. 热稳定校验

热稳定应满足式（6-5），即

$$I_t^2 t\geqslant Q_k$$

7. 动稳定校验

动稳定应满足式（6-6），即

$$i_{es}\geqslant i_{sh} \text{或} I_{es}\geqslant I_{sh}$$

二、隔离开关的选择

隔离开关的型号选择应根据其安装地点、配电装置的布置特点和使用要求等条件，进行综合技术经济比较后确定。由于隔离开关没有灭弧装置，不能用来开断和接通负荷电流及短路电流，故没有开断电流和关合电流的校验，隔离开关的额定电压、额定电流选择和热稳定、动稳定校验项目与断路器相同。

35kV 隔离开关可选用 GW5—35 型，110kV 隔离开关可选用双柱水平旋转式 GW4—110 和 V 形水平旋转式 GW5—110 型，110kV 分相中型管母可选用单柱垂直伸缩式 GW16—110 型和双柱水平伸缩式 GW17—110 型。220kV 隔离开关可选用三柱双断口水平旋转开启式 GW7—220 型，220kV 分相中型管母可选用单柱垂直伸缩式 GW16—220 型或剪刀垂直伸缩式 GW6A—220 型，以及双柱水平伸缩式 GW17—220 型。110kV 变压器中性点接地隔离开关可选用 GW13—60W/630A 型，220kV 变压器中性点接地隔离开关可选用 GW13—126kV/630A 型。

【例 6-4】　例 6-1 中，10kV 各出线负荷功率最大的为 5000kW，功率因数 $\cos\varphi=0.8$。选择例 6-1 中主变压器低压侧进线断路器、10kV 母线分段断路器和 10kV 出线断路器。

解：变压器低压侧引出线回路和 10kV 母线分段回路（一台主变压器停运时，另一台运行的主变压器通过分段回路向停运主变压器所接母线的负荷供电）的最大持续工作电流较大，主变压器低压回路的最大持续工作电流取 1818.65A（见例 6-1），10kV 出线的最大负荷电流为

$$I_{max}=\frac{1.05\times5000}{\sqrt{3}\times10\times0.8}\text{A}=378.9\text{A}$$

根据安装地点屋内、电网额定电压和最大持续工作电流，变压器低压侧进线断路器和 10kV 母线分段断路器选用 VS1—10/2000 型真空断路器。所有 10kV 出线断路器选用 VS1—10/630 型真空断路器。高压断路器的型号和参数及与计算数据（见例 6-1 和例 6-3）的比较

见表6-4（括弧中为10kV出线的计算数据和VS1—10/630型真空断路器的参数）。

表6-4 断路器选择比较结果

选校项目	计算数据		VS1—10/2000型(VS1—10/630)	
额定电压/kV	U_{Ns}	10(10)	U_N	10(10)
额定电流/A	I_{max}	1818.65(378.9)	I_N	2000(630)
额定开断电流/kA	I''	14.5265	I_{Nbr}	40(20)
额定关合电流/kA	i_{sh}	37.04	i_{Ncl}	100(50)
热稳定校验/($kA^2 \cdot s$)	Q_k	443.14	$I_t^2 t$	$40^2 \times 4$($20^2 \times 4$)
动稳定校验/kA	i_{sh}	37.04	i_{es}	100(50)

由选择比较结果可知，变压器低压侧进线断路器和10kV母线分段断路器选用VS1—10/2000型真空断路器，10kV出线断路器选用VS1—10/630型真空断路器，满足要求。

【例6-5】 试选择例6-1中，110kV各回路的断路器和隔离开关，110kV配电装置拟采用屋外普通中型配电装置。

解： 根据110kV潮流分布情况，是由出线回路（输电线路）向本变电站供电，其最大持续工作电流最大为两台主变压器回路的最大持续工作电流，再加上110kV侧的穿越功率，即

$$I_{max}=2\times\frac{1.05\times31500}{\sqrt{3}\times110}A+\frac{22500}{\sqrt{3}\times110}A=2\times173.6A+118.1A=465.3A$$

断路器初选LW35—126型屋外六氟化硫断路器，其额定电压为126kV，额定电流为3150A，额定开断电流为40kA，3s热稳定电流为40kA，额定关合电流为100kA，动稳定电流为100kA，后备保护动作时间为4s，断路器全开断时间为0.06s。隔离开关初选GW5—110型，线路（或主变压器侧）隔离开关选用带接地开关的防污型GW5—110DW（或双地刀GW5—110IIDW）型，母线隔离开关选用不带接地开关的防污型GW5—110W（或单地刀GW5—110DW）型，其额定电压为110kV，额定电流为1000A，4s热稳定电流为31.5kA，动稳定电流为100kA。

短路电流（计算见例4-2）热效应计算

$$Q_k\approx Q_p=\frac{4.06}{12}(5.1466^2+10\times5.2917^2+5.2917^2)kA^2\cdot s=113.176kA^2\cdot s$$

1）断路器校验。

① 电网与断路器额定电压等级相同，电压满足要求。

② $I_{max}=465.3A<I_N=3150A$，满足长期发热要求。

③ $Q_k=113.176\ kA^2\cdot s<I_t^2t=40^2\times3\ kA^2\cdot s=4800\ kA^2\cdot s$，满足热稳定要求。

④ $I''=5.1466kA<I_{Nbr}=40kA$，满足开断要求。

⑤ $i_{sh}=5.1466\times2.55kA=13.12kA<i_{Ncl}=100kA$，满足关合要求。

⑥ $i_{sh}=5.1466\times2.55kA=13.12kA<i_{es}=100kA$，满足动稳定要求。

可以看出，所选断路器满足要求。

2）隔离开关校验。

① 电网与隔离开关额定电压等级相同，电压满足要求。

② $I_{max}=465.3A<I_N=1000A$，满足要求。

③ $Q_k=113.176\ kA^2\cdot s<I_t^2t=31.5^2\times 4\ kA^2\cdot s=3969\ kA^2\cdot s$，满足热稳定要求。

④ $i_{sh}=5.1466\times 2.55kA=13.12kA<i_{es}=100kA$，满足动稳定要求。

可以看出，所选隔离开关满足要求。

【例 6-6】 试选择例 6-1 中，35kV 各回路的断路器和隔离开关，35kV 配电装置拟采用屋外普通中型配电装置。

解：根据 35kV 潮流分布情况，主变压器进线回路与其他回路相比最大持续工作电流最大，断路器和隔离开关选择时应与主变压器容量相匹配。主变压器回路的最大持续工作电流为

$$I_{max}=\frac{1.05\times 31500}{\sqrt{3}\times 38.5}A=496A$$

断路器初选 ZW7—40.5 型屋外真空断路器，其额定电压为 40.5kV，额定电流为 1250A，额定开断电流为 31.5kA，4s 热稳定电流为 31.5kA，额定关合电流为 80kA，动稳定电流为 80kA，后备保护动作时间为 3s，断路器固有分闸时间为 0.06s，燃弧时间为 0.04s。隔离开关初选用 GW5—35 型，线路（或主变压器侧）隔离开关选用带接地开关的防污型 GW5—35DW（或双地刀 GW5—35IIDW）型，母线隔离开关选用不带接地开关的防污型 GW5—35W（或单地刀 GW5—35DW）型，其额定电压为 35kV，额定电流为 1250A，4s 热稳定电流为 31.5kA，动稳定电流为 100kA。

1）短路电流热效应计算。

短路存在时间为

$$t_k=(3+0.06+0.04)s=3.1s$$

根据例 4-2 计算结果可知

$$I''=I_{1.55}=I_{3.1}=5.8362kA$$

$$Q_k\approx Q_p=\frac{3.1}{12}\times 12\times 5.8362^2kA^2\cdot s=105.59kA^2\cdot s$$

2）断路器校验。

① 电网与断路器额定电压等级相同，电压满足要求。

② $I_{max}=496A<I_N=1250A$，满足长期发热要求。

③ $Q_k=105.59\ kA^2\cdot s<I_t^2t=31.5^2\times 4\ kA^2\cdot s=3969\ kA^2\cdot s$，满足热稳定要求。

④ $I''=5.8362kA<I_{Nbr}=31.5kA$，满足开断要求。

⑤ $i_{sh}=5.8362\times 2.55kA=14.8823kA<i_{Ncl}=80kA$，满足关合要求。

⑥ $i_{sh}=5.8362\times 2.55kA=14.8823kA<i_{es}=80kA$，满足动稳定要求。

可以看出所选断路器满足要求。

3）隔离开关校验。

① 电网与隔离开关额定电压等级相同，电压满足要求。

② $I_{max}=496A<I_N=1250A$，满足要求。

③ $Q_k=105.59\ kA^2\cdot s<I_t^2t=31.5^2\times 4\ kA^2\cdot s=3969\ kA^2\cdot s$，满足热稳定要求。

④ $i_{sh}=5.8362\times 2.55kA=14.8823kA<i_{es}=100kA$，满足动稳定要求。

可以看出所选隔离开关满足要求。

此型号断路器配额定电流比为50/5~1600/5A，准确级为0.2、0.2S、0.5、10P的电流互感器，选择校验略。

第五节　高压熔断器的选择

熔断器是最简单也是最早使用的保护电器，当电路过负荷或发生短路时，电流增大，经一定时间，熔体温度超过熔点而熔断，切断电路。高压熔断器主要用于发电厂和变电站中保护厂（站）用变压器、电力变压器、电力电容器和电压互感器等。

1. 型式的选择

高压熔断器按安装地点分为屋内式和屋外式，屋外式按其结构又分为跌落式和支柱式。高压熔断器根据有无限流作用又可分为限流和不限流两大类。熔断器熔体熔化后会产生电弧，如果熔断器在短路电流达到最大值之前，电弧即被熄灭，电流迅速减小到零，这种熔断器限制了短路电流的发展，称为有限流作用的熔断器。没有限流作用的熔断器在熔体熔化后，电弧可能要延续几个周期才能熄灭，电流仍能达到最大值。保护电压互感器的高压熔断器应选专用系列。

2. 额定电压的选择

对于不限流式高压熔断器，其额定电压应大于或等于所在电网的额定电压。

对于限流式高压熔断器，其额定电压应等于所在电网的额定电压。限流式高压熔断器不宜使用在工作电压低于其额定电压的电网中，这是由于限流式高压熔断器（如填充石英砂冷却电弧的熔断器）灭弧能力强，电流突然减小到零，其所在电路因具有电感而产生过电压。过电压倍数与电路参数和熔体长度有关，额定电压越高，熔体越长，在熔化过程中，弧道电阻的变化越大，限流作用也越大，电流关断也越快，产生的过电压也越高。若将其用在低于其额定电压的电网中，因熔体较长，过电压高达3.5~4倍相电压，可能使其他电器设备因过电压而损坏；若将其用在等于其额定电压的电网中，过电压一般为2~2.5倍相电压，此过电压没有超过电网中电器的绝缘水平，不会损坏电网中的电器设备。

3. 额定电流的选择

高压熔断器的额定电流选择包括熔管额定电流和熔体额定电流的选择。

1）熔管额定电流的选择。为了保证熔断器壳不因发热而损坏，熔管额定电流 I_{Nt} 应大于或等于熔体额定电流 I_{Ns}。

2）熔体额定电流的选择。保护35kV及以下电力变压器的熔体额定电流，应按通过变压器回路最大工作电流、变压器的励磁涌流和保护范围以外的短路电流及电动机自起动等引起的冲击电流时，其熔体不应误熔断来选择，即

$$I_{Ns}=KI_{max}$$

式中　K——系数，当不考虑电动机自起动时，可取1.1~1.3；当考虑电动机自起动时，可取1.5~2.0。

保护电力电容器的熔体额定电流，应按电网电压升高、波形畸变引起电容器回路电流增大或运行中出现涌流时，其熔体不应误熔断来选择，即

$$I_{Ns}=KI_{Nc}$$

式中　K——系数，对于跌落式高压熔断器，可取1.2~1.3；对于限流式高压熔断器，当为

一台电容器时，可取1.5~2.0，当为一组电容器时，可取1.3~1.8；

I_{Nc}——电容器的额定电流。

4. 额定开断电流校验

对于没有限流作用的熔断器，用冲击电流的有效值I_{sh}进行校验，校验条件为

$$I_{Nbr} \geqslant I_{sh}$$

对于有限流作用的熔断器，在电流达到最大值之前，已将其切断，故可不计非周期分量的影响，校验条件为

$$I_{Nbr} \geqslant I''$$

式中　I_{Nbr}——熔断器的额定开断电流，它与断流容量的关系为$S_{Nbr}=\sqrt{3}U_N I_{Nbr}$。

5. 选择性校验

选择熔体时，应保证前后两级熔断器之间，熔断器与电源侧或负荷侧继电保护之间的动作选择性，使它们的动作时间互相配合（例如，靠近故障元件的熔断器先熔断），熔断器的熔断时间可根据其安秒特性曲线和短路电流来确定。

保护站用变压器用RN1型熔断器。保护电压互感器的熔断器需选专用的，且只需按额定电压和断流容量来选择。因电压互感器的正常工作电流很小，近于空载运行，保护电压互感器的熔断器额定电流很小，通常为0.5~2A。例如，用于保护电压互感器的屋内RN2型熔断器，其额定电流为0.5A。

第六节　互感器的选择

一、电流互感器的选择

1. 种类和型式的选择

根据安装地点选择屋内或屋外式，根据安装方式选择支持式、装入式（装在变压器套管或多油断路器套管中）和穿墙式（兼作穿墙套管），根据一次绕组匝数可选择单匝（用于大电流）、多匝（用于小电流）和母线式（用于大电流）。

6~20kV电流互感器，应采用瓷绝缘或树脂浇注绝缘结构，一般多采用浇注绝缘型。35kV电流互感器，采用油浸瓷箱式绝缘结构的独立式电流互感器。110kV及以上电流互感器，采用油浸瓷箱式绝缘结构的独立式电流互感器或六氟化硫气体绝缘式电流互感器。选用母线式电流互感器时，应校核其窗口允许通过的母线尺寸。

10kV电流互感器可选用LZZBJ9—10型，35kV屋内电流互感器可选用LZZBJ9—35型，110kV电流互感器可选用LCWB—126W2、LB7—110或LVQB5—110六氟化硫型，220kV电流互感器可选用LCWB—252W2、LB9—220或LVQB—220六氟化硫型。

2. 额定电压的选择

电流互感器的额定电压U_N不得低于其安装回路的电网额定电压U_{Ns}，即

$$U_N \geqslant U_{Ns}$$

3. 额定电流的选择

电流互感器的一次额定电流I_{N1}不应小于所在回路的最大持续工作电流I_{max}，即

$$I_{N1} \geqslant I_{max}$$

为保证电流互感器的准确级，I_{max}应接近I_{N1}，同时为保证仪表在正常运行时指示在刻度标尺的3/4左右（能适当指示过负荷电流值），或测量装置能测量到最大过负荷电流值，选择的I_{N1}应留有一定的裕度，一般选$I_{N1} \geqslant 1.25I_{max}$。

110kV及以上电压等级的电流互感器，其一次绕组常设计成两个，可以通过串、并联实现不同的额定电流比。例如额定电流比为2×300/5的电流互感器，一次侧的电流有两档，一是300/5，二是600/5，两个一次绕组并联时额定电流比为600/5，两个一次绕组串联时额定电流比为300/5。当一次侧电流I_{max}约为200A时，采用300/5档；当一次侧电流I_{max}大于300A，约为400A时采用600/5档。

电力变压器中性点电流互感器的一次额定电流，应大于变压器允许的不平衡电流，一般可按变压器额定电流的30%选择，放电间隙回路的电流互感器，一次额定电流可按100A选择。

电流互感器的二次额定电流I_{N2}，可根据二次回路的要求选用5A或1A。为了增加电流互感器的二次允许负荷，减小连接电缆截面积及远距离传送，超高压发电厂和变电站（配电装置距离控制室较远）多选用二次额定电流为1A的电流互感器。

4. 准确级的选择

电流互感器的准确级是指在规定的二次负荷变化范围内，一次电流为额定值时的最大电流误差百分数。根据测量时电流互感器误差的大小和用途，发电厂和变电站中电流互感器的准确级分为0.1、0.2、0.5、1、3级及P和TP级。为保证测量仪表的准确度，电流互感器的准确级不得低于所供测量仪表的准确级。用于电能计量的电流互感器，准确级不应低于0.5级，宜采用0.2级，一般采用0.2S级。S是指为满足特殊使用要求制造的0.2级的互感器，与普通0.2级互感器相比，其保证精度的测试范围更宽一些；供测量用的电流互感器，准确级采用0.5级；供运行监视仪表用的电流互感器，准确级不应低于1级；供粗略测量仪表用的电流互感器，准确级可用3级；稳态保护用的电流互感器选用P级；暂态保护用的电流互感器选用TP级。

5. 绕组数的选择

一般电流互感器有多个具有不同准确级的二次绕组，选择电流互感器时，需要选择二次绕组的个数及准确级组合，使其满足不同测量功能的要求。例如，新型号的10kV线路用电流互感器有三个二次绕组，准确级组合为0.2S/0.5/5P等，以便将计量、测量和保护回路分开，计量使用0.2S级二次绕组，测量使用0.5级二次绕组，保护使用5P级二次绕组；220kV线路用电流互感器有6个二次绕组，准确级组合为0.2S/0.5/5P/5P/5P/5P，计量使用0.2S级二次绕组，测量使用0.5级二次绕组，光纤纵差、高频距离、母线保护和母线保护与故障录波分别使用4个5P级二次绕组。

6. 额定容量的选择

电流互感器的额定容量S_{N2}是指在额定二次电流I_{N2}和额定二次阻抗Z_{N2}下运行时，二次绕组输出的容量，即$S_{N2}=I_{N2}^2Z_{N2}$，制造厂商一般提供电流互感器的S_{N2}（单位为V·A）或Z_{N2}（单位为Ω）值。

同一台电流互感器除最高准确级外，还有几个较低测量精度的准确级，对应于不同的准确级，具有不同的额定容量（或额定二次阻抗）。在选择准确级后，还应进行二次负荷的校验，如果二次侧实际负荷超过某一准确级的额定容量，则该电流互感器的准确级将降级。

7. 二次负荷校验

为保证所选电流互感器的准确级，其最大相二次负荷 S_2 应不大于所选准确级相应的额定容量，即

$$S_2 \leqslant S_{N2} \tag{6-9}$$

由 $S_2 = I_{N2}^2 Z_{2L}$ 和 $S_{N2} = I_{N2}^2 Z_{N2}$ 得

$$Z_{2L} \leqslant Z_{N2} \tag{6-10}$$

式中　Z_{2L}——电流互感器最大相二次负荷阻抗（Ω）。

若忽略阻抗中很小的电抗，则二次负荷阻抗为

$$Z_{2L} = r_a + r_{re} + r_L + r_c \tag{6-11}$$

式中　r_a、r_{re}——分别为测量仪表和继电器的电流线圈电阻（Ω），可由其线圈消耗的功率求得；

r_L——仪表或继电器至电流互感器的连接导线电阻（Ω）；

r_c——接触电阻（Ω），一般取 0.1Ω。

由式（6-9）~式（6-11）可将二次负荷校验条件转化为求连接导线的最小截面积。连接导线的电阻应满足

$$r_L \leqslant \frac{S_{N2} - I_{N2}^2(r_a + r_{re} + r_c)}{I_{N2}^2}$$

根据电阻的计算公式 $r = \rho L/S$，可得满足准确级要求的连接导线最小截面积 S（单位为 mm^2）为

$$S \geqslant \frac{\rho L_c I_{N2}^2}{S_{N2} - I_{N2}^2(r_a + r_{re} + r_c)} = \frac{\rho L_c}{Z_{N2} - (r_a + r_{re} + r_c)}$$

式中　ρ——连接导线的电阻率，铜为 $\rho = 1.75 \times 10^{-2}\Omega \cdot mm^2/m$；

L_c——连接导线的计算长度（m），与仪表和继电器至电流互感器安装地点的实际距离 L 及电流互感器的接线方式有关。

电流互感器的常用接线方式如图 6-6 所示。

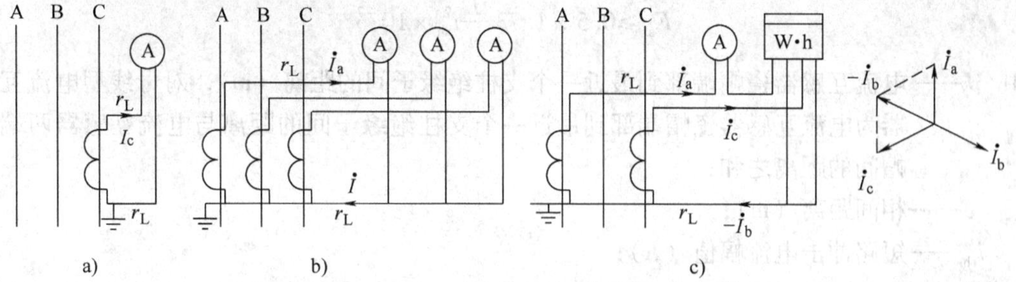

图 6-6　电流互感器的常用接线方式

a）单相接线　b）星形接线　c）不完全星形接线

当电流互感器采用单相接线时，如图 6-6a 所示，往返导线中的电流相等，电流互感器的二次电压为

$$\dot{U}_c = \dot{I}_c(r_L + r_a + r_L) = \dot{I}_c(r_a + 2r_L)$$

考虑到 $r_L=\rho L/S$，故可取 $L_c=2L$。

当电流互感器采用星形接线时，如图6-6b 所示，如果一次侧负荷对称，则中性线（返回导线）电流 $\dot{I}$ 很小可略去不计，电流互感器的二次电压为

$$\dot{U}_a=\dot{I}_a(r_a+r_L)+\dot{I}r_L\approx\dot{I}_a(r_a+r_L)$$

故可近似取 $L_c=L$。

当电流互感器采用不完全星形接线时，如图6-6c 所示，中性线（返回导线）电流等于 $\dot{I}_a+\dot{I}_c=-\dot{I}_b$，电流互感器的二次电压为

$$\dot{U}_a=\dot{I}_a(r_a+r_L)-\dot{I}_br_L=\dot{I}_ar_a+(\dot{I}_a-\dot{I}_b)r_L=\dot{I}_a(r_a+\sqrt{3}r_Le^{j30^\circ})$$

如果只计阻抗的模，忽略相角的旋转，二次负载电阻近似为 $r_a+\sqrt{3}r_L$，故近似取 $L_c=\sqrt{3}L$。

为保证连接导线具有一定的机械强度，铜导线截面积不应小于 $1.5mm^2$，铝导线截面积不应小于 $2.5mm^2$。

8. 热稳定校验

对带有一次绕组的电流互感器，需要进行热稳定校验，校验条件为

$$I_t^2\geqslant Q_k \text{ 或}(K_tI_{N1})^2\geqslant Q_k$$

式中 I_t——电流互感器1s 允许通过的热稳定电流；

K_t——电流互感器的1s 热稳定倍数，$K_t=I_t/I_{N1}$。

9. 动稳定校验

当短路电流通过电流互感器时，会在其内部产生电动力。

内部动稳定校验条件为

$$i_{es}\geqslant i_{sh}\text{或}\sqrt{2}I_{N1}K_{es}\geqslant i_{sh}$$

式中 i_{es}、K_{es}——分别为电流互感器的动稳定电流及动稳定电流倍数，$K_{es}=\dfrac{i_{es}}{\sqrt{2}I_{N1}}$。

对采用硬导线连接的瓷绝缘电流互感器，由于相间电动力的互相作用，其瓷帽上也将承受电动力的作用。因此，需要进行外部动稳定校验，校验条件为

$$F_{al}\geqslant 0.5\times1.73\frac{L}{a}i_{sh}^2\times10^{-7}$$

式中 L——电流互感器瓷帽端部到最近一个支柱绝缘子间的距离（m），对母线型电流互感器为电流互感器瓷帽端部到最近一个支柱绝缘子间的距离与电流互感器两端瓷帽间的距离之和；

a——相间距离（m）；

i_{sh}——短路冲击电流幅值（A）；

F_{al}——电流互感器瓷帽上的允许力（N）。

二、电压互感器的选择

电压互感器的二次负荷阻抗很大，一次电流很小，不需选择额定电流。外部电网短路电流不通过电压互感器，不需进行短路稳定性校验。电压互感器的内部短路故障，则由专用的熔断器或保护（110kV 及以上）来切除。

1. 种类和型式的选择

应根据安装地点及使用条件来选择电压互感器的种类和型式。

6～20kV 屋内配电装置，一般采用油浸绝缘结构或树脂浇注绝缘结构的电磁式电压互感器。35～110kV 配电装置，一般采用油浸绝缘结构的电磁式电压互感器或六氟化硫气体绝缘式电压互感器（110kV 及以上电压级）。220kV 及以上配电装置，当容量和准确度等级满足要求时，一般采用电容式电压互感器。

当需要测量零序电压时，6～20kV 可以采用三相五柱式三绕组电压互感器，也可以采用三台单相式三绕组电压互感器。35kV 及以上电压等级只有单相式电压互感器。

10kV 可选用 JSZF—10 型防铁磁谐振三相电压互感器，35kV 屋外电压互感器可选用 JDZX9—35 或 JDZXW—35 型，110kV 电压互感器一般选用 TYD2—110/$\sqrt{3}$、JDCF—110 或 JDQXF—110 六氟化硫型，220kV 电压互感器一般选 TYD—220/$\sqrt{3}$型。

2. 额定电压的选择

电压互感器一次侧的额定电压应满足电网电压要求，二次侧的额定电压按测量表计和保护要求，已标准化为 100V。电压互感器一次绕组及二次绕组额定电压的具体数值与电压互感器的相数和接线方式有关。

电压互感器的一次绕组接于电网的线电压上时，一次绕组额定电压应等于电网额定电压 U_{Ns}；一次绕组接于电网的相电压上时，一次绕组额定电压应等于电网额定电压 $U_{Ns}/\sqrt{3}$。单相式电压互感器用于测量线电压或用两台接成不完全星形接线时，一次绕组额定电压选电网额定电压 U_{Ns}，二次绕组额定电压选 100V；三台单相式电压互感器接成星形接线时，一次绕组额定电压选 $U_{Ns}/\sqrt{3}$，二次绕组额定电压选 $100/\sqrt{3}$V，用于中性点直接接地系统，辅助二次绕组额定电压选 100V，用于中性点不接地系统，辅助二次绕组额定电压选 100/3V；三相式电压互感器接于电网的线电压上时，三相绕组为一整体，一次绕组额定电压（线电压）选 U_{Ns}，二次绕组额定电压（线电压）选 100V，辅助二次绕组额定电压选（100/3）V。

3. 准确级的选择

电压互感器的准确级是指在规定的二次负荷和一次电压变化范围内，二次负荷功率因数为额定值时，最大电压误差的百分数。根据测量时电压互感器误差的大小和用途，发电厂和变电站中电压互感器的准确级分为 0.1、0.2、0.5、1、3 级及 3P 和 6P 级（保护级）。为保证测量仪表的准确度，电压互感器的准确级不得低于所供测量仪表的准确级。用于电能计量的电压互感器，准确级不应低于 0.5 级，宜采用 0.2 级；供测量用的电压互感器，准确级采用 0.5 级。为了将计量和测量等功能分开，多采用四绕组、五绕组电压互感器。以 110kV 三相电压互感器为例，每相均配置三个二次绕组，准确级组合为 0.2/0.5/3P，取每相的 0.2 级二次绕组接成星形接线，用于提供计量电压；取每相的 0.5 级二次绕组接成星形接线，用于提供测量与保护电压；取每相的 3P 级二次绕组接成开口三角形接线（辅助二次绕组），用于提供零序保护电压。

4. 二次负荷校验

为保证所选电压互感器的准确级，其最大相二次负荷 S_2（单位为 V·A）应不大于所选准确级相应的一相额定容量 S_{N2}，否则准确级将相应降低，校验条件为

$$S_2 \leqslant S_{N2}$$

进行校验时，根据负荷的接线方式和电压互感器的接线方式，尽量使各相负荷分配均匀，然后计算各相或相间每一仪表线圈消耗的有功功率和无功功率，则各相或相间二次负荷可按下式进行计算：

$$S_2 = \sqrt{(\sum S_0\cos\varphi)^2 + (\sum S_0\sin\varphi)^2}$$

式中 S_0、φ——分别为接在同一相或同一相间中的各仪表线圈消耗的视在功率和功率因数角。

若电压互感器与负荷的接线方式不同，用表 6-5 中相应公式计算出电压互感器每相或相间有功功率 P 和无功功率 Q，并与互感器接线方式相同的负荷相加，可得二次负荷为

$$S_2 = \sqrt{(\sum P)^2 + (\sum Q)^2}$$

表 6-5 电压互感器二次绕组有功及无功负荷计算公式

	互感器为星形、负荷为不完全星形接线		互感器为不完全星形、负荷为星形接线
接线	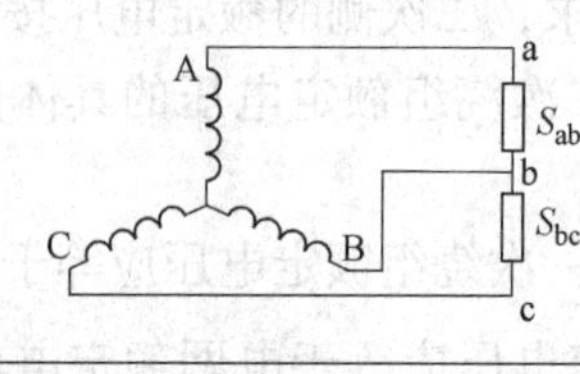	接线	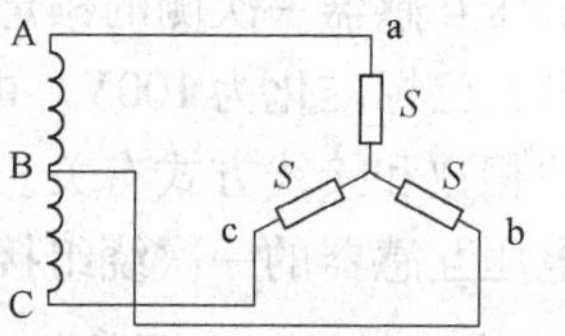
A	$P_A = [S_{ab}\cos(\varphi_{ab} - 30^\circ)]/\sqrt{3}$ $Q_A = [S_{ab}\sin(\varphi_{ab} - 30^\circ)]/\sqrt{3}$	AB	$P_{AB} = \sqrt{3}S\cos(\varphi + 30^\circ)$ $Q_{AB} = \sqrt{3}S\sin(\varphi + 30^\circ)$
B	$P_B = [S_{ab}\cos(\varphi_{ab} + 30^\circ) + S_{bc}\cos(\varphi_{bc} - 30^\circ)]/\sqrt{3}$ $Q_B = [S_{ab}\sin(\varphi_{ab} + 30^\circ) + S_{bc}\sin(\varphi_{bc} - 30^\circ)]/\sqrt{3}$	BC	$P_{BC} = \sqrt{3}S\cos(\varphi - 30^\circ)$ $Q_{BC} = \sqrt{3}S\sin(\varphi - 30^\circ)$
C	$P_C = [S_{bc}\cos(\varphi_{bc} + 30^\circ)]/\sqrt{3}$ $Q_C = [S_{bc}\sin(\varphi_{bc} + 30^\circ)]/\sqrt{3}$		

第七节 六氟化硫全封闭式组合电器的选择

一、选择的条件

1）组合的选择。根据电气主接线的形式，制造厂商常将六氟化硫全封闭式组合电器按间隔做成标准模块，有双母线、单母线分段、内桥、线路变压器组、3/2 接线等，有利于六氟化硫全封闭式组合电器设备的标准化设计，方便用户进行组合选择。

2）型式和环境条件的选择。根据装设地点，选型时请明确屋内型、屋外型产品。屋外产品在表面涂装、防雨等方面技术要求与屋内不同，价格有所区别。环境条件包括环境温度、风速、湿度、海拔、地震烈度等。

3）结构的选择。110kV 六氟化硫全封闭组合电器一般为全三相共箱式（包括主母线）结构，500kV 及以上电压等级的六氟化硫全封闭组合电器通常为全三相分相式结构。220kV 和 330kV 六氟化硫全封闭组合电器有主母线为三相共箱，其余为三相分相式结构，也有全三相分相式结构。灵活的模块化设计可以满足各种主接线的布置，各功能单元模块具有运输

方便、安装调试周期短等优点。

二、选型注意事项

1）根据电气主接线的形式选双母线、单母线分段、内桥、线路变压器组、3/2 接线等电气主接线，设计相应的间隔布置及基础要求。

2）选型时请明确断路器、隔离开关、接地开关、快速接地开关配用机构类型。六氟化硫全封闭组合电器的断路器根据额定电压的不同，按要求配用弹簧机构、液压机构、气动机构，其中液压机构和气动机构可以实现三相机械联动。隔离开关、接地开关、快速接地开关配用电动及电动弹簧机构。

三、适用情况

技术经济比较合理时，六氟化硫全封闭组合电器宜用于以下情况的 110kV 及以上电网：

1）深入大城市内的变电站。

2）布置场所特别狭窄地区。

3）地下式配电装置。

4）重污染区。

5）高海拔区。

6）高烈度地震区。

四、主要技术参数及选择校验

主要技术参数包括额定电压、额定电流、额定短路开断电流、额定短时耐受电流、额定峰值耐受电流（峰值）、额定短路关合电流（峰值）、额定频率、额定雷电冲击耐受电压、额定 1min 工频耐受电压和六氟化硫额定气压等。额定电压、额定电流、额定短路开断电流、额定短时耐受电流、额定峰值耐受电流（峰值）、额定短路关合电流（峰值）的选择校验与高压断路器基本相同。

第七章　配电装置与总平面布置设计

第一节　概　述

配电装置是发电厂与变电站的重要组成部分，是发电厂与变电站电气主接线的具体实现。配电装置是根据电气主接线的连接方式，由开关设备、保护设备、测量设备、母线以及必要的辅助设备组成，辅助设备包括安装布置电气设备的构架、基础、房屋和通道等。配电装置的功能是正常运行时用来接受和分配电能，发生故障时通过自动或手动操作，迅速切除故障部分，恢复正常运行。可以说，配电装置是具体实现电气主接线功能的重要装置。

一、屋内外配电装置的最小安全净距

因电压等级、安装地点以及布置型式的不同，各种型式配电装置的结构尺寸有很大差异，在设计中需要综合考虑电气设备的外形尺寸、安装布置、运行环境、检修、维护及运输等各种情况下的安全距离。对于敞露在空气中的屋内、屋外配电装置，在各种间距中，最基本的是带电部分对接地部分之间和不同相带电部分之间的空间最小安全净距（A_1 和 A_2）。最小安全净距的含义是，在此距离下，无论是处于最高工作电压之下，还是处于内外过电压之下，空气间隙均不致被击穿。这些标准尺寸是在理论分析、试验以及运行实践的总结等基础上加以综合得出的。表 7-1 和表 7-2 是我国设计规程规定的屋内、屋外配电装置最小安全净距，它们的含义可参阅图 7-1 和图 7-2。表 7-1 和表 7-2 中的 B_1、B_2、C、D、E 等值均系在 A_1 值的基础上再考虑一些其他实际因素得出的。

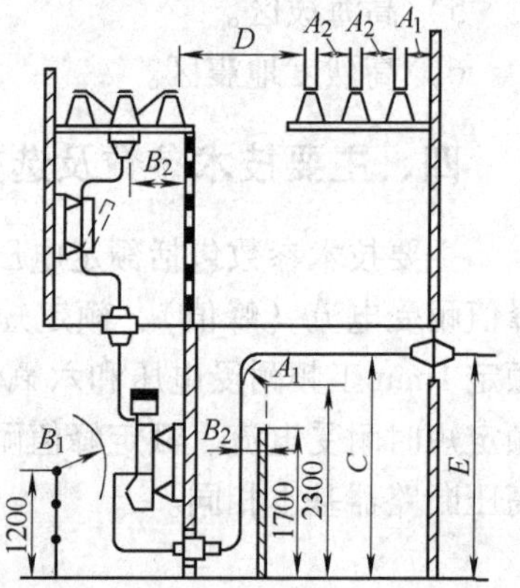

图 7-1　屋内配电装置最小安全净距

表 7-1　屋内配电装置的最小安全净距　（单位：mm）

符号	适用范围	额定电压/kV									
		3	6	10	15	20	35	60	110J	110	220J
A_1	1. 带电部分与接地部分之间 2. 网状和板状遮栏向上延伸线距地 2. 3m 处与遮栏上方带电部分之间	75	100	125	150	180	300	550	850	950	1800
A_2	1. 不同相带电部分之间 2. 断路器和隔离开关断口两侧带电部分之间	75	100	125	150	180	300	550	900	1000	2000

（续）

符号	适用范围	额定电压/kV									
		3	6	10	15	20	35	60	110J	110	220J
B_1	1. 栅状遮栏至带电部分之间 2. 交叉的不同时停电检修的无遮栏带电部分之间	825	850	875	900	930	1050	1300	1600	1700	2550
B_2	网状遮栏至带电部分之间	175	200	225	250	280	400	650	950	1050	1900
C	无遮栏裸导体与地（楼）面之间	2375	2400	2425	2450	2480	2600	2850	3150	3250	4100
D	平行的不同时停电检修的无遮栏裸导体之间	1875	1900	1925	1950	1980	2100	2350	2650	2750	3600
E	通向屋外的出线套管至屋外通道的路面	4000	4000	4000	4000	4000	4000	4500	5000	5000	5500

注：1. J系指中性点直接接地系统。

2. 板状遮栏时，B_2值可取$A_1+30\text{mm}$。

表 7-2　屋外配电装置的最小安全净距　（单位：mm）

符号	适用范围	额定电压/kV								
		3~10	15~20	35	60	110J	110	220J	330J	500J
A_1	1. 带电部分与接地部分之间 2. 网状遮栏向上延伸线距地 2.5m 处与遮栏上方带电部分之间	200	300	400	650	900	1000	1800	2500	3800
A_2	1. 不同相带电部分之间 2. 断路器和隔离开关断口两侧带电部分之间	200	300	400	650	1000	1100	2000	2800	4300
B_1	1. 设备运输时，其外廓与无遮栏带电部分之间 2. 交叉的不同时停电检修的无遮栏带电部分之间 3. 栅状遮栏至绝缘体和带电部分之间 4. 带电作业时，带电部分与接地部分之间	950	1050	1150	1400	1650	1750	2550	3250	4550
B_2	网状遮栏至带电部分之间	300	400	500	750	1000	1100	1900	2600	3900
C	1. 无遮栏裸导体与地面之间 2. 无遮栏裸导体与建筑物、构筑物顶部之间	2700	2800	2900	3100	3400	3500	4300	5000	7500
D	1. 平行的不同时停电检修的无遮栏带电部分之间 2. 带电部分与建筑物、构筑物的边沿之间	2200	2300	2400	2600	2900	300	3800	4500	5800

注：J系指中性点直接接地系统。

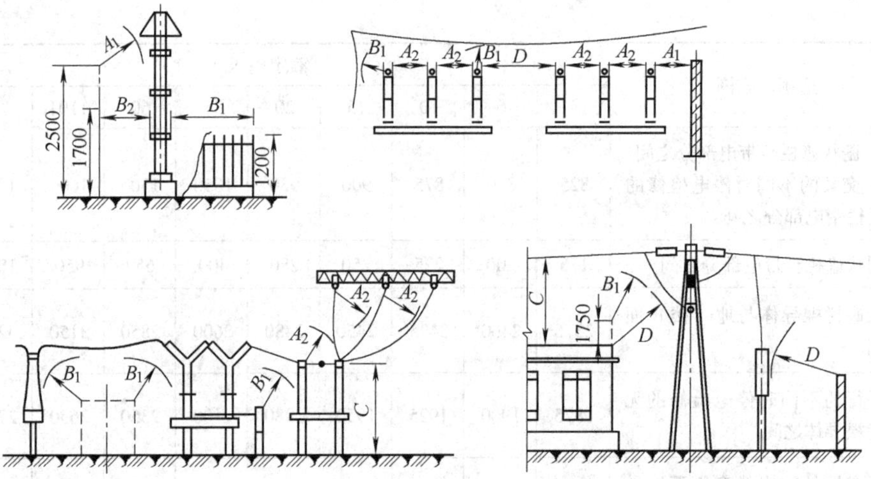

图7-2 屋外配电装置最小安全净距

在工程上，实际采用的安全距离均大于表中所列数值，这是因为在确定这些距离时，还考虑了减少相间短路的可能性，软导线在短路电动力、风摆、温度、覆冰及弧垂摆动作用下相间与相对地间距离的减小，降低大电流导体周围钢构的发热与电动力，减少电晕损失，以及带电检修等因素。

二、配电装置的类型

按配电装置的设备装设地点可分为屋内配电装置与屋外配电装置两大类。

屋内配电装置的特点是：所有电气设备均放置在屋内，安全净距小，可采用分层布置，占地面积小；外界污秽气体及灰尘对电气设备的影响较小；操作、维护与检修都在室内进行，工作条件较好，不受气候影响；土建工程量大，投资较大。

屋外配电装置的特点是：所有电气设备放置在屋外，土建工程量小，相应的投资较小，建设工期短；扩建方便；相间及设备之间的距离大，便于带电检修作业；受外界环境影响，设备的运行条件及人员进行操作维护的工作条件较差，而且占地面积大。

按照配电装置的安装方法，又可以分为装配式配电装置和成套式配电装置。所谓装配式是指电气设备及其结构物均在现场组装的配电装置，而成套配电装置则是指在制造厂已将所需电气设备装配成一整体，并成套供应的配电装置，运到现场后，连接起来即可投入运行。成套配电装置工作可靠性高，维护方便；结构紧凑，占地少；建设时间短，便于扩建和搬迁；耗用钢材较多，造价较高。

配电装置通常由数个不同的间隔组成。所谓间隔，是指具有特定功能的一个完整的电气回路，通常包括不同数量的断路器、隔离开关、电流互感器、高压熔断器、电压互感器、避雷器等电器设备。其一般由架构（屋外配电装置）或隔板（或墙体）来分界，使不同电气回路互相隔离，故称为间隔。根据功能，间隔可分为进线（发电机、变压器引出线回路）间隔、出线（输电线路）间隔、旁路间隔、母联间隔、分段间隔、电压互感器和避雷器间隔等。对成套式配电装置，如果采用的是高压开关柜，则每一个开关柜为一个间隔。各间隔依次排列起来即为列，屋外配电装置的布置通常按断路器的列数分为单列布置、双列布置和三列布置，采用高压开关柜的屋内配电装置则按开关柜布置的列数分为单列布置和双列布置。

三、对配电装置的基本要求和设计基本步骤

1. 基本要求

1）在配电装置设计中，必须认真贯彻国家的技术经济政策，遵循国家颁发的有关规程、规范及技术规定，做到安全可靠，技术先进，经济合理，维修方便。

2）根据其在电力系统中的地位、环境条件和运行、安装检修的要求，合理地制定布置方案和选用设备，保证足够的安全距离。应采用行之有效的新技术、新设备、新布置和新材料。

3）保证运行安全和操作巡视方便。

4）必须坚持节约用地的原则，应布置紧凑、少占地（尤其是良田）。

5）节省材料、降低造价。

6）根据工程特点、规模和发展规划，远近期结合，以近期为主，适当考虑扩建要求。

2. 设计基本步骤

1）选择配电装置的型式。根据电压等级、电气设备的型式、出线多少和方式，有无电抗器，地质、地形及环境条件等因素选择配电装置的型式。

2）拟定配置图。配置图是把发电机回路、变压器回路、引出线回路、母线分段回路、母联回路以及电压互感器回路等，按电气主接线的连接顺序，分别布置在各层的间隔中，并示出走廊、间隔以及用图形符号表示出母线和电器在各间隔中的位置，但不要求按比例尺寸绘制。配置图是在配电装置的基本型式确定以后，按照电气主接线进行总体布置的结果，是为平面图、断面图的设计所做的必要准备，它还用来分析配电装置的布置方案和统计主要设备的数量。

3）设计配电装置的平面图和断面图。平面图是按比例画出房屋、间隔、通道走廊及出口等平面布置情况的图形，平面图上示出的间隔只是为了确定间隔部位和数目，所以可不必画出所装电器，但应标出各部位的尺寸。根据实际配电装置平面尺寸的大小，平面图的比例可选择 1∶50、1∶100、1∶200、1∶300、1∶500 等，图幅可选择 A3、A2、A1 等。断面图是表明所截取的配电装置间隔断面中，电气设备的相互连接及详细的结构布置尺寸的图样。它们均应按比例画出，并标出必要的尺寸。设计平面图和断面图时的主要依据是最小安全净距，并遵守配电装置设计规程的有关规定，保证装置可靠地运行，操作维护及检修安全、便利。根据实际间隔断面尺寸的大小，断面图的比例可选择 1∶50、1∶100 等，图幅可选择 A3 或 A2 等。平面图和断面图是工程施工、设备安装的重要依据，也是运行及检修中重要的参考资料，必须清晰易读、正确无误、尺寸准确。

对于分期建设的工程，配置图、平面图和断面图中的本期工程用实线绘制，远期工程用虚线绘制。

第二节　成套配电装置

成套配电装置是在制造厂成套制造并供应给用户的配电装置，它按照电气主接线的配置和用户的具体要求，将一个回路的开关电器、测量仪表、保护电器和一些辅助设备等都装配在一个整体柜内，有气体绝缘（Gas Insultaed Switchgear，GIS）和空气绝缘（Air Insultaed

Switchgear，AIS）之分。成套配电装置有低压配电屏、高压开关柜、成套变电站和六氟化硫（SF_6）全封闭组合电器（也称GIS）等类型。35kV及以下成套配电装置的各种电器带电部分间用空气作绝缘，称为高压开关柜（1000V以下的称之为低压配电屏）；110kV及以上成套配电装置用六氟化硫气体作绝缘和灭弧介质，并将整套电器密封在一起，称之为六氟化硫全封闭组合电器。高压开关柜和低压配电屏为屋内式，这是因为屋外式需要考虑防水、锈蚀等问题，其结构更加复杂，造价更高。成套配电装置整体性强，制造水平高，可靠性高，现场安装工作量小，故被广泛采用。

一、低压配电屏

1. 固定式

固定式低压配电屏是一种广泛采用的低压配电装置。图7-3所示为PGL-1型低压配电屏结构示意图，其框架是由钢板和型钢焊接而成，在屏的面板上，自上而下装有测量仪表、隔离开关的操作手柄。屏背面的顶部为设有防护罩的三相母线1，往下依次装设隔离开关2、低压断路器3或熔断器、电流互感器4以及电缆头5。在下面可以开启的门内装设继电器、二次线端子和电能表6。根据容量的不同，在一台配电屏内可装设一条或数条回路。

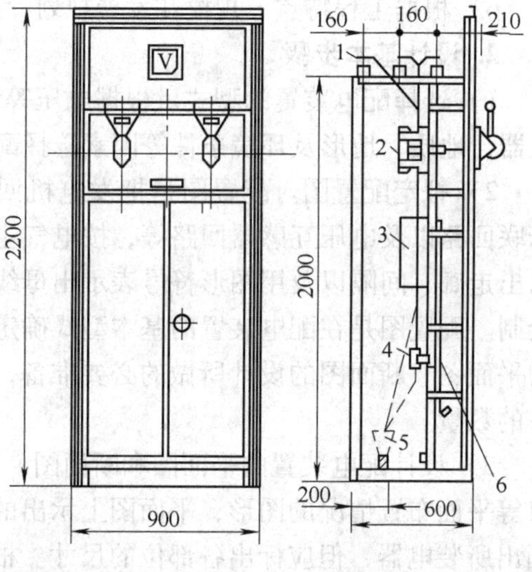

图7-3 PGL-1型低压配电屏结构示意图
1—母线 2—隔离开关 3—低压断路器 4—电流互感器 5—电缆头 6—继电器及电能表

低压配电屏结构简单，价格低，易于生产，且维护、检修、操作均很方便，已广泛应用于发电厂与变电站的厂站用低压配电系统和工业企业车间变电站。

2. 抽屉式

抽屉式低压配电屏是一种新型封闭式低压配电装置，它的特点是将一条电路的设备元件均装在一个特制的抽屉里，一次回路隔离插头与母线相连，二次回路也用接插件与外部控制回路连接。需要检修某回路时，可将该抽屉抽出；插入备用抽屉，即可迅速恢复供电。抽屉式低压配电屏密封性能好，可靠性高，此外，还具有布置紧凑、容纳回路数多、占地面积小等优点。其缺点是制造工艺较复杂、钢材用量大、价格较高。目前抽屉式低压配电屏在低压配电装置中得到广泛应用。

二、高压开关柜

目前我国生产3～10kV及35kV两个系列的高压开关柜，按照开关柜的结构形式它们可分为固定式和手车式。

1. 手车式

图7-4所示为KYN28A-12（GZS1）型屋内金属铠装抽出（中置）式开关柜。该高压开关柜系交流3.6～12kV、50Hz、单母线及单母线分线系统的成套设备，主要用于发电厂、工

矿企业配电、电力系统二次变电所（站）的输配电以及大型高压电动机起动设备等，同时也起控制保护监测之用。该开关柜符合 IEC298、GB3906—2006《3.6kV～40.5kV 交流金属封闭开关设备和控制设备》等标准要求，具有完善的五防闭锁功能。

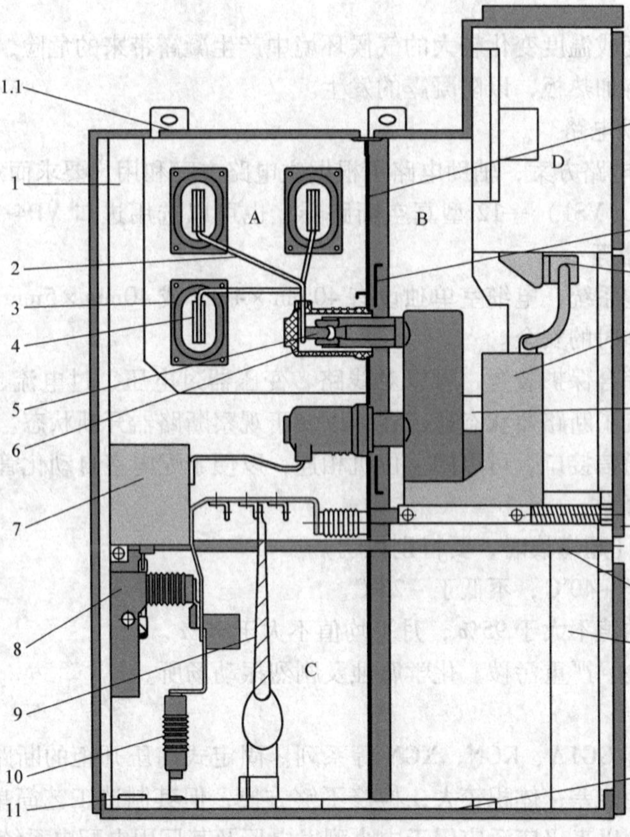

图 7-4　KYN28A-12 型屋内金属铠装抽出（中置）式开关柜

1—外壳　1.1—泄压装置　1.2—控制小线槽　2—分支小母线　3—母线套管　4—主母线　5—静触头装置　6—静触头盒　7—电流互感器　8—接地开关　9—电缆　10—避雷器　11—接地主母线　12—装卸式隔板　13—隔板（活门）　14—二次插头　15—断路器手车　16—加热装置　17—可抽出式水平隔板　18—接地开关操动机构　19—底板　A—母线室　B—断路器手车室　C—电缆室　D—继电器仪表室

（1）结构特点

开关柜由柜体和中置式可移开部件（即手车）组成，柜体和隔板均采用敷铝锌钢板连接而成，有很高的机械强度、很强的抗腐蚀和抗氧化作用。

开关柜被隔板分割成 4 个单独的隔室：母线室、手车室、电缆室和继电器仪表室。

手车可按用途分为断路器手车、电压互感器手车、计量手车、接地手车、隔离手车和避雷器手车。同规格手车可以互换，手车在柜体内有断开位置、实验位置和连接位置，并分别有定位装置。手车移开柜体时，用专用车转运。手车采用中置式，体积小、检查维护方便。

在开关柜的母线室、手车室、电缆室上方均设有泄压通道，当断路器、母线或电缆发生内部故障时，伴随电弧的出现，开关柜内部气压升高，由于柜门是密封的，母线室、手车室、电缆室上方的泄压金属板将被自动打开，释放压力和排泄气体，以确保操作人员和开关柜的安全。

柜门、手车、接地开关、二次插头、断路器之间都有联锁装置，完全满足“五防”要求。

为了防止在高湿度或温度变化较大的气候环境中产生凝露带来的危险，在开关柜的手车室和电缆室内分别装有加热板，以防凝露的发生。

（2）主电路和辅助电路

开关柜有78种主电路方案，辅助电路可根据主电路方案和用户要求而定。

断路器配用ZN63（VS1）—12型真空断路器，也可以选用进口VD4—12、EV12—12、3AH—12型真空断路器等。

开关柜有良好接地系统，电缆室单独设有40mm×4mm或40mm×5mm接地铜排，确保操作运行人员触及柜体时的安全。

二次线路应用了综合保护装置，可以对线路、变压器过电压、过电流、断相进行保护，同时在二次线路中加装了断路器状态显示器，以便于观察断路器开断状态。

综合保护装置有通信接口，可以同上位机相连，以便于配电室自动化管理。

（3）开关柜使用条件

海拔：$H \leqslant 1000$m（超海拔时，要特别说明）。

环境温度：不高于+40℃，不低于-25℃。

相对湿度：日平均值不大于95%，月平均值不大于90%。

无火灾、爆炸危险、严重污秽、化学腐蚀及剧烈振动场所。

2. 固定式

固定式高压开柜有GG1A、KGN、XGN等系列。固定式高压开柜的断路器固定于柜内。这种高压开关柜封闭性能差，体积较大，检修不够方便，但其制造工艺简单，钢材用量少，价格较低，因此，长期以来仍广泛应用于中小型发电厂及其厂用电配电系统、各类变电站的6~10kV配电系统。

三、成套变电站

成套变电站是组合式、箱式和可移动式变电站的统称，又称预装式变电站。它用来从高压系统向低压系统供电，可作为城市建筑、生活小区、中小型企业、市政设施、矿山以及临时用电场所的变配电设备。

成套（箱式）变电站是由高压开关设备（柜）、电力变压器和低压开关设备（柜）三部分组合构成的配电装置。图7-5所示是ZBW系列成套（箱式）变电站内部布置图，图7-5a是它的平面布置图，图7-5b是图7-5a的I-I断面图。由图可见，在这个由三部分组合构成的配电装置中，1是高压室，6是安装在高压室内的高压设备；3是低压室，8是安装在低压室内的低压设备；2是变压器室，7是变压器。它的顶部有隔热层4，9和10分别是高压、低压电缆。变压器室安装有手动、自动排风扇5，以强化空气循环。变压器还设有温度监测、超温报警与跳闸，产品设有机械和电气联锁，满足“五防”要求。

成套（箱式）变电站具有成套性强、结构紧凑、体积小、占地少、造价低、施工周期短、可靠性高、操作维护方便、美观、适用等优点，近年来得到广泛应用。

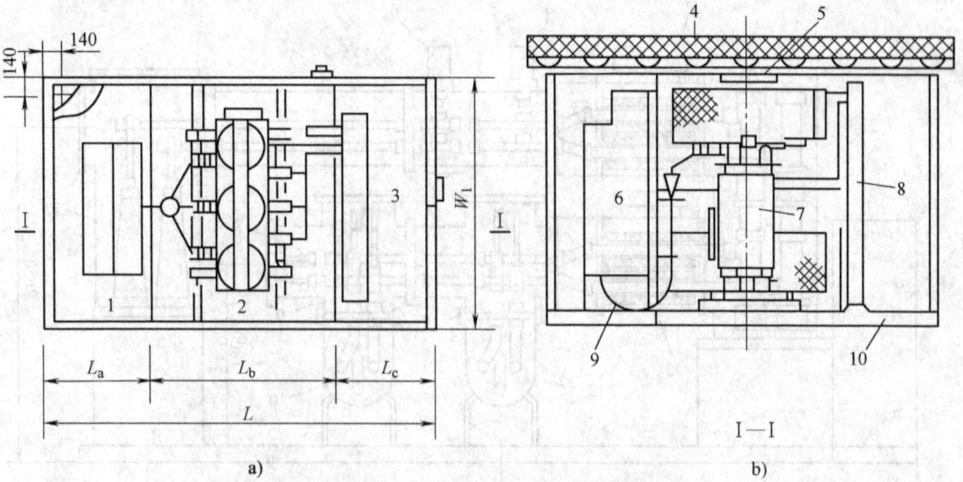

图 7-5 ZBW 系列成套变电站内部布置图

a）平面布置图 b）断面图

1—高压室 2—变压器室 3—低压室 4—隔热层 5—自动排风扇 6—高压设备 7—变压器 8—低压设备 9、10—高压、低压电缆

四、六氟化硫全封闭组合电器

组合电器分敞开式，部分六氟化硫气体封闭式和六氟化硫全封闭式三种，只有六氟化硫全封闭组合电器是成套配电装置。六氟化硫全封闭组合电器是以六氟化硫气体作为绝缘和灭弧介质的新型高压成套配电装置。它将母线、断路器、隔离开关、电流互感器和出线套管等全部电气元件按照电气主接线的连接顺序相互连接组装成为一个整体，并全部封装在接地的金属外壳里，内部充满有一定压力的六氟化硫气体。六氟化硫全封闭组合电器分三相共箱式和分箱（单相）式，110kV 六氟化硫全封闭组合电器一般为全三相共箱式（包括主母线）结构，500kV 及以上电压等级的六氟化硫全封闭组合电器通常为全三相分相式结构。220kV 和 330kV 六氟化硫全封闭组合电器有主母线为三相共箱、其余为三相分相式结构，也有全三相分相式结构。六氟化硫全封闭组合电器按安装地点分为屋内式和屋外式。图 7-6 所示为 110kV 双母线六氟化硫全封闭组合电器电缆出线间隔断面图。图中，10、12 是采用三相共同封闭在一个密闭外壳中的两组母线，为便于支撑和检修，它们布置在最下部。2 是高压断路器，单断口灭弧，垂直布置。5、9、11 是高压隔离开关，4、6、8 是接地开关，3、13 是电流互感器，7 是电缆头，按照电路连接的顺序依次配置安装。此外，装置外壳上还安装有检查孔、窥视孔和防爆盘等。

在全封闭组合电器中，六氟化硫气体起着灭弧、绝缘、导热等多种作用，正常工作时的气体压力为 0.2 ~ 0.5MPa。六氟化硫全封闭组合电器的各个间隔都是独立的，为减小发生故障时对其他元器件的影响或不同元器件具有不同的工作压力，每个间隔再划分为若干个气室或气隔，即不同元件的气室是分开的。工作母线与备用母线、母线与母线隔离开关的气室也是分开的，以便于检修母线，当间隔数较多时，母线也被分成为若干个气室。电压互感器、避雷器和电力电缆的气室是独立的，以便于维护检修时单独处理。

图 7-6 所示的全封闭组合电器很容易改为主接线为单母线的结构，出线方式也可改为向

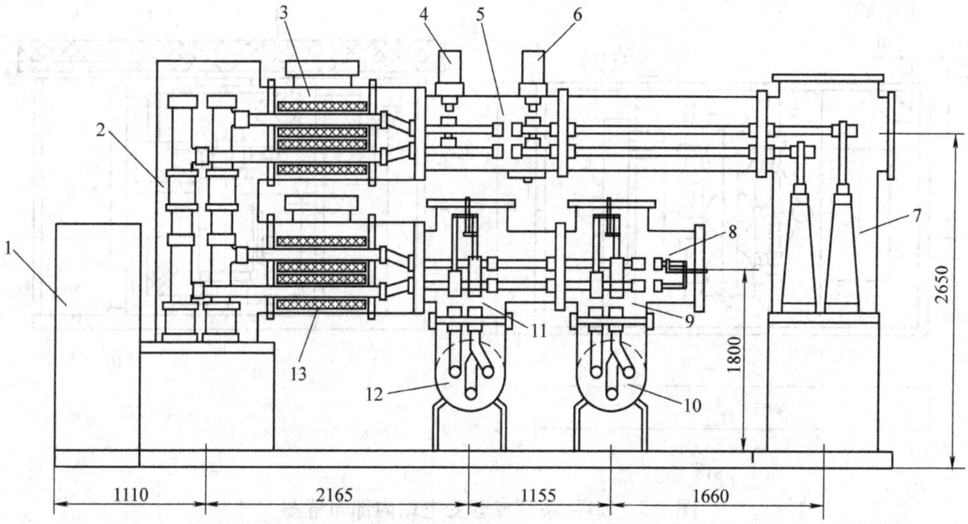

图7-6 110kV 双母线六氟化硫全封闭组合电器电缆出线间隔断面图
1—操作装置 2—断路器 3、13—电流互感器 4、6、8—接地开关
5、9、11—隔离开关 7—电缆头 10、12—主母线

上经由绝缘套管架空出线的方式，可以满足不同的需要。

六氟化硫气体具有优良的灭弧和绝缘性能，六氟化硫全封闭组合电器中的断路器、隔离开关的体积可以做得很小，另外带电部分对地（外壳）、相间绝缘距离都很小，故它的体积整体很小。

六氟化硫全封闭组合电器具有以下优点：

1）小型化。因采用绝缘性能优良的六氟化硫气体做绝缘和灭弧介质，所以能大幅度缩小发电厂或变电站的体积，实现小型化，占地面积小，占有空间也小，具有较好的抗地震性能。

2）可靠性高。由于带电部分全部（包括隔离开关）密封于惰性的六氟化硫气体中，大大提高了可靠性。

3）安全性好。带电部分密封于接地的金属壳体内，因而没有触电危险。六氟化硫气体为不燃烧气体，所以无火灾危险。

4）杜绝对外部的不利影响。因带电部分以金属壳体封闭，对电磁和静电实现屏蔽，没有静电感应和电晕干扰，运行中噪声小。

5）安装周期短。由于实现小型化，可在工厂内进行整机装配和试验合格后，以单元或间隔的形式运达现场，因此可缩短现场安装工期，又能提高可靠性。

6）维护方便，检修周期长。因其结构布局合理，灭弧系统先进，大大提高了产品的使用寿命，因此检修周期长，维修工作量小，而且由于小型化，离地面低，日常维护方便。

六氟化硫全封闭组合电器可用于 110～1000kV 各电压级配电装置，特别适用于工业稠密区和大城市的中心区，或地势险峻的山区的变电站，以及洞内或地下式水力发电厂，严重污秽、海边、高海拔地区的发电厂与变电站。

第三节 屋内配电装置

屋内配电装置的结构形式与电气主接线形式、电压等级、电气设备的型式、母线容量、有无出线电抗器、出线回路数及出线方式等因素有关。经过长期地积累设计、运行与检修经验以后，已逐步形成了适用于我国的一系列典型的布置型式，也称为典型设计，是设计中可以借鉴的宝贵资料。随着新技术和新设备的不断发展，新型的配电装置也将会不断地出现。

一、屋内配电装置的一般问题

1. 屋内配电装置的类型

屋内配电装置的类型按其布置型式分为单层式、二层式和三层式。单层式屋内配电装置是将所有电气设备都布置在一层房屋内，建筑结构简单、投资低，运行维护与检修工作方便，但占地面积大。多层式屋内配电装置是将各回路电气设备按设备的轻重，自上而下地分别布置在多层楼房内，占地面积小，但建筑结构复杂、投资高，运行维护与检修工作不方便。与三层式相比，二层式占地面积略有增加，但运行维护与检修均较方便，造价也明显下降。

（1）6～10kV 屋内配电装置

各种类型降压变电站的 6～10kV 屋内配电装置多采用成套式高压开关柜。图 7-7 所示为 10kV 屋内单层单列配电装置主变压器、进线间隔断面图。常用的手车式开关柜有 JYN2—10 型和 KYN28A—12 型；操作走廊宽 2000mm，维护走廊宽 1500mm。

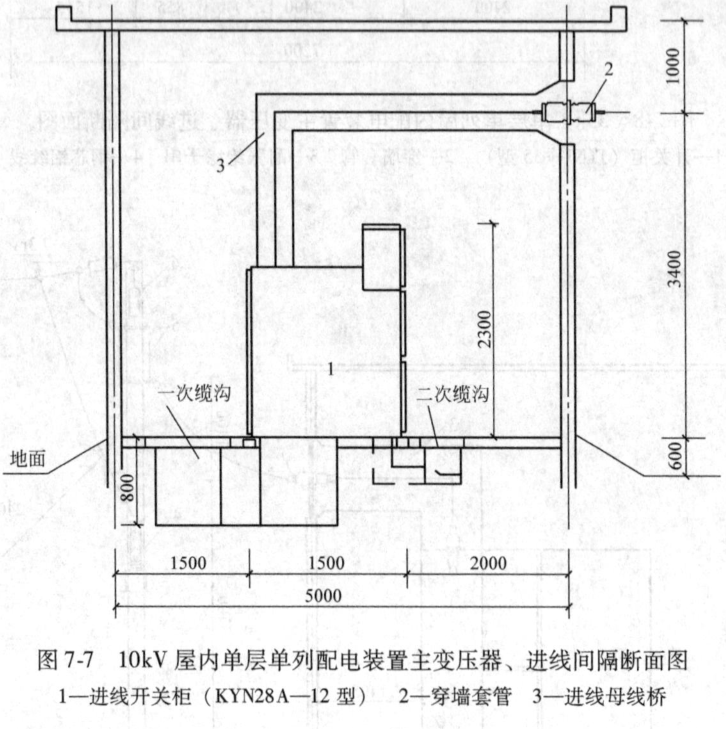

图 7-7　10kV 屋内单层单列配电装置主变压器、进线间隔断面图

1—进线开关柜（KYN28A—12 型）　2—穿墙套管　3—进线母线桥

（2）35～220kV 屋内配电装置

35kV 屋内配电装置占地面积小，因此对 35kV 配电装置选型时，应优先考虑屋内式配电装置。当 35kV 屋内配电装置为成套式高压开关柜时可采用单层式，如图 7-8 和图 7-9 所示。常用的开关柜有 GBC—35（第一代）、JYN1—35（第二代）和 KYN80—40.5（第三代）型，这几种开关柜均为手车式断路器。手车式开关柜比固定式开关柜体积小，占地面积小。采用手车式断路器还有一个明显优点，就是可以大大缩短检修断路器的停电时间，整个 35kV 配

电装置设置一台备用的断路器，当检修任一台断路器时，可在断电后将其拉出，推入备用手车断路器后，立即恢复供电。这实质上起到了设置旁路母线的作用，从而提高了供电可靠

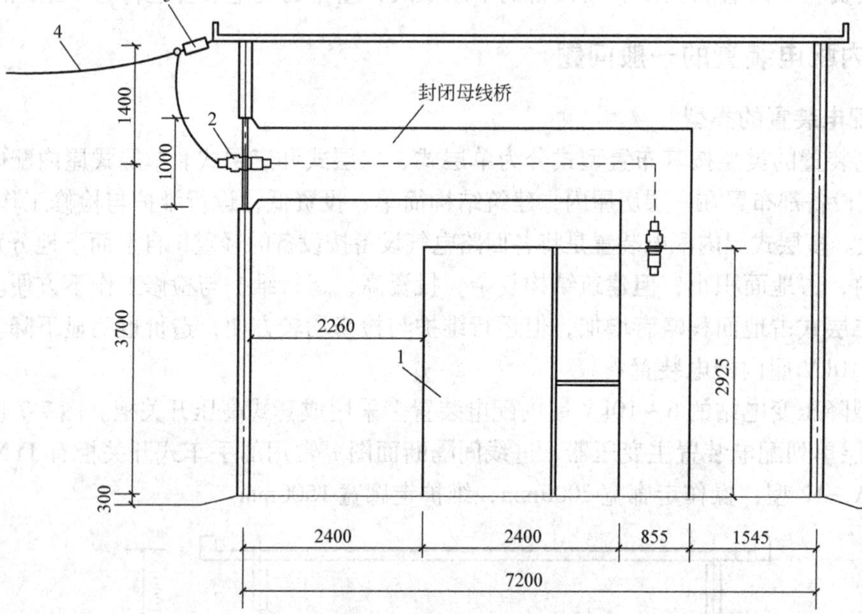

图 7-8 35kV 单层单列屋内配电装置主变压器、进线间隔断面图

1—开关柜（JYN1—35 型） 2—穿墙套管 3—耐张绝缘子串 4—钢芯铝绞线

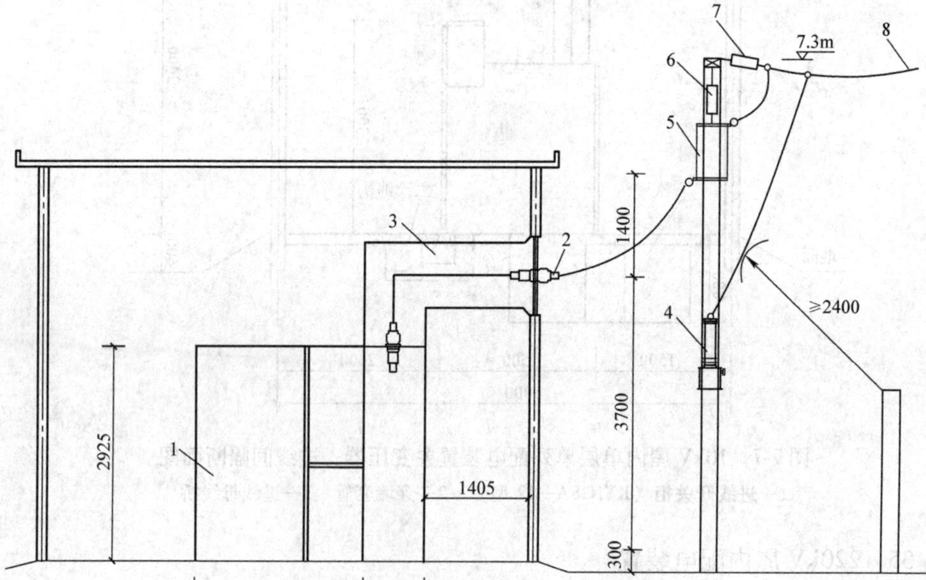

图 7-9 35kV 单层单列屋内配电装置出线间隔断面图

1—开关柜（JYN1—35 型） 2—穿墙套管 3—封闭母线桥 4—耦合电容器 5—阻波器

6—悬式绝缘子串 7—耐张绝缘子串 8—钢芯铝绞线

性。由于六氟化硫全封闭组合电器可靠性高，占地面积小，随着我国城市建设的飞速发展，为节省占地面积，城市以及大型企业或污秽地区的 110kV 和 220kV 屋内配电装置多采用单层式成套六氟化硫全封闭组合电器。

（3）多种电压等级的屋内配电装置

多种电压等级的屋内配电装置一般采用三层式或二层式。为进一步节省占地面积，这种布置方式将各电压等级的配电装置都安排在一栋楼内。110kV 和 220kV 一般采用六氟化硫全封闭组合电器，35kV 和 10kV 采用真空断路器的手车式成套开关柜，所以对于 35kV 和 10kV 两个电压等级的电气主接线，采用单母线分段接线就能满足供电可靠性的要求。

图 7-10 所示的是具有 110kV 和 10kV 两个电压等级的二层式屋内配电装置进出线间隔断面图。110kV 配电装置采用六氟化硫全封闭组合电器，主接线采用桥形接线，10kV 配电装置采用手车式成套开关柜，主接线采用单母线分段接线。为了便于与主变压器连接，110kV 配电装置布置在二层，10kV 配电装置双列布置在一层，主变压器放在屋外，该配电装置是半屋内配电装置。由于采用屋内二层布置和六氟化硫全封闭组合电器，具有技术先进、运行可靠性高、操作维护方便、占地面积小、外界污秽气体及灰尘影响较小等优点，但造价较高。

2. 屋内配电装置的配置图和平面图

配置图是配电装置布置设计的基础图，进行配电装置设计时应首先将进、出线等间隔合理地分配在各段母线上，多个电源（发电机、变压器）时应将它们分别接在不同的母线段，并尽量安排在相应母线段的中部，负荷、无功补偿电容器应均分在各母线上，使工作母线的分段处流过较小的电流，减少母线上的功率穿越。应将去同一负荷或变电站的双回线路尽量安排在不同的母线段上，以提高供电的可靠性。应留有适当的备用间隔，易于扩建。然后按各电气回路的布置顺序绘制出接线图。采用开关柜时（变电站的 6～35kV 电气主接线多采用屋内成套式配电装置），应根据各电气回路的功能选择开关柜（可以特殊定做或改功能），在配置接线图中注明开关柜方案编号和配备的电器设备，并示出通道、操作和维护走廊等，为断面图和平面图的设计以及电气设备的校验做必要的准备。图 7-11 所示为采用 KYN28A—12 型开关柜的 10kV 单母线分段屋内配电装置（单列布置）配置接线图。当 10kV 配电装置选择 KYN28A—12 型开关柜时，出线可选 003 或 005 号柜，电容器可选 005 或 006 号柜，分段回路选 012 断路器柜（右联络）和 055 隔离柜（左联络）或 014 断路器柜（左联络）和 056 隔离柜（右联络）号柜，电压互感器和避雷器选 041 或 043 号柜，站用变压器选 077 号柜，大容量站用变压器选 005 号柜，双绕组变压器进线选 028 号柜，三绕组变压器 10kV 进线一般需要加装隔离柜，以便 10kV 停电检修时隔离电压，若不加隔离柜则需停变压器。图 7-11 选 022（断路器改为隔离）和 014 两个柜组成三绕组变压器 10kV 进线间隔，另一 10kV 进线间隔选 020（断路器改为隔离）和 012 两个柜组成。

平面图表明了间隔、间隔中的电气设备、架构、建筑物、电缆沟、道路等在平面中的相对位置和尺寸。35kV 屋内配电装置一般采用单列布置，10kV 屋内配电装置有单列和双列两种布置方式。按开关柜的尺寸（不同方案编号的开关柜尺寸不一定相同），以及对通道、操作、维护走廊的尺寸要求和对布置方式的要求等，按一定比例绘制平面布置图，并在开关柜上标注方案编号或名称。根据图 7-11（略去了 4 个出线间隔）绘制的采用 KYN28A—12 型开关柜的 10kV 单母线分段屋内配电装置（单列布置）平面布置图如图 7-12 所示。

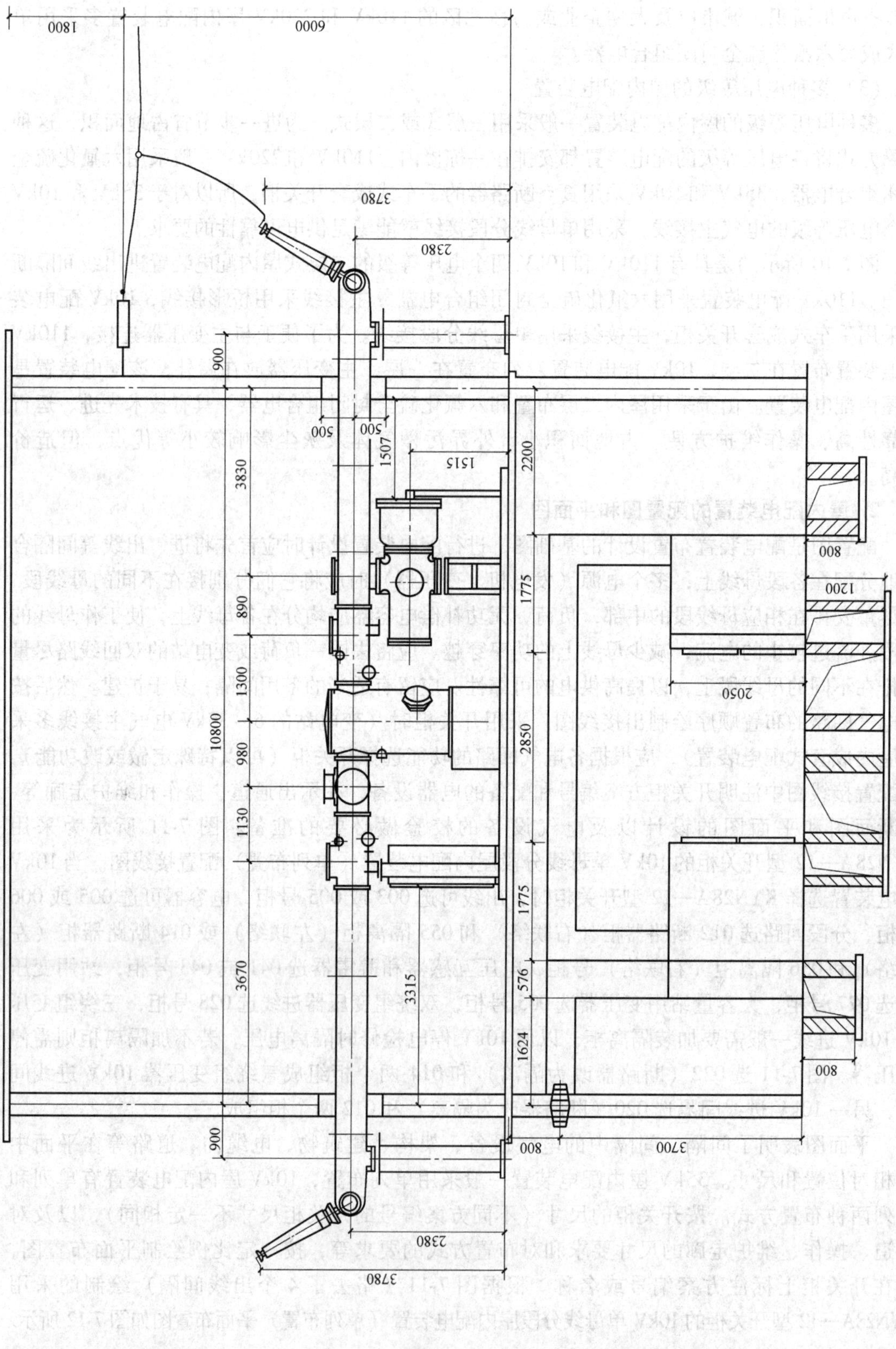

图 7-10 110kV 和 10kV 两个电压等级的二层式屋内配电装置进出线间隔断面图

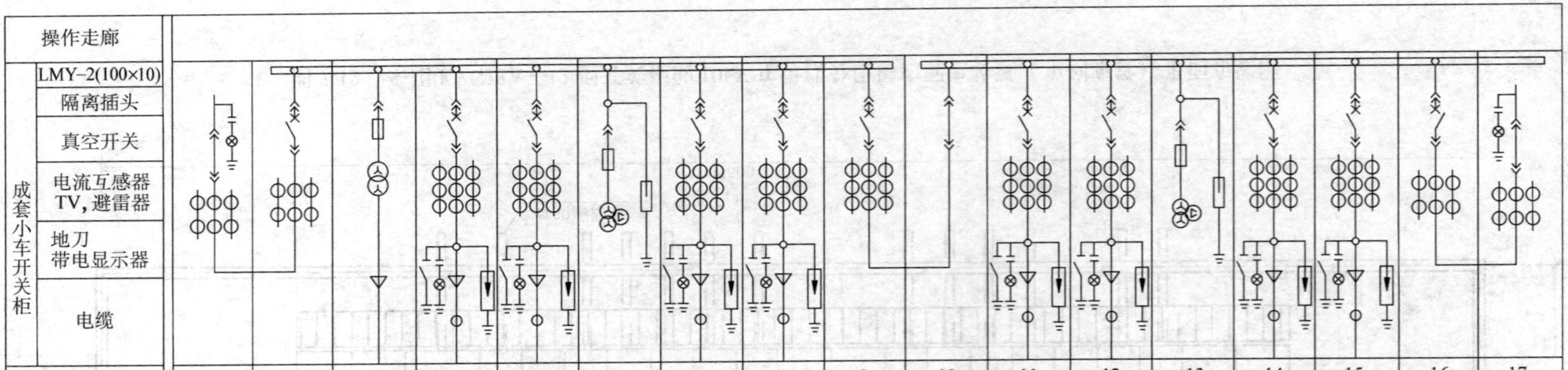

开关柜编号	1	2	3	4	5	6	7	8	9	10	11	12	13	14	15	16	17
开关柜型号	KYN28A-12-022(改)	KYN28A-12-014	KYN28A-12-077	KYN28A-12-005	KYN28A-12-005	KYN28A-12-041	KYN28A-12-005	KYN28A-12-005	KYN28A-12-012	KYN28A-12-055	KYN28A-12-005	KYN28A-12-005	KYN28A-12-041	KYN28A-12-005	KYN28A-12-005	KYN28A-12-012	KYN28A-12-020(改)
断路器、熔断器		ZN63A-12 3150A 40KA	RN1-10	ZN63A-12 1250A 31.5KA	ZN63A-12 1250A 31.5KA	RN2-10	ZN63A-12 1250A 31.5KA	ZN63A-12 1250A 31.5KA	ZN63A-12 3150A 40KA		ZN63A-12 1250A 31.5KA	ZN63A-12 1250A 31.5KA	RN2-10	ZN63A-12 1250A 31.5KA	ZN63A-12 1250A 31.5KA	ZN63A-12 3150A 40KA	
电流、电压互感器	LZZBJ9-10 3000/5A 5P20/0.5	LZZBJ9-10 3000/5A 5P20/0.2s		LZZBJ9-10 300/5A 5P20/0.2s/0.5	LZZBJ9-10 200/5A 5P20/0.2s/0.5	JSZF-10 0.2/0.5	LZZBJ9-10 200/5A 5P20/0.2s/0.5	LZZBJ9-10 400/5A 5P20/0.2s/0.5	LZZBJ9-10 3000/5A 5P20/0.5		LZZBJ9-10 200/5A 5P20/0.2s/0.5	LZZBJ9-10 300/5A 5P20/0.2s/0.5	JSZF-10 0.2/0.5	LZZBJ9-10 400/5A 5P20/0.2s/0.5	LZZBJ9-10 400/5A 5P20/0.2s/0.5	LZZBJ9-10 3000/5A 5P20/0.2s	LZZBJ9-10 3000/5A 5P20/0.5
地刀				JN15-10	JN15-10		JN15-10	JN15-10			JN15-10	JN15-10		JN15-10	JN15-10		
避雷器　站用变			SC-100/10/0.4	HY5WS2-17/50	HY5WS2-17/50	TBP-10	HY5WS2-17/50	HY5WS2-17/50			HY5WS2-17/50	HY5WS2-17/50	TBP-10	HY5WS2-17/50	HY5WS2-17/50		
电缆(用户自备)																	
带电显示器																	
零序TA					LJ-4-φ140		LJ-4-φ140				LJ-4-φ140			LJ-4-φ140	LJ-4-φ140		
安装单位名称								电容器室				电容器室					
维护走廊																	

图 7-11　采用 KYN28A—12 型开关柜的 10kV 单母线分段屋内配电装置（单列布置）配置接线图

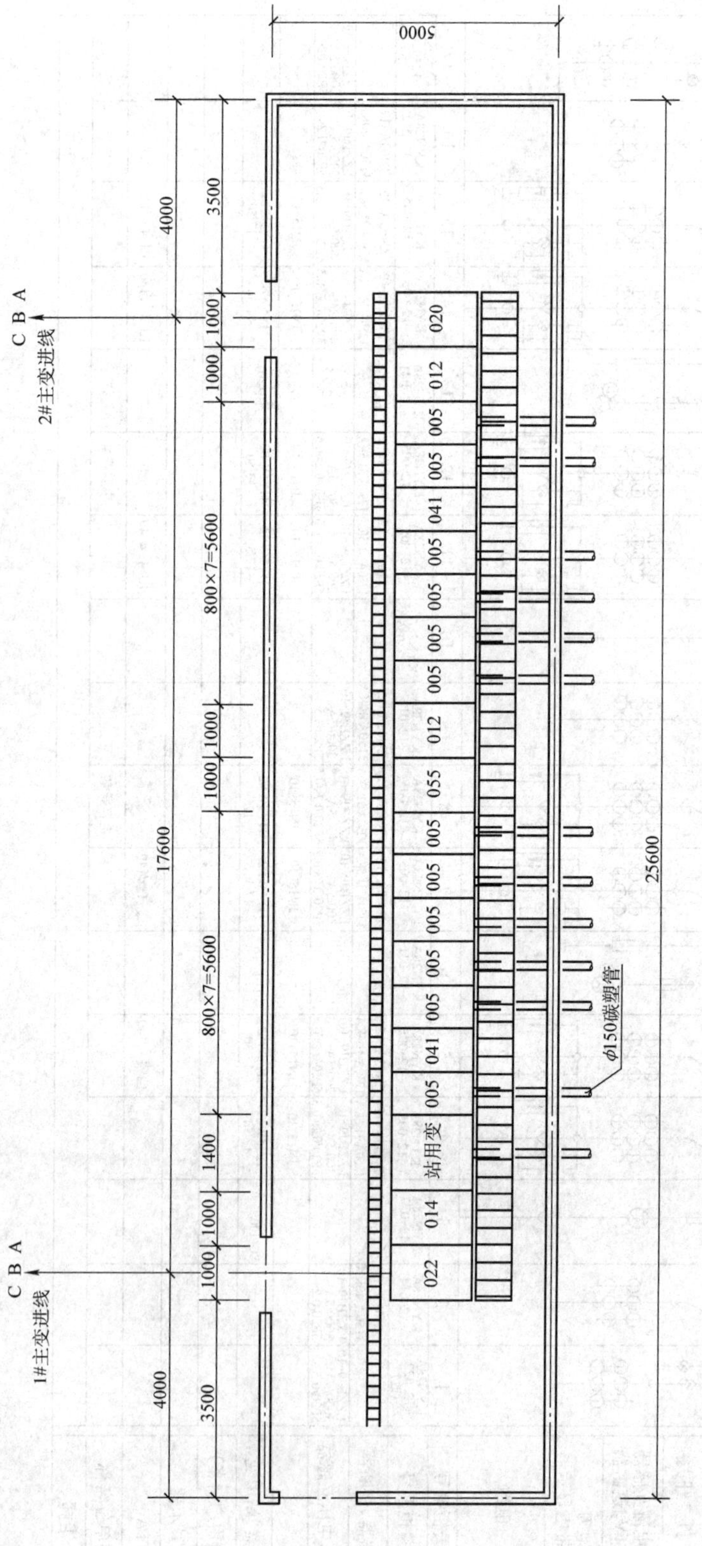

图 7-12 采用 KYN28A—12 型开关柜的 10kV 单母线分段屋内配电装置（单列布置）平面布置图

图 7-13 所示为采用 KYN28A—12 型开关柜的 10kV 单母线分段屋内配电装置（双列布置）平面布置图，出线可选 003 或 005 号柜，电容器可选 005 或 006 号柜，分段回路选 012 断路器柜（右联络）和 055 隔离柜（左联络），电压互感器和避雷器选 041 或 043 号柜，站用变压器选 077 号柜，大容量站用变压器选 005 号柜，110kV/35kV/10.5kV 变电站 10kV 设一台变压器，110kV/10.5kV 变电站 10kV 设两台变压器，双绕组变压器进线选 028 号柜，10kV 进线不需要加装隔离柜。

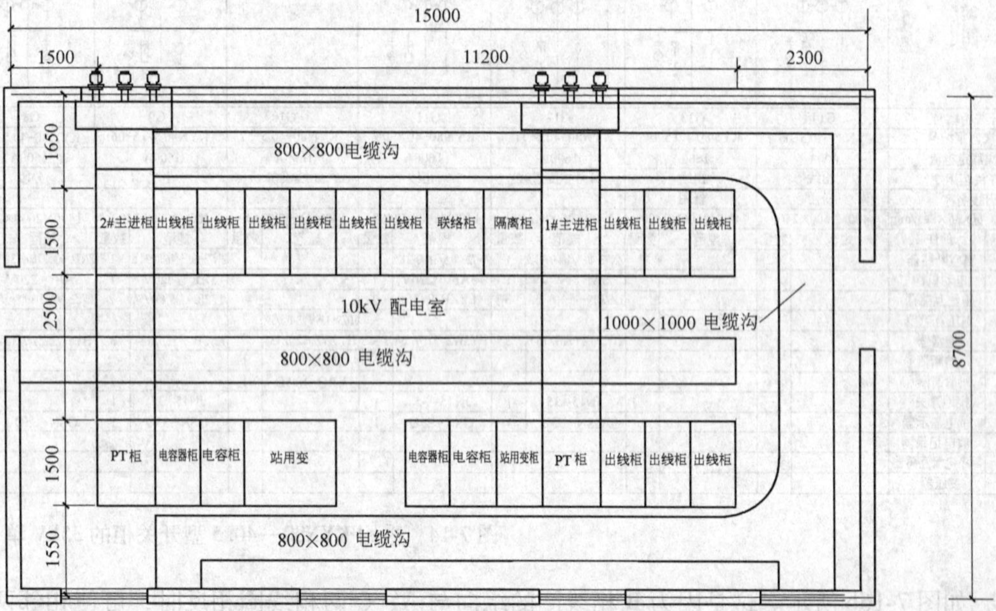

图 7-13　采用 KYN28A—12 型开关柜的 10kV 单母线分段屋内配电装置（双列布置）平面布置图

图 7-14 所示为采用 KYN80—40.5 型开关柜的 35kV 单母线分段屋内配电装置（单列布置）配置接线图。根据图 7-14 绘制的采用 KYN80—40.5 型开关柜的 35kV 单母线分段屋内配电装置（单列布置）平面布置图如图 7-15 所示。出线可选 06 号柜，进线可选 11 号柜，分段回路选 32 号断路器柜（右联络）和 33 号隔离柜（左联络），电压互感器和避雷器选 57 号柜。出线采用电缆出线和架空出线交替方式。

二、屋内配电装置布置的有关问题和举例

1）母线。采用成套配电装置高压开关柜时，母线有三种布置方式：母线三相水平布置在柜的顶部、母线直角三角形布置在柜后上部或母线三相垂直布置在柜后上部。

2）断路器。采用高压开关柜时，6～35kV 断路器设在高压开关柜中，有固定式和手车式两种。

3）互感器和避雷器。采用高压开关柜时，电流互感器与断路器装在同一开关柜中，电压互感器与避雷器装在同一开关柜中（6～10kV）或各自单独装在一个开关柜中（35kV）。

4）电抗器。电抗器按照其容量不同有三种布置方式：三相垂直布置、品字形布置和三相水平布置，如图 7-16 所示。通常线路电抗器采用三相垂直布置或品字形布置，垂直布置时应将 B 相放在 A、C 两相中间，如图 7-16a 所示；品字形布置时，不能将 A、C 两相重叠

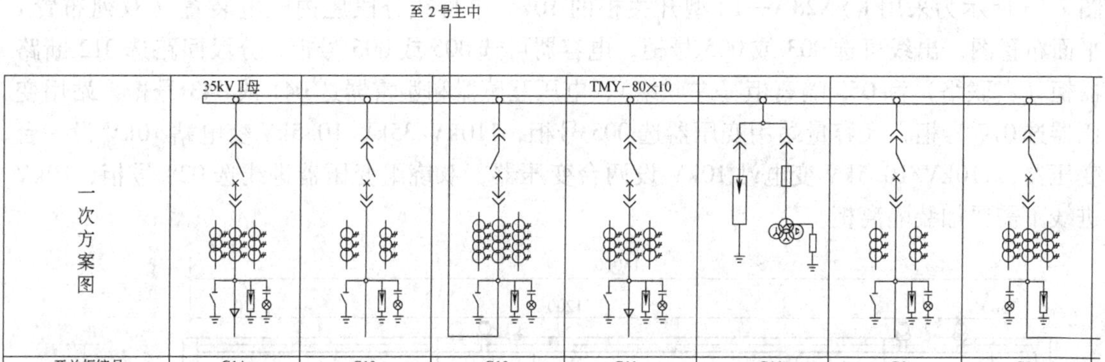

			G14 规范	数量	G13 规范	数量	G12 规范	数量	G11 规范	数量	G10 规范	数量	G9 规范	数量	G8 规范	数量
开关柜编号			G14		G13		G12		G11		G10		G9		G8	
一次方案编号			KYN80-40.5-06		KYN80-40.5-06		KYN80-40.5-11		KYN80-40.5-06		KYN80-40.5-57		KYN80-40.5-06		KYN80-40.5-32	
一次额定电流			1600A		1600A		1600A		1600A		1600A		1600A		1600A	
开关柜用途			出线		出线		1号主变进线		出线		母线设备		出线		分段	
出线名称			备用		备用											
柜体尺寸(宽×高×深)/mm			1400×2600×2400		1400×2600×2400		1400×2600×2400		1400×2600×2400		1400×2600×2400		1400×2600×2400		1400×2600×2400	
一次电气设备	序号	部件	规范	数量	规范	数量	规范	数量	规范	数量	规范	数量	规范	数量	规范	数量
	1	真空断路器					ZN72-40.5/1600-31.5	1	ZN72-40.5/1600-31.5	1			ZN72-40.5/1600-31.5	1	ZN72-40.5/1600-31.5	1
	2	电动机构					3AF -220V	1	3AF -220V	1			3AF -220V	1	3AF -220V	1
	3	电流互感器					LZZBJ9-35 1000/5A	3	LZZBJ9-35	2			LZZBJ9-35 400/5A	2	LZZBJ9-35 1000/5A	3
	4	电压互感器									JDZ9-35S 0.2S/0.5/3P	3				
	5	避雷器					HY5WZ-52.7/134	3	HY5WZ-52.7/134	3	HY5WZ-52.7/134	3	HY5WZ-52.7/134	3	HY5WZ-52.7/134	3
	6	熔断器									RN2-40.5	1				
	7	消谐器									XRQ-40.5D	1				
	8	接地开关					JN15-35	1	JN15-35	1			JN15-35	1		
	9	带电显示器					GSN-35Q	1	GSN-35Q	1			GSN-35Q	1	GSN-35Q	1
	10	放电记录器														
	11	零序电流互感器														
	12	变压器														

图 7-14 采用 KYN80—40.5 型开关柜的 35kV 单母线

布置，如图 7-16b 所示。这是因为 B 相线圈的绕向与 A、C 两相线圈相反时，可使相邻两相间最大作用力为相互吸引，相间的支持绝缘子受压，而不是受拉，以便利用支柱绝缘子的抗压强度远大于其抗拉强度的特点。当母线分段电抗器或主变压器低压侧电抗器的体积大，三相垂直布置有困难时，可采用图 7-16b、c 所示的品字形或三相水平布置方式。

5）电缆隧道或电缆沟。电缆隧道为封闭狭长的构筑物，高 1.8m 以上，两侧设有数层支架供敷设电缆使用，人能够在隧道中敷设和检修电缆，但其造价较高。一般大型变电站采用电缆隧道。电缆沟为有盖板的沟道，沟宽和深一般为 1m，敷设和检修电缆时需揭开盖板，沟内易积水。其结构简单、造价低，常用于中、小型变电站。

6）通道和出口。屋内配电装置室应设置必要的通道以便于断路器和隔离开关的操作（称操作通道）、电气设备的检修维护和搬运（称维护通道），它们的宽度都应该满足有关规程的要求。为保证工作人员的安全及工作的方便，屋内配电装置室应有一定数目的出口。长度小于 7m 时，可只设一个出口；长度大于 7m 时，应设两个出口，并宜布置在两端；长度大于 60m 时，应该在中部增加一个出口。屋内配电装置室出口的门应向外开，并应装弹簧锁，严禁用门闩。相邻配电装置室之间有门时，门应能向两个方向开启。

7）采光和通风。屋内配电装置室可以开窗采光和通风，但必须有防雨、雪、风沙、污秽尘埃和小动物进入的措施，还应该设置足够的事故通风装置。

为了确保工作人员及设备的安全，根据有关规程规定，屋内配电装置应设置“五防”功能的闭锁装置。“五防”指的是：防止带负荷分、合隔离开关，防止带电挂地线，防止带地线合闸，防止误合、误分断路器及防止误入带电间隔等电气误操作事故。

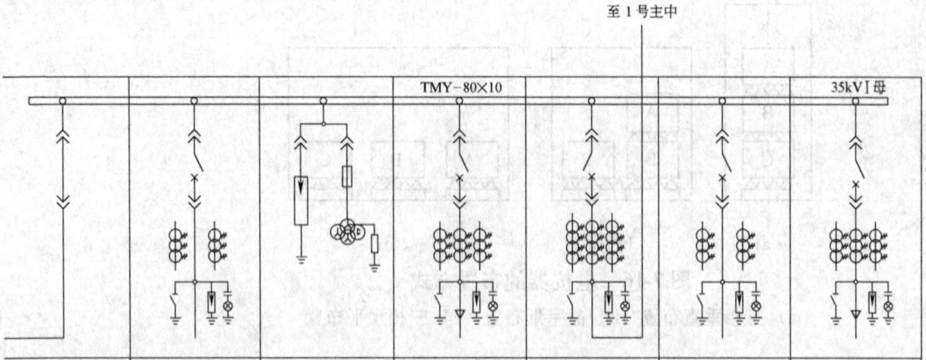

G7		G6		G5		G4		G3		G2		G1	
KYN80－40.5－33		KYN80－40.5－06		KYN80－40.5－57		KYN80－40.5－06		KYN80－40.5－11		KYN80－40.5－06		KYN80－40.5－06	
1600A		1600A		1600A		1600A		1600A		1600A		1600A	
隔离		出线		母线设备		出线		1号主变进线开关		出线		出线	
										备用		备用	
1400×2600×2400		1400×2600×2400		1400×2600×2400		1400×2600×2400		1400×2600×2400		1400×2600×2400		1400×2600×2400	
规范	数量	规范	数量	规范	数量	规范	数量	规范	数量	规范	数量	规范	数量
		ZN72－40.5/1600－31.5	1			ZN72－40.5/1600－31.5	1	ZN72－40.5/1600/31.5	1				
		3AF －220V	1			3AF －220V	1	3AF －220V	1				
		LZZBJ9－35	2			LZZBJ9－35	2	LZZBJ9－35 1000/5A	3				
				JDZJ9－35S 0.2S/0.5/3P	3								
		HY5WZ－52.7/134	3	HY5WZ－52.7/134	3	HY5WZ－52.7/134	3	HY5WZ－52.7/134	3				
				RN2－40.5	1								
				XRQ－40.5D	1								
		JN15－35	1			JN15－35	1	JN15－35	1				
		GSN－35Q	1			GSN－35Q	1	GSN－35Q	1				

分段屋内配电装置（单列布置）配置接线图

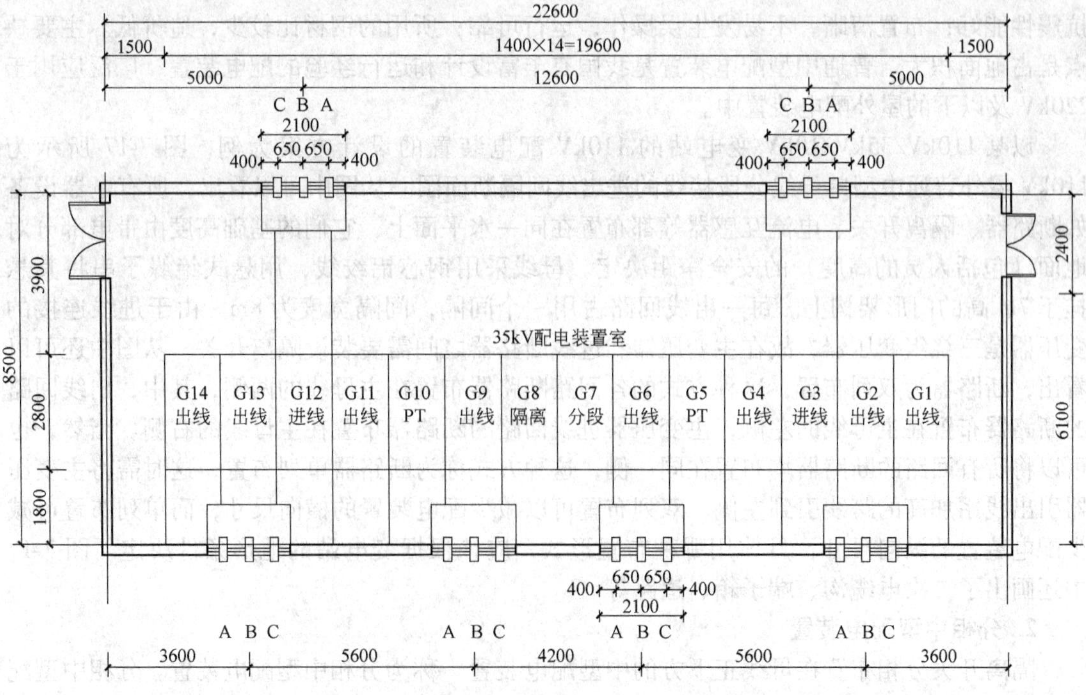

图7-15　采用KYN80—40.5型开关柜的35kV单母线分段屋内配电装置（单列布置）平面布置图

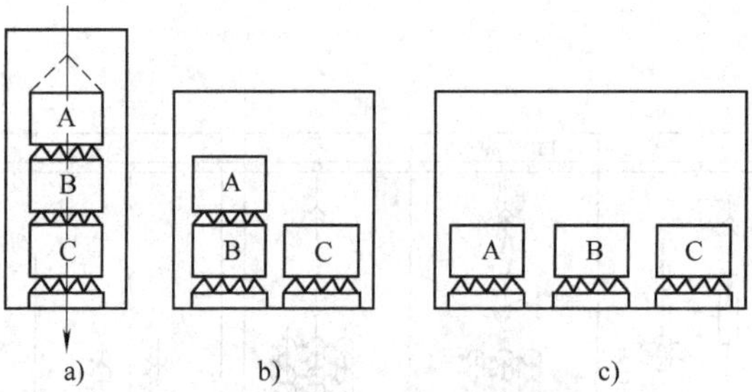

图 7-16 电抗器的布置方式
a）三相垂直布置 b）品字形布置 c）三相水平布置

第四节 屋外配电装置

屋外配电装置的所有电气设备和载流导体都安装在露天的基础、支架和杆塔上。屋外配电装置的结构形式不仅与电气主接线、电压等级和电气设备的类型密切相关，还与发电厂、变电所（站）的类型和地质地形条件等有关。根据母线和电器设备布置的高度与类型，屋外配电装置可分为中型、高型、半高型和 GIS 型，中型配电装置又分为普通中型和分相中型两类。

一、中型配电装置

1. 屋外普通中型配电装置

屋外普通中型配电装置的特点是将所有电器设备均布置在同一水平面上，并且安装在一定高度的基础上，而母线一般采用软导线安装在架构上，稍高于电器设备所在水平面。

中型配电装置因设备安装位置较低，便于施工、安装、检修与维护操作；构架高度低，抗震性能好；布置清晰，不易发生误操作，运行可靠；所用的钢材比较少，造价低。主要缺点是占地面积大。普通中型配电装置是我国有丰富设计和运行经验的配电装置，广泛应用于 220kV 及以下的屋外配电装置中。

以某 110kV/35kV/10kV 变电站的 110kV 配电装置的设计方案为例，图 7-17 所示为 110kV 屋外普通中型单母线分段接线的进出线间隔断面图。从图中可以看出，所有电器设备如断路器、隔离开关、电流互感器等都布置在同一水平面上，它们的基础高度由带电部分对地面（包括人员的高度）的安全净距决定。母线采用钢芯铝绞线，用悬式绝缘子串将其悬挂于 7m 高的门形架构上。每一出线回路占用一个间隔，间隔宽度为 8m。由于进线连接的变压器是三绕组变压器，故在主变压器和进线断路器之间需要装设隔离开关。从图中还可以看出，断路器为双列布置，这种方式的各回路断路器布置在主母线的两侧，其中，出线回路的断路器布置在主母线的左侧，主变压器进线回路的断路器布置在主母线的右侧。当然，也可以将所有回路的断路器均布置在同一侧，这种方式称为断路器单列布置，这时需将主变压器引出线用加高的跨线引到左侧。双列布置可以减少配电装置的横向尺寸，而单列布置可减少配电装置的纵向尺寸，具体用哪种布置形式，应该根据变电站的地形条件决定。图 7-17 中还画出了二次电缆沟、端子箱、道路等。

2. 分相中型配电装置

隔离开关分相布置在母线正下方的中型配电装置，称为分相中型配电装置。分相中型配电装置除具有中型配电装置的优点外，还有以下特点：接线简单清晰，由于采用铝合金硬圆管形母线，可以缩小母线相间距离，降低架构高度，采用伸缩式隔离开关可以进一步减小占地面

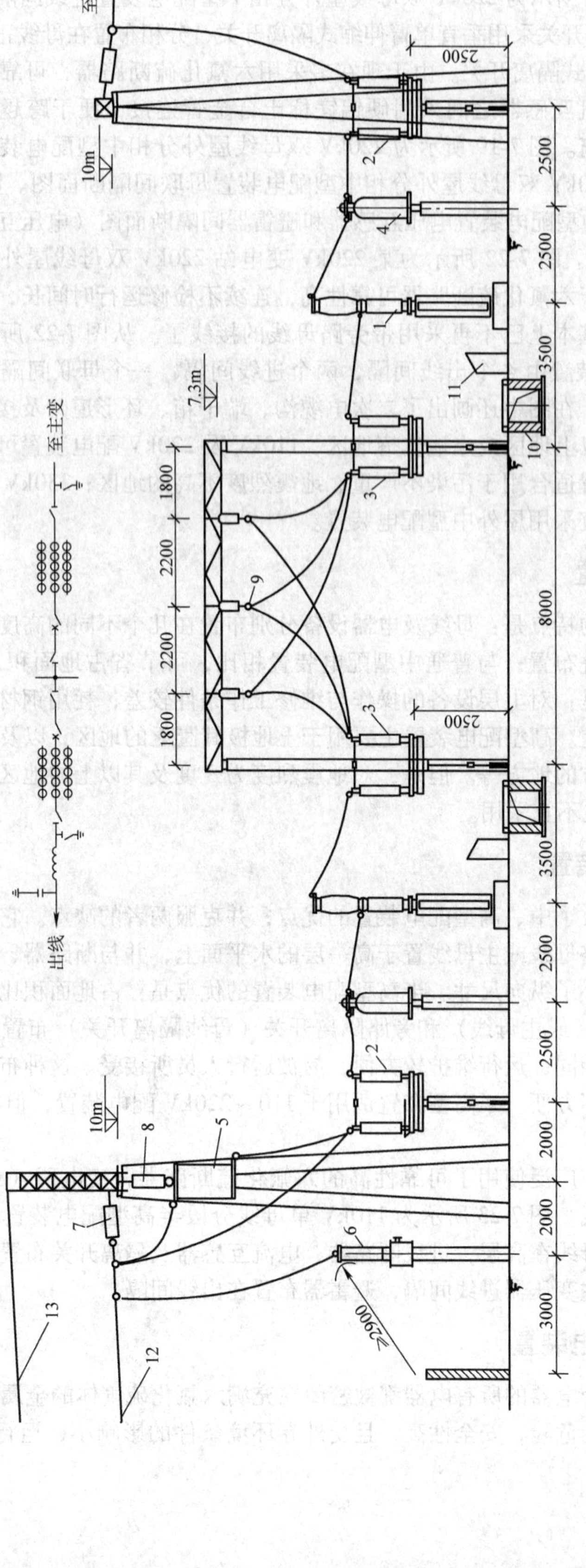

图7-17　110kV屋外普通中型单母线分段接线的进出线间隔断面图

1—断路器　2—带接地开关的隔离开关（GW4—110DW型）　3—隔离开关（GW4—110W型）　4—电流互感器　5—阻波器　6—耦合电容器　7—绝缘子串　8—绝缘子串　9—母线　10—电缆沟　11—端子箱　12—线路　13—架空地线（接闪线）

积，较普通中型布置节省占地面积约1/3左右。其缺点主要是施工复杂，使用的支柱绝缘子防污和抗震能力差。图7-18所示为220kV双母线屋外分相中型配电装置进线间隔断面图，母线采用管形导体，母线隔离开关采用垂直单臂伸缩式隔离开关，分相布置在母线正下方，进线隔离开关采用水平单臂伸缩式隔离开关。由于现在多采用六氟化硫断路器，可靠性高，故不设旁路母线。断路器与电流互感器之间采用硬铝镁稀土合金管连接，便于跨越道路，减小弧垂，保证必要的安全距离。图7-19所示为220kV双母线屋外分相中型配电装置出线间隔断面图。图7-20所示为220kV双母线屋外分相中型配电装置母联间隔断面图。图7-21所示为220kV双母线屋外分相中型配电装置电压互感器和避雷器间隔断面图（电压互感器与隔离开关重叠，故未表示出来）。图7-22所示为某220kV变电站220kV双母线屋外分相中型配电装置平面布置方案。由于六氟化硫断路器可靠性高，连续不检修运行时间长，且近年来电网联系紧密，新建变电站基本上已不再采用带旁路母线的接线了。从图7-22所示平面布置可以看出，该220kV配电装置由4个出线间隔，两个进线间隔，一个母联间隔和两个电压互感器和避雷器间隔组成，在图中还画出了二次电缆沟、端子箱、环形道路及接闪杆等。

地震烈度在8度及以上地区或土地贫瘠地区，110kV及220kV配电装置可采用普通中型配电装置；分相中型布置适合用于污染不严重、地震烈度不高的地区；330kV和500kV及以上电压等级的配电装置宜采用屋外中型配电装置。

二、高型配电装置

屋外高型配电装置的特点是：母线及电器设备分别布置在几个不同的高度上，两组母线及母线隔离开关上下重叠布置；与普通中型配电装置相比，可节省占地面积50%左右。高型配电装置的主要缺点是：对上层设备的操作与维修工作条件较差；耗用钢材比普通中型多15%～60%；抗震能力差。高型配电装置主要用于土地极其匮乏的地区，以及场地狭窄或需要大量开挖、回填土石方的地方等。但是，对地震烈度为8度及其以上的地区不宜采用，在330kV及以上电压级中也不宜采用。

三、半高型配电装置

半高型配电装置吸收了中、高型配电装置的优点，并克服两者的缺点。它的特点是两组母线的高度不同，将旁路母线或主母线置于高一层的水平面上，并与断路器、电流互感器等设备重叠布置，从而缩小了纵向尺寸。半高型配电装置的优点是：占地面积比普通中型布置减少30%；除旁路母线（或主母线）和旁路隔离开关（母线隔离开关）布置在上层外，其余部分与中型布置基本相同，运行维护较方便，易被运行人员所接受。这种布置的缺点是检修上层母线和隔离开关不方便。半高型布置适用于110～220kV配电装置，但在110kV配电装置中应用的比较广泛。

由于电网联系紧密，广泛使用了可靠性高的六氟化硫断路器，变电所（站）已很少用带旁路母线的电气主接线。图7-23所示为110kV单母线分段半高型配电装置的出线间隔断面图，它为单列布置。母线在高层，进线断路器、电流互感器及隔离开关布置于其下。母线设备电压互感器布置在主变压器进线间隔，避雷器布置在出线间隔。

四、屋外GIS配电装置

六氟化硫全封闭组合电器的所有电器都被密闭在充满六氟化硫气体的金属壳体内，金属外壳接地，不存在触电的危险，安全性高，且受外界环境条件的影响小，运行的可靠性高，

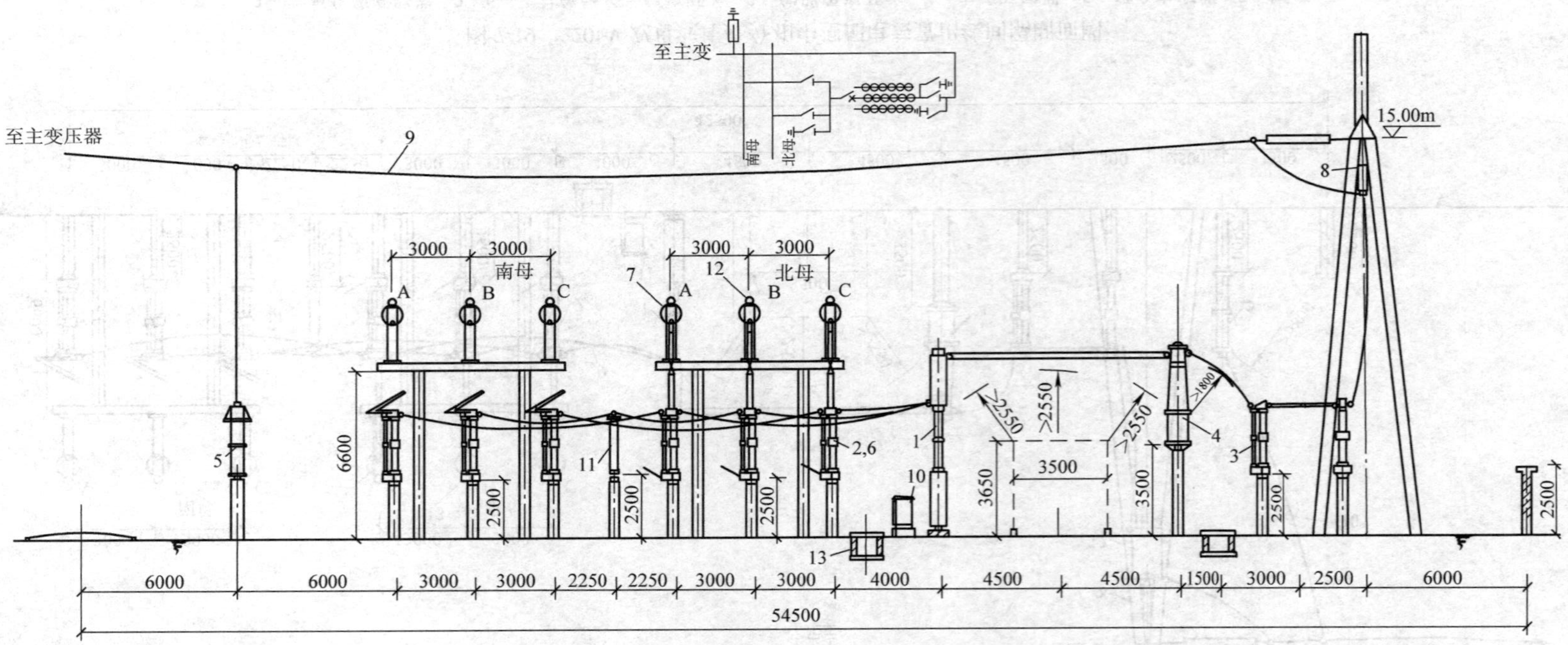

图 7-18　220kV 双母线屋外分相中型配电装置进线间隔断面图

1—六氟化硫断路器　2，6—支柱绝缘子，隔离开关　3—线路隔离开关　4—电流互感器　5—避雷器　7—隔离开关静触头　8—绝缘子串　9—导线

10—端子箱　11—支柱绝缘子　12—母线　13—电缆沟

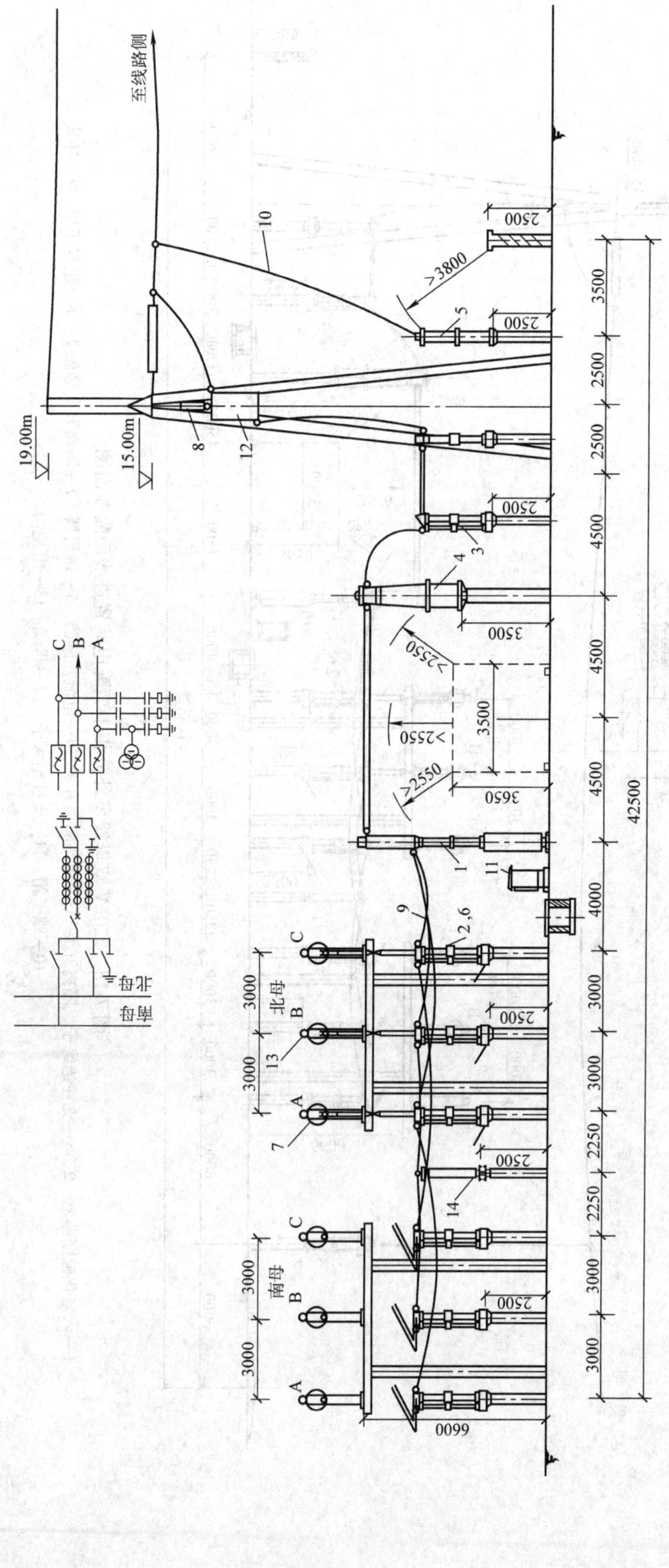

图7-19 220kV 双母线屋外分相中型配电装置出线间隔断面图

1—六氟化硫断路器 2，6—支柱绝缘子，隔离开关 3—线路隔离开关 4—电流互感器 5—耦合电容器 7—隔离开关静触头 8—绝缘子串 9、10—导线 11—端子箱 12—阻波器 13—母线 14—支柱绝缘子

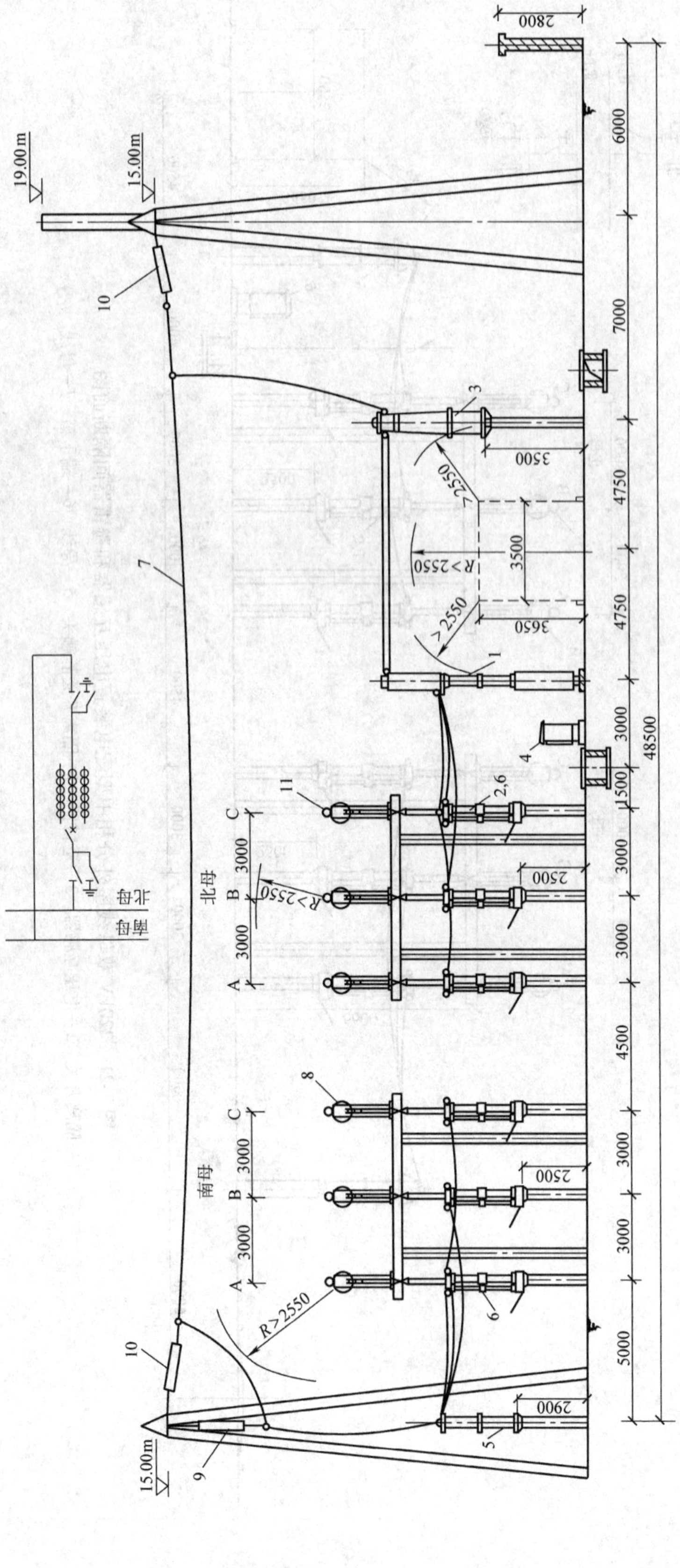

图 7-20　220kV 双母线屋外分相中型配电装置母联间隔断面图

1—六氟化硫断路器　2，6—支柱绝缘子，隔离开关　3—电流互感器　4—端子箱　5—支柱绝缘子　7—导线　8—隔离开关静触头　9、10—绝缘子　11—母线

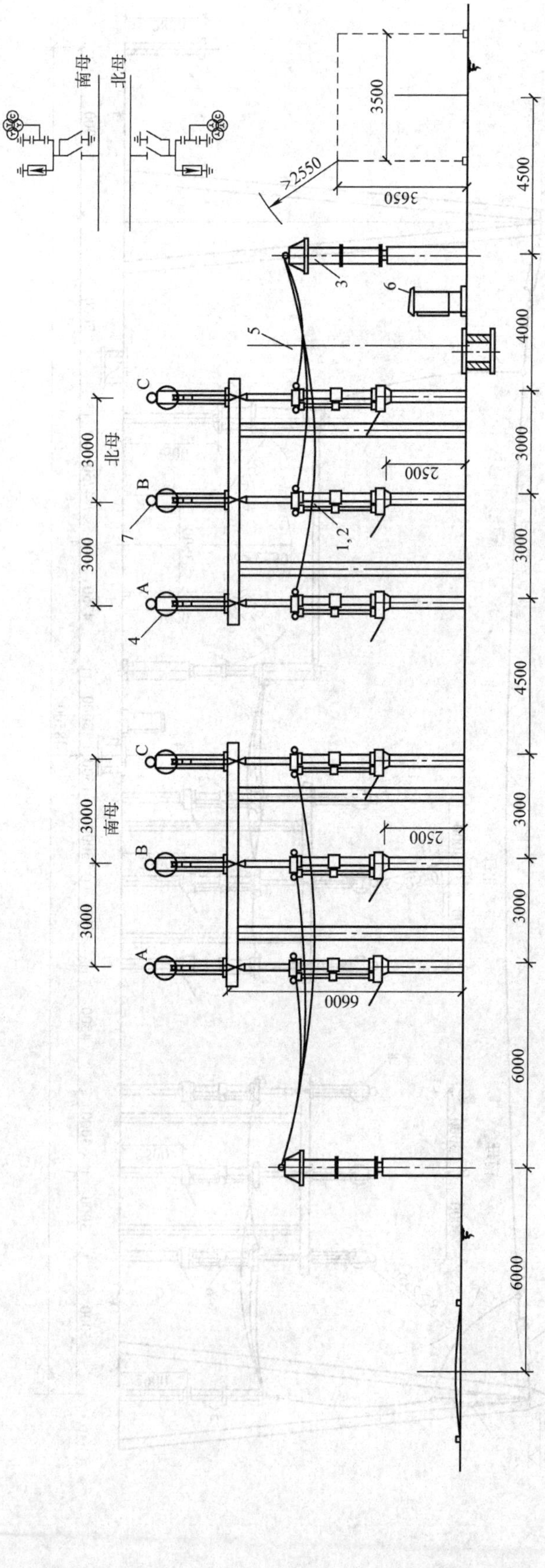

图 7-21　220kV 双母线屋外分相中型配电装置电压互感器和避雷器间隔断面图

1—隔离开关　2—电压互感器　3—避雷器　4—隔离开关静触头　5—导线　6—端子箱　7—母线

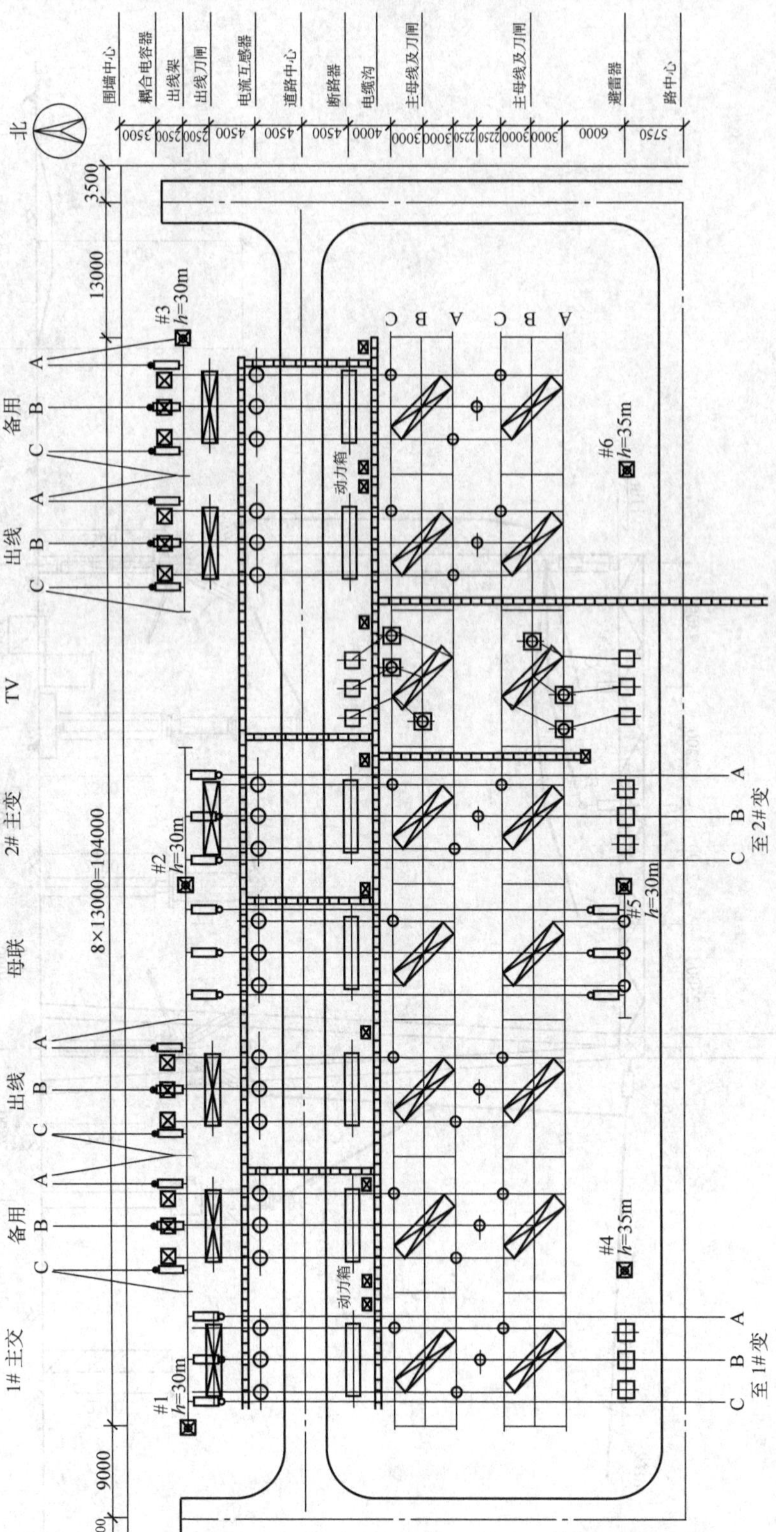

图 7-22　220kV 双母线屋外分相中型配电装置平面布置方案

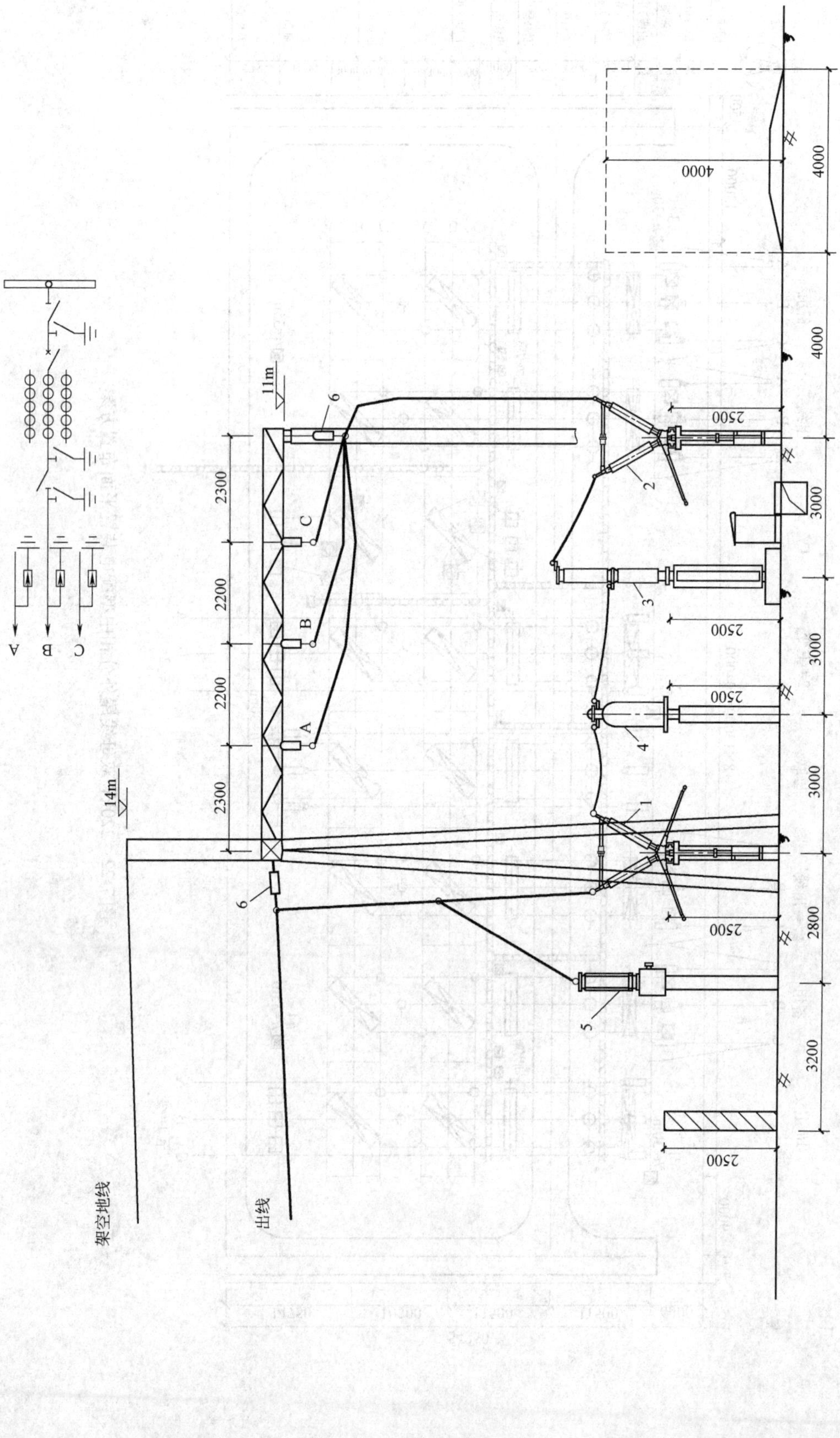

图 7-23 110kV 单母线分段半高型配电装置的出线间隔断面图

1、2—隔离开关 3—断路器 4—电流互感器 5—电压互感器 6—绝缘子 A、B、C—主母线

维护方便，检修周期长，占地面积小。因此，屋外 GIS 配电装置也得到了广泛应用。110kV 电压级六氟化硫全封闭组合电器为三相共箱式，500kV 及以上电压等级的六氟化硫全封闭组合电器通常为全三相分相式结构。220kV 和 330kV 六氟化硫全封闭组合电器有主母线为三相共箱、其余为三相分相式结构，也有全三相分相式结构。一般屋外 GIS 配电装置占地面积比普通中型布置节省 90% 左右。另外，屋外 GIS 配电装置占有的空间也小，抗振能力比中型配电装置强。屋外 GIS 配电装置与屋内 GIS 配电装置相比节省了建筑造价，但 GIS 本身造价较高。屋外 GIS 配电装置可用于 110～1000kV 各电压级配电装置。

六氟化硫封闭组合电器分为全封闭（GIS）和部分封闭（Hybrid Gas Insulated Switchgear，HGIS）两类。部分六氟化硫气体绝缘型封闭组合电器（HGIS）是混合技术开关设备（Mixed Technologies Switchgear，MTS）的一种。MTS 有两种：一种为复合式 GIS；另一种为敞开式组合电器。我国标准称 HGIS 为六氟化硫复合电器。HGIS 是一种将断路器、隔离开关、接地开关和电流互感器封闭在充有六氟化硫气体的金属壳体内的单相电器设备。与 GIS 不同的是，HGIS 不包括母线、电压互感器和避雷器。

除具有 GIS 固有的一些特点外，HGIS 其自身的一些特点如下：

1）与传统变电站相比节约了 40%～60% 的土地，而价格只增加了约 50%。而且由于 HGIS 的免维护，使运营成本降低，可靠性得到显著提升。与 GIS 相比，虽然占地面积增大了约一倍，但节省费用约 30%，550kV 以上可达到 50%，且运行可靠性得到提高，在土地资源不是十分紧张的地区，优势比较明显。

2）HGIS 将隔离开关、接地开关密封在充有六氟化硫气体的金属壳体中，可不受严酷的户外环境影响，传统变电站是空气绝缘开关设备（AIS），高压隔离开关长年累月在户外运行，受风霜雨雪、日晒尘埋，有的还受到盐雾及腐蚀性气体的侵蚀，致使接触表面积灰、积垢、锈蚀、生成化合物薄膜，导致接触表面电阻增大，温升过高。经常出现导电回路过热、操作失灵、瓷绝缘子断裂、锈蚀等故障，大大降低了运行可靠性。

3）HGIS 运行可靠性更高。GIS 将各间隔主母线封闭在一个或两个六氟化硫气室内，如果某一个间隔需要检修，则该段所有间隔都要停电，使故障影响范围和停电损失大大增加。而且，GIS 的气体封闭母线增加了密封面、绝缘件，使得漏气率和绝缘件故障可能增加，维护检修工作量也有所增加。

4）HGIS 是一种高压智能开关设备。HGIS 主要元器件的控制集中于一台就地控制柜，柜内安装微机测量保护装置，再采用光电互感器采集电流、电压信号，并结合在线检测技术和自我诊断技术，可组成最先进的数字变电站。

5）HGIS 与 GIS 一样，属于免维护设备，每隔 6、7 年进行一些预防性的试验、检查即可，如经常不操作的开关分合几次、六氟化硫气体密度继电器的报警、闭锁是否正常等。如果设备某部分故障，制造厂商可以对整个元件进行更换，甚至对整相进行更换，基本达到 20 年免维护。

6）HGIS 设备既缩小了占地面积又节省了投资，具有很大的推广价值。HGIS 配电装置一般采用屋外布置，结构多采用普通中型配电装置。

第五节　变压器与配电装置的连接

变压器与配电装置之间的电气连接可以用母线桥、组合导线及封闭母线等方式。

一、母线桥

母线桥的结构形式与相应配电装置中的主母线相似，连接导体固定于支柱绝缘子上，支柱绝缘子安装在钢筋混凝土支柱和型钢构成的支架上，以便使导体跨越通道及其他设备，故称为母线桥。根据载流量的不同，连接导体可以是一条或多条矩形导体，也可以是槽形导体。母线桥有屋内和屋外之分。

屋内母线桥的布置和结构应尽量利用周围的墙、柱、梁、楼板等构筑物，一般选用同电压级的屋内支柱绝缘子。

屋外母线桥主要用于变压器低压侧与屋内配电装置间的连接。图7-24所示的是用于连接屋内配电装置与主变压器的屋外单层母线桥。由于屋外环境比屋内恶劣，所以应选择比其工作电压高一到两级的屋外支柱绝缘子。为避免因温度变化等原因引起的附加应力，在桥的两端装有母线补偿器。对重要回路的母线桥，为防止外物落入造成导体短路，在母线桥的上部还可加无孔的盖板。屋外母线桥的导体相间距离一般采用650~1200mm。由于母线桥需要使用的支柱绝缘子较多，导体截面积较大，为减少投资，设计时应尽量缩短母线桥的长度。

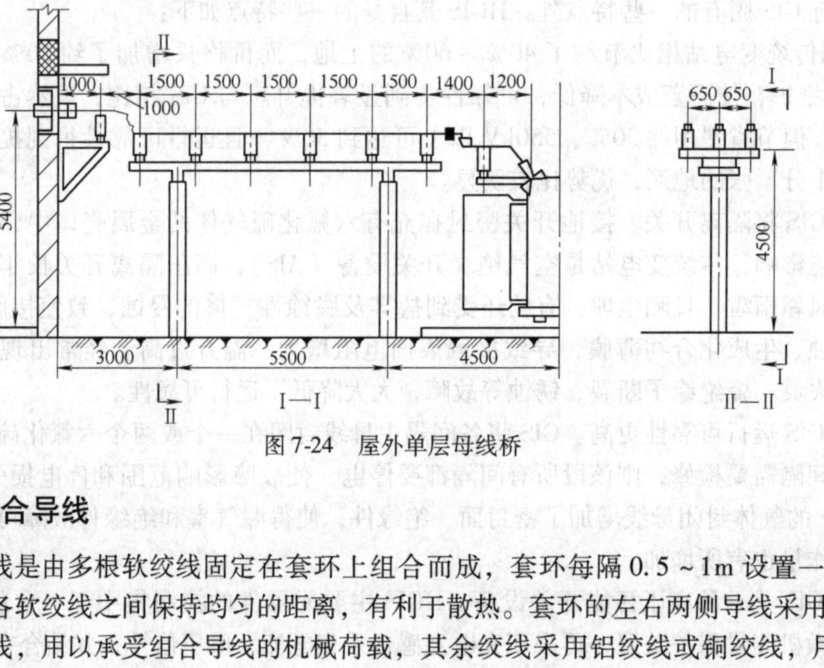

图7-24 屋外单层母线桥

二、组合导线

组合导线是由多根软绞线固定在套环上组合而成，套环每隔0.5~1m设置一个，套环的作用是使各软绞线之间保持均匀的距离，有利于散热。套环的左右两侧导线采用钢芯铝绞线作为悬挂线，用以承受组合导线的机械荷载，其余绞线采用铝绞线或铜绞线，用于载流。组合导线用悬式绝缘子悬挂在主厂房、屋内配电装置的墙上或专用的门形架上，其跨距由组合导线的机械载荷决定，通常不大于40m。

组合导线具有散热好、趋肤效应小，有色金属消耗量小、支柱绝缘子和构架需要量小、投资省、可靠性高、维护工作量小等优点，它适用于跨距较大、载流量也较大的连接，变电站也有将组合导线用于变压器低压侧与屋内配电装置间的连接。

三、封闭母线

封闭母线为硬导体，可以密集布置，可避免因气候、污秽气体和落下外界物体造成短路故障，具有较高的运行可靠性，采用GIS的屋内变电站中常用封闭母线连接变压器与GIS。图7-25所示的是采用GIS的220kV和110kV二层式屋内配电装置主变压器进线断面图。

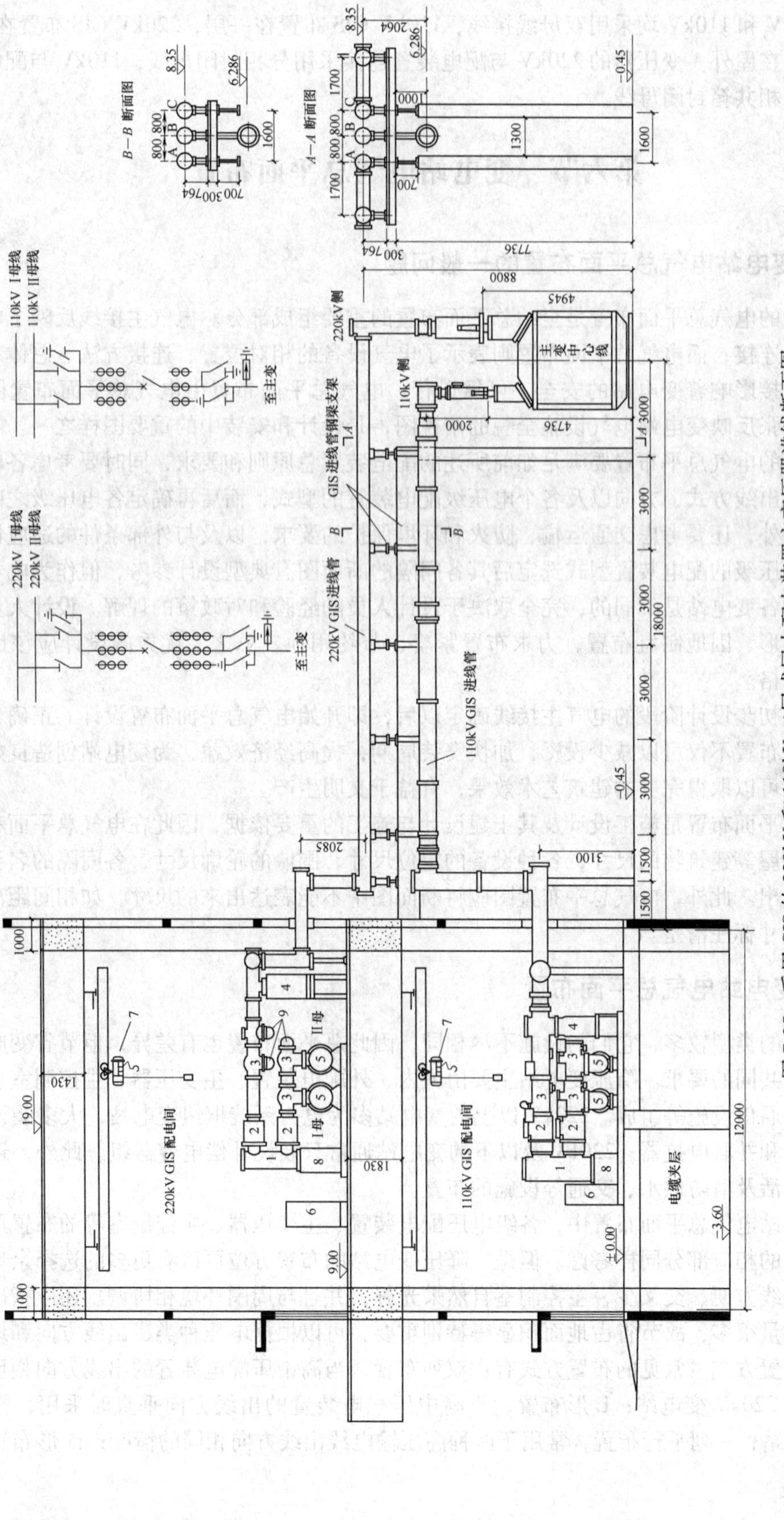

图 7-25　采用 GIS 的 220kV 和 110kV 二层式屋内配电装置主变压器进线断面图

1—断路器　2—电流互感器　3—隔离开关　4—避雷器　5—母线　6—控制柜　7—桥式起重机　8—断路器操动机构　9—接地隔离开关

图中，220kV 和 110kV 均采用双母线接线，110kV GIS 布置在一层，220kV GIS 布置在二层，主变压器放在屋外。变压器的 220kV 与配电装置连接采用分相封闭母线，110kV 与配电装置连接采用三相共箱封闭母线。

第六节 变电站电气总平面布置

一、变电站电气总平面布置的一般问题

变电站的电气总平面布置是全站总平面布置的重要组成部分。电气主接线反映了电气设备间的电气连接，而电气总平面布置则表示了电气设备的相对位置、连接方法、总体布局和定位，它直接影响着变电站的安全、可靠运行。电气总平面布置由电气总平面布置图来表示，它是一张反映变电站电气设施全貌的俯视图，是设计和安装中的重要图样之一。

变电站的电气总平布置要满足如前所述的配电装置总原则和要求，同时要考虑各电压级配电装置的出线方式、方向以及各个电压级配电装置的型式，而后再确定各电压级之间的相互位置。另外，还要考虑交通运输、防火和环境保护的要求，以及与外部条件的适应性。可以说，各电压级的配电装置型式选定后其各间隔的断面图有典型设计参考，但作为电气总平布置图对于各变电站是不同的，完全取决于设计人员的经验和对政策的理解。设计人员应该结合地质地形、因地制宜布置，力求布置紧凑、节约用地。总之，优秀的设计应该因地制宜，不拘一格。

一般在初步设计阶段的电气主接线确定以后，即开始电气总平面布置设计。正确合理的电气总平面布置不仅可以减少投资，加快安装周期，提高经济效益，为变电站创造良好的运行条件，还可以取得完美的建筑艺术效果，有益于文明生产。

电气总平面布置是施工设计及其土建设计与施工的重要依据，因此在电气总平面布置图中应该将房屋等建筑物的尺寸，各种设备的定位尺寸，围墙的轮廓尺寸，各间隔的名称等均无遗漏的标出。此外，电气总平布置图应将断面图中不能表达出来的尺寸，如相间距离、间隔宽度等尺寸标注清楚。

二、变电站电气总平面布置

变电站的类型较多，它们的设施不尽相同，因此总平面布置也有差异，但节省变电站的占地面积是共同的要求。降压变电站主要由屋内、外配电装置、主变压器、主控制室、直流系统、远动通信设施等组成。220kV 以上的变电站多为电力系统枢纽变电站，大多装设有无功补偿装置和并联电抗器；220kV 及以下的变电站通常只装设补偿电容器组。此外，还应考虑变电站生活及消防供水、交通等设施的布置。

在变电站电气总平面布置中，各级电压配电装置、主变压器、主控制室等的布置可参照火力发电厂的相应部分同样考虑。但是，降压变电站的布置方位可以有更多的选择余地，以便使其进出线方便、交叉少，主控制室自然采光好，并且与周围环境相协调。还应指出，由于变电站数量很多，故节省占地面积显得特别重要，可以根据电压种类、出线方向和地形选择不同的布置方式。常见的布置方式有：双列布置，当高中压配电装置的出线方向相反时采用，常用于 220kV 变电站；L 形布置，当高中压配电装置的出线方向垂直时采用，常用于 110kV 变电站；一列平行布置，常用于两种高压输电线出线方向相同的情况；Π 形布置，当

有三种电压架空出线时采用，如500kV/220kV/110kV或220kV/110kV/35kV均采用架空出线时，三个高压配电装置可采用该布置方式。根据设计经验，设计变电站电气总平面布置时应综合考虑下面几方面的问题：

1. 变压器

主变压器是变电站内最大、最贵重的设备，它直接与各电压级配电装置相连，因此确定主变压器位置与布置方式对总平面布置有很大影响，应首先安排好与主变压器有关的布置。

1）主变压器的方位。主变压器方位与其各电压级引出线套管的位置关系密切。只有两个电压级的变电站，通常将主变压器放在高低压配电装置之间，有三个电压级的变电站必须将主变压器高压引出线的套管对准其高压配电装置的进线间隔，因为高压架空线的转弯半径大，避免过大的转弯半径增大总占地面积。同时还要兼顾考虑主变压器其他电压级引出线的位置，尽量直接进入该电压级的配电装置，避免转弯歪斜。应尽量缩短主变压器低压引出线的距离，因为主变压器低压侧电压低、电流大，导体截面积大，缩短距离可以减少导体和支柱绝缘子的投资，降低导体的损耗。

2）主变压器的间距。两台以上主变压器的变电站，主变压器放置在屋外，它们之间的间距不能小于2m。对油量大于2500kg的变压器放置在屋外时，为防止一台事故时危及另一台的安全，主变压器之间的距离要大于8m，否则需要在主变压器之间设置防火墙。

3）主变压器储油坑尺寸。主变压器实际上是放在储油坑的导轨上，当屋外单个油箱的油量在1000kg以上时，应该设置可以容纳100%油量的储油坑，坑中铺厚度不小于250mm的卵石层，卵石的直径为50～80mm。储油坑的尺寸应该是主变压器外廓尺寸的每边加1m。

2. 道路

变电站的道路分为主要道路（大门至控制楼、主变压器的道路，需行驶大型平板车），次要道路（需行驶汽车的道路）和巡视及人行小道。大中型变电站中，为了用载重汽车搬运电气设备，一般要设置3.5m宽的环行道（次要道路）。通常由大门到主变压器前和到断路器要构成环行道，而且由大门到主控制室、主变压器的道路（主要道路）的宽度可以加宽到4～5m。变电站内道路的转弯半径不能小于7m，一般取7～7.5m。屋外配电装置的巡视及人行小道宽度为0.8～1m，也可以利用电缆沟的盖板作为巡视通道。

3. 各电压级配电装置

各电压级配电装置的布置应有以下几个因素的考虑：

1）方位。应考虑进出线的方向，避免或尽量减少各电压级架空出线的交叉，尽量缩短主变压器各侧引线的长度并避免交叉，注意平面布置的整体性。

2）布置。配电装置的布置应该尽量做到整齐清晰，各间隔之间应有明显的界线，对屋外配电装置中同一用途的同类设备应布置在同一个中心线上（如隔离开关、断路器、电压互感器、电流互感器等），而对屋内配电装置应该布置在同一标高上。

3）架空线。出线间隔应该根据出线走廊规划的要求排列，尽量避免交叉。单列布置时，尽量不在两个以上相邻间隔同时引出架空线，可以与进线、电压互感器等间隔交叉布置。110kV及以上电压级架空线的全程均架设接闪线，在平面图上应反映出来。

4）低压配电装置。变电站的低压配电装置是指6～20kV配电装置，它们应选屋内式，其尺寸由详细计算各高压开关柜的尺寸、个数和巡视维护、操作通道而定。

4. 主控制室

主控制室的安排应该考虑美观、位置适中、便于和各电压级的配电装置联系，一般靠近大门，并应该考虑设置维修间、运行人员休息室等。高压配电装置为双列布置时，控制楼宜布置在两列中间的端部；为L形布置时宜布置在缺角处；为一列布置时宜平行布置在中间位置。

5. 补偿电容器室

考虑电容器易爆，不能与主控制室及其配电装置设置在同一室内，但应该尽量与同电压级配电装置靠近，以减少电缆的长度。

6. 端子箱、配电箱与电缆沟

断路器、电压互感器、电流互感器及主变压器旁边均应有端子箱，因为其二次电缆需下电缆沟入主控制室，所以各个电压级配电装置都应有通往主控制室的电缆沟。配电箱是供检修用的动力电源。端子箱、配电箱与电缆沟在总平面布置图上都应考虑。

7. 相位关系

各电压级配电装置的相序排列应该尽量一致，一般原则是：面对出线，自左至右，由远至近，从上到下，按A、B、C相顺序排列。

8. 大门与围墙

大门应该考虑靠近公路，尽量避免再从公路到大门专门修路，而且主控制室应靠近大门。站区应设实体围墙，围墙高度为2.2～2.5m。

三、半屋内110kV变电站举例

该变电站定位为220kV变电站中间联络站或用户终端变电站，采用半屋（户）内布置，所有电气设备均安装在一栋建筑物内，主变压器安装在屋外，容量为2×50(63)MV·A。本方案适用于人口密度高、用地紧张、对环境要求较高的城市地区或大型企业。

1. 电气主接线

1）110kV电气主接线。最终2回出线，2回主变压器进线，采用内桥形接线，该站的电气主接线如图7-26（见全文后插页）所示。

2）10kV电气主接线。最终12回电缆出线，2回主变压器进线，采用单母线分段接线，母线之间设分段断路器，装设2组母线设备。

10kV无功补偿装置按每台主变压器配置2×3000kvar电容器组，分别装设在10kV的两段母线上。

2. 各级电压中性点接地方式

变压器中性点接地方式：110kV侧直接接地或不接地。10kV侧全部采用电缆出线，如果电网单相接地电容电流较大，就需要采用消弧线圈进行补偿，主变压器10kV侧没有中性点，为了接入消弧线圈，可采用接地变压器并兼站用电。

3. 主要设备选择

1）主变压器。选用三相两绕组铜芯自冷、有载调压、低噪声变压器，为限制10kV短路电流选用高阻抗产品。型号：SZ10—50000/110；额定电压：110±8×1.25%/10.5kV；联结组标号：YNd11；阻抗电压：$U_d=16\%$。

2）110kV设备。选用六氟化硫全封闭组合电器（GIS）。

① 断路器：开断电流为31.5kA，额定电流为2000A，3s热稳定电流为31.5kA，动稳定电流峰值为100kA。

② 隔离开关、接地开关、快速接地开关：额定电流为2000A，3s热稳定电流为31.5kA，

动稳定电流峰值为100kA。快速接地开关的结构不同于一般接地开关，它具有灭弧功能，能够多次关合短路电流而不至损坏，通常在110kV系统中关合电流可达到80kA，220kV系统中关合电流可达到125kA。此外，它的动作关合时间很短，一般可以达到零点零几秒。如果带电输电线路上或GIS内部出现了故障，该故障短路电流不足以使上级变电站断路器跳闸切出故障，会使线路故障或GIS内部故障延伸扩大，对GIS造成损坏。此时如果GIS设备的快速接地开关快速动作合闸、人为地制造一个接地短路故障点，使上级断路器跳闸，就可以确保GIS及人身安全。

③ 电流互感器：出线及母联额定电流比为2×600/5A，主变压器进线额定电流比为2×300/5A，3s热稳定电流为40kA，动稳定电流峰值为100kA。

④ 电压互感器：选用电磁式电压互感器，电压比为$(110/\sqrt{3})/(0.1/\sqrt{3})/(0.1/\sqrt{3})/0.1$kV，准确级0.2/0.5/3P。

母线：主母线选用共箱，考虑穿越功率及主变压器容量，额定电流选为2000A。实际工程设计中可根据母线穿越功率实际数值，经过计算合理选择主母线规格。

3）10kV设备

① 高压开关柜：选用金属铠装移开式开关柜，柜内配置VS1真空断路器；额定电流：进线柜为3150A，出线柜为1250A；额定开断电流：进线柜为40kA，出线柜为31.5kA。

② 电容器组：按每台主变压器10kV侧装设两组3000kvar电容器组，采用构架式成套电容器组，单只容量为500kvar，单星形接线，配1%干式铁心串联电抗器，仅考虑限制电容器组涌流。实际工程设计中可根据工程实际情况确定串联电抗器的额定感抗以限制相应的高次谐波。

③ 接地变压器及消弧线圈：接地变压器选用干式，最终容量为两台700kV·A，两台接地变分别接于10kVⅠ、Ⅱ段母线上。接于Ⅰ、Ⅱ段母线上的接地变压器容量含站用变压器，站用变压器容量为100kV·A。实际工程设计中可根据电容器的电流实际数值合理选择补偿容量。

4）导体选择

① 110kV母线：考虑穿越功率及主变压器容量，GIS主母线额定电流选用2000A。

② 10kV母线：按单台主变压器容量（50MV·A）计算，选用铜硬导体2（TMY—125×10），其允许载流量为3091A（修正值）。

4. 站用电

站用电引自#1、#2接地变压器，容量为2×100kV·A，分别引自两台主变压器低压侧。

5. 电气布置

1）主变压器及110kV、10kV配电装置均采用屋内布置，建综合楼一座，框架结构，地上二层，地下一层为电缆夹层。

2）主变压器、10kV配电装置、电容器、接地变压器及消弧线圈布置在一层；计算机监控系统、电能表屏、保护屏、110kV配电装置布置在二层，地下一层布置电缆。两台主变压器布置在综合楼外，如图7-27和图7-28所示。

3）110kV配电装置采用屋内GIS设备，布置在综合楼二层，见图7-10。110kV主变压器进线采用架空进线，110kV线路采用架空出线，如图7-10所示。10kV配电装置布置在综合楼±0.00m层，10kV开关柜采用双列布置。主变压器进线采用架空导线、10kV出线采用电缆。主控制室、蓄电池室布置在综合楼二层。10kV电容器组、接地变压器及消弧线圈布置在主控制室下方。

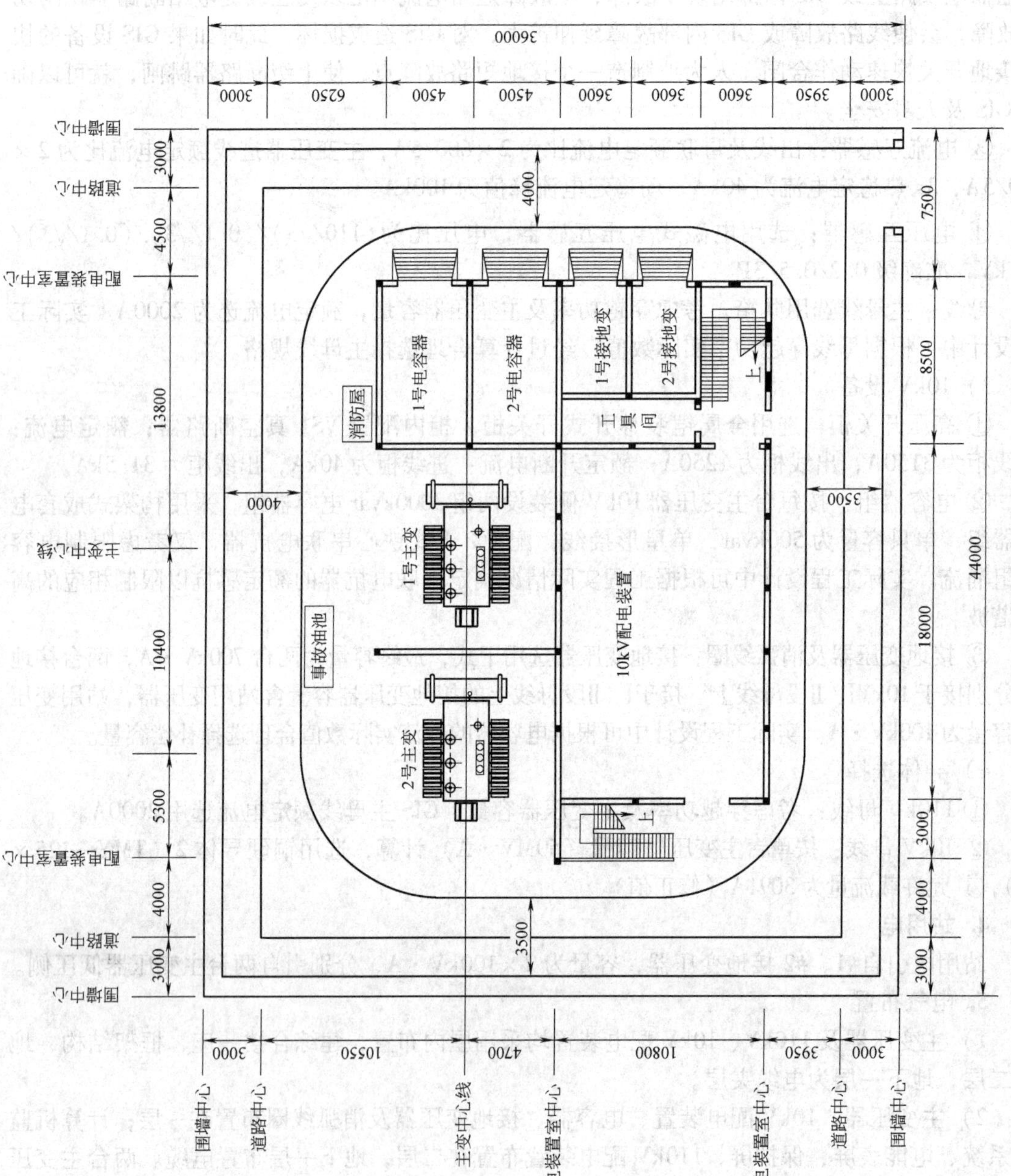

图 7-27 采用 GIS 的 110kV 半屋内变电站电气总平面及一层电气平面布置图

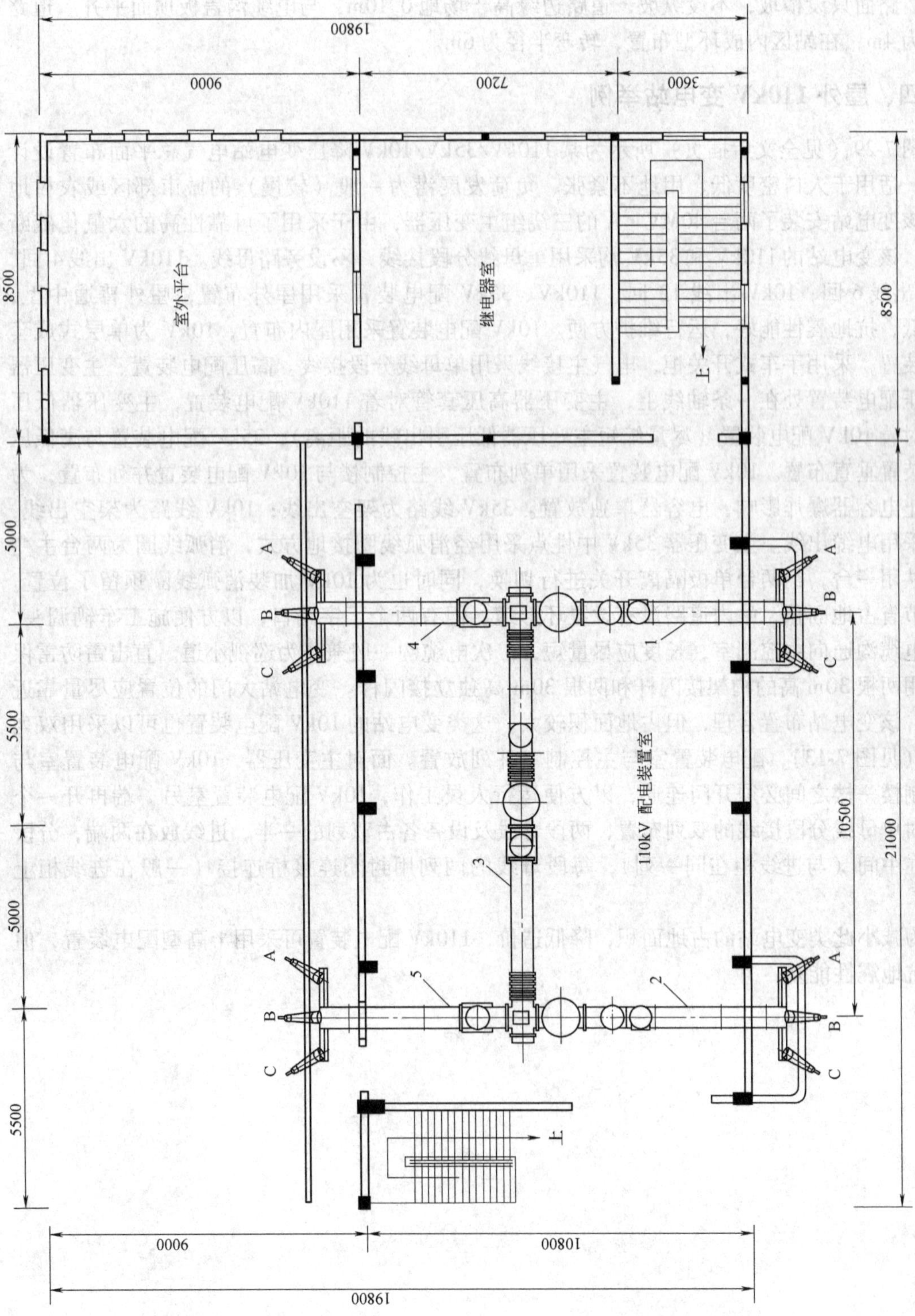

图 7-28　采用 GIS 的 110kV 半屋内变电站二层电气平面布置图

1、2—110kV 出线　3—内桥间隔　4、5—主变压器进线

4）站区呈矩形布置，长为44m，宽为36m。站内道路采用公路型道路，路面为混凝土路面。路面只设横坡，不设纵坡，道路边缘高于场地0.10m，与电缆沟盖板顶面平齐。道路宽度为4m，在站区内成环型布置，转弯半径为6m。

四、屋外110kV变电站举例

图7-29（见全文后插页）所示为某110kV/35kV/10kV降压变电站电气总平面布置设计方案，适用于人口密度低、用地不紧张、负荷发展潜力一般（较慢）的城市郊区或农村地区。该变电站安装了两台40MV·A的三绕组主变压器，由于采用了可靠性高的六氟化硫断路器，该变电站的110kV和35kV均采用单母线分段接线，不设旁路母线。110kV出线4回，35kV出线6回，10kV出线12回。110kV、35kV配电装置采用屋外布置，屋外普通中型，造价低，抗地震性能好，运行维护方便。10kV配电装置采用屋内布置，10kV为单层式成套配电装置，采用手车式开关柜，电气主接线采用单母线分段接线。高压配电装置、主变压器和低压配电装置处在一条轴线上，主变压器高压套管对着110kV配电装置，主变压器低压套管对着10kV配电装置（尽量缩短主变压器低压引出线的距离），35kV配电装置与高低压配电装置垂直布置。10kV配电装置采用单列布置，主控制楼与10kV配电装置并列布置，为了防止电容器爆炸影响，电容器单独放置。35kV线路为架空出线；10kV线路为架空出线，也可采用电缆出线。主变压器35kV中性点采用经消弧线圈接地方式，消弧线圈为两台主变压器共用一台，经两台单极隔离开关进行切换，同时也为10kV加装消弧线圈预留了位置。为了节省占地面积，站内道路没有设置环形道，但有两个丁字路口，以方便施工车辆调头。二次电缆沟通向主控制室，长度应尽量短，二次电缆沟一般兼作为巡视小道。直击雷防雷保护采用两根30m高的构架接闪杆和两根30m高独立接闪杆。变电站大门的位置应尽量靠近公路。该变电站布置合理，但占地面积较大。这类变电站的10kV配电装置也可以采用双列布置（见图7-13），配电装置室与主控制室并列放置。面对主变压器，10kV配电装置室与主控制楼一楼之间必须开门连通，以方便运行人员工作，10kV配电装置室另一端再开一个门。对单母线分段接线的双列布置，两段母线及设备各占双列的一半，进线放在两端，分段柜放在中间（与进线柜在同一列），每段母线的两列用封闭连接桥连接（一般在进线柜上方）。

为减小此类变电站的占地面积，降低造价，110kV配电装置可采用半高型配电装置，但这样抗地震性能差。

第八章　典型设计举例

变电站典型设计是电力部门实施集约化管理，统一工程建设标准、规范建设管理、提高设计质量、加快设计和评审进度、降低变电站建设和运行成本的重要措施，能够满足大规模电网建设的需要。本章详细介绍两个110kV变电站典型设计。

第一节　农村电网110kV变电站典型设计

本典型设计实施方案为《河南省电力公司农村电网110kV变电站典型设计实施方案》中的方案一，方案号为HNNW110—1。该设计的主变压器总容量为2×40MV·A；110kV、35kV配电装置采用屋外布置，10kV配电装置采用屋内布置；110kV、35kV架空出线，10kV也采用架空出线。该变电站适用于人口密度低、用地不紧张、负荷发展潜力一般（较慢）的城市郊区或农村地区。

一、电气一次部分

1. 电气主接线

（1）变电站设计规模

本变电站为110kV/35kV/10kV三级电压，设计规模如下：

1）主变压器：远期2×40MV·A，本期1×40MV·A。

2）110kV出线：远期4回，本期1回。

3）35kV出线：远期6回，本期3回。

4）10kV出线：远期12回，本期6回。

5）无功补偿装置：远期每台主变压器10kV侧装设两组电容器，容量分别为3000kvar和1800kvar；本期装设3000kvar和1800kvar各一组。

（2）110kV电气主接线

远期采用单母线分段接线，本期采用线路变压器组接线。

（3）35kV电气主接线

远期采用单母线分段接线，本期采用单母线接线。

（4）10kV电气主接线

远期采用单母线分段接线，本期采用单母线接线。

2. 各级电压中性点接地方式

110kV中性点采用直接接地方式。

35kV中性点采用不接地方式，实际工程根据单相接地电容电流计算确定是否采用经消弧线圈接地方式；本期预留35kV消弧线圈位置。

10kV中性点采用不接地方式，实际工程根据单相接地电容电流计算确定是否采用经消弧线圈接地方式；本期预留10kV消弧线圈位置。若实际工程电容电流大于要求，由于主变压器10kV侧为三角形联结，需要采用接地变压器，可将站用变压器控制柜更换为接地变压器控制柜，在屋外安装箱式接地变压器消弧线圈。实际工程设计中可根据电容器电流的实际数值合理选择补偿容量。

3. 短路电流水平

110kV：31.5kA；

35kV：20kA；

10kV：16kA。

实际工程设计中，应根据电力系统短路阻抗值进行短路电流计算确定其（电气设备）短路电流水平。

4. 主要设备选择

（1）主变压器

选用低损耗三相三绕组自冷式有载调压变压器。

型号：SSZ10—40000kV·A/110kV；

容量比：40000/40000/40000kV·A；

电压比：110±8×1.25%/38.5±2×2.5%/10.5kV；

联结组标号：YNyn0d11；

短路电压百分数：$U_{12}=10.5\%$；$U_{13}=18\%$；$U_{23}=6.5\%$；

实际工程设计中，应根据当地系统条件来选择电压比及阻抗电压。

（2）110kV设备

1）断路器选用户外瓷柱式单断口六氧化硫断路器，LW—126/3150A—40kA型，额定电压为126kV，额定电流为3150A，额定开断电流为40kA，额定短时耐受电流为40kA（4s），额定峰值耐受电流为100kA。

2）隔离开关选用户外双柱水平开启式隔离开关，GW4—126ⅡDW 1250A型；额定电压为126kV额定电流为1250A，单接地和双接地两种，额定短时耐受电流为31.5kA（3s），额定峰值耐受电流为80kA，隔离开关主刀配电动操动机构，接地开关配手动操动机构，2台/组。

3）电流互感器选用屋外油浸式电流互感器，LB7—110W3型；额定电流比为2×300/5A。二次线圈准确度级为5P/5P/5P/0.5/0.2S，额定容量比为40/40/40/30/30V·A。

4）电压互感器选用电容式电压互感器，TYD—110/$\sqrt{3}$—0.02H型；额定电压比为110/$\sqrt{3}$/0.1/$\sqrt{3}$/0.1/$\sqrt{3}$/0.1kV，准确级为0.2/0.5/3P，准确级容量比为150/150/100V·A。

5）避雷器选用无间隙氧化锌避雷器，Y10W—102W/266kV型，附在线监测仪。

6）110kV支柱绝缘子为ZSW—126/6型。

（3）35kV设备

1）断路器选用户外真空断路器。主变压器进线断路器选用ZW□—40.5/1600—31.5KA型；额定电压为40.5kV，额定电流为1600kA，额定开断电流为31.5kA，额定短路关合电流为80kA，4s热稳定耐受电流为31.5kA。内置电流互感器，LZZBJ4—40.5型，12只；额定电流比为600～800～1200/5A，准确级次组合为0.2S/0.5/10P20/10P20。出线断路器为ZW□—40.5/1600—25kA型；额定电压为40.5kV，额定电流为1600kA，额定开断电流为25kA，额定短路关合电流为63kA，4s热稳定耐受电流为25kA。内置电流互感器，

LZZBJ4—40.5 型，12 只；额定电流比为 200～300～400/5A，准确级次组合为 10P20/10P20/0.5/0.2S。

2）隔离开关选用水平开启式隔离开关，GW5—40.5ⅠDW/1250A 型，单接地，GW5—40.5W/1250A 型，不接地，GW5—40.5ⅡDW/1250A 型，双接地。屋外三相，V 型双柱，水平断口型，动稳定电流峰值为 50kA，4s 热稳定耐受电流为 20kA，隔离开关及接地开关均为手动操动机构。

3）电压互感器选用屋外单相，JDZXW—35W2 型；电压比为 $35/\sqrt{3}/0.1/\sqrt{3}/0.1/\sqrt{3}/0.1$kV，带 LXQ—35（D）型消谐器，准确级次组合为 0.2/0.5/3P，准确级容量比为 30/30/150V·A。

4）屋外高压限流熔断器，RW10—35/0.5A 型；额定电压为 35kV，额定电流为 0.5A。

5）氧化锌避雷器，Y5WZ—51/134 型，屋外单相，附在线监测仪。额定电压为 51kV，标称放电电流为 5kA，5kA 雷电冲击电流残压为 134kV。

（4）10kV 设备

10kV 选用屋内全封闭金属铠装中置式手车开关柜，断路器采用真空断路器。各回路开关柜选择如下：

主变压器进线断路器额定电流为 3150A，开断电流为 40kA。出线额定电流为 1250A，开断电流为 31.5kA。

进线开关柜包括：真空断路器手车 1 台，额定电流为 3150A，额定开断电流为 40kA，额定短路关合电流为 100kA，4s 热稳定耐受电流为 40kA；电流互感器 3 只，额定电流比为 3000/5A，准确级次组合为 0.2S/0.5/10P20/10P20；氧化锌避雷器，YH5WZ—17/45 型，屋内单相 3 只，额定电压为 17kV，标称放电电流为 5kA，5kA 雷电冲击电流残压为 45kV。

母线分段隔离柜包括：真空断路器手车 1 台，额定电压为 12kV，额定电流为 3150A，4s 热稳定电流为 40kA；隔离手车 1 台，额定电压为 12kV，额定电流为 1250A，4s 热稳定电流为 31.5kA。

母线 TV 及避雷器柜，其中包括：电压互感器手车 1 台，干式电压互感器（一次侧带消谐）单相 3 台，准确级次组合为 0.2/0.5/3P，氧化锌避雷器型号为 YH5WZ—17/45，屋内单相 3 只，额定电压为 17kV，标称放电电流为 5kA，5kA 雷电冲击电流残压为 45kV；高压熔断器 3 只，额定电压为 12kV，额定电流为 0.5A。

架空出线柜包括：真空断路器手车 1 台，额定电流为 1250A，额定开断电流为 31.5kA，额定短路关合电流为 80kA，4s 热稳定耐受电流为 3.15kA；电流互感器 2 只，额定电流比为 200（400）/5A；准确级次组合为 10P20 /0.5/0.2；氧化锌避雷器，YH5WZ—17/45 型，屋内单相 3 只，额定电压为 17kV，标称放电电流为 5kA，5kA 雷电冲击电流残压为 45kV。

电容器出线柜包括：真空断路器手车 1 台，额定电流为 1250A，额定开断电流为 31.5kA，额定短路关合电流为 80kA，4s 热稳定耐受电流为 31.5kA；电流互感器 3 只，额定电流比为 200（400）/5A，准确级次组合为 10P20/0.5/0.2S；氧化锌避雷器，YH5WZ—17/45 型，屋内单相 3 只，额定电压为 17kV，标称放电电流为 5kA，5kA 雷电冲击电流残压为 45kV。

站用变压器控制柜包括：变压器手车 1 台；高压负荷开关熔断器 1 组，额定电压为 10kV，额定电流为 10A；干式变压器 1 台，型号为 SC10—100/10。

10kV 出线穿墙套管为 CWW—10/1250—4 型。

（5）10kV 无功补偿装置

选用构架式并联电容器组成套装置，容量分别为3000kvar 和1800kvar；电抗器采用干式空心电抗器，电抗率为1%。确切容量在实际工程设计中可经系统论证后调整。

型号：TBB10.5—3000—3W。

屋外成套式，每套含：GW4—20DW/630A 型（四极联动）隔离开关1组；BFM11/$\sqrt{3}$—500 型电容器6只；YH5WR—17/45 型避雷器3只；FDGQ2—12/$\sqrt{3}$—1.7—1W 型放电线圈3台；电抗器选用干式空心串联电抗器1套，电抗率为1%。

型号：TBB10.5—1800—3W。

屋外成套式，每套含：GW4—20DW/630A 型（四极联动）隔离开关1组；BFM11/$\sqrt{3}$—300 型电容器6只；YH5WR—17/45 型避雷器3只；FDGQ2—12/$\sqrt{3}$—1.7—1W 型放电线圈3台；电抗器选用干式空心串联电抗器1套，电抗率为1%。

电缆：YJV22—8.7/15kV—3×185。

（6）导体选择

110kV 母线选择软导线，型号为 LGJ—500；实际工程设计中可根据母线穿越功率，经计算后合理选择。

35kV 母线选择软导线，型号为 LGJ—300；实际工程设计中可根据母线穿越功率，经计算后合理选择。

10kV 开关柜内母线选择硬导线，选用矩形铝导体2，TMY—100×10 型。

主变压器110kV 进线按经济电流密度选择，选用软导线，LGJ—300/25 型。

主变压器35kV 进线按经济电流密度选择，选用软导线，LGJ—500/35 型。

主变压器10kV 进线按低压侧额定电流选择，选用铝母线2，TMY—100×10 型。

5. 绝缘配合及过电压保护

1）电气设备的绝缘配合。为防止雷电侵入波及操作过电压对电气绝缘的危害，在110kV、35kV、10kV 母线及主变压器中性点设置了氧化锌避雷器，并在主变压器中性点加装保护间隙与氧化锌避雷器实现绝缘配合。

为防止电容器操作过电压，在并联电容器首端装设氧化锌避雷器，另外在装设真空断路器的开关柜内均装设氧化锌避雷器。

2）过电压保护。为防止雷电侵入波及操作过电压对电气绝缘的危害，在各级电压母线、主变压器中性点、35kV 及10kV 母线桥设置氧化锌避雷器。

3）防直击雷保护。为防止雷电对电气设备的直接袭击，防雷设施为在站区设置两座30m 的构架接闪杆和两座30m 高独立接闪杆，保护范围为全站带电设备、架构及35kV 出线档。独立接闪杆采用钢管焊接，法兰对接。

6. 接地

变电站内接地网敷设以水平接地体为主、垂直接地极为辅的复合式人工接地装置。水平接地网用-60mm×6mm 热镀锌扁钢，垂直接地极用∠50mm×50mm×2500mm 热镀锌角钢，以-60mm×6mm 的热镀锌扁钢做设备引下线。全站接地网接地电阻按 DL/T621—1997《交流电气装置的接地》、豫电生［2006］597 号文《关于印发电力工程接地和过电压保护若干技术措施的通知》的规定。

在二次电缆沟内、继电室保护柜下敷设等电位网，继电室采用25mm×4mm铜排，电缆沟采用$100mm^2$铜缆。

7. 电气设备布置及配电装置

（1）电气总平面布置

110kV、35kV配电装置屋外布置；主变压器为屋外布置。110kV屋外布置在站区的北侧，向北架空出线；35kV屋外布置在站区的东侧，向东架空出线；

10kV配电装置室、继电器室及附属房间组成配电综合楼，按单层布置；10kV配电装置室布置在站区的南侧，向南架空出线；

主变压器布置在110kV配电装置和配电综合楼之间，方便接线；站内设有U形运输通道。

（2）配电装置布置

1）110kV配电装置布置。110kV配电装置三相母线采用屋外软导线、AIS设备中型双列布置。本工程远期规划出线4回，本期1回架空出线，备用3回架空出线。每个出线构架宽为8m、高度为10.0 m，母线高度采用7.5m。分段间隔间距为10m，为方便变电站后期扩建，本期分段间隔上装设隔离开关1组。

2）35kV配电装置布置。35kV配电装置三相母线采用屋外软导线。本工程远期规划出线6回，本期3回架空出线，备用3回架空出线。本期6个出线架构一次建成，母线构架上齐，每个出线架构宽为5m、高度为7.3m。分段间隔间距为6m，为方便变电站后期扩建，本期分段间隔上装设隔离开关1组。

3）10kV配电装置布置。10kV配电装置采用屋内成套开关柜布置。高压开关柜采用屋内单列布置，配电间尺寸为25.5m×5.5m。

4）10kV电容器布置。10kV电容器采用屋外构架式成套电容器组，单列布置，配电间隔尺寸为6.5 m×3.5 m。

8. 电缆设施

屋外电缆采用电缆沟和穿管敷设方式，10kV配电装置室电缆采用电缆沟敷设方式，继电器室电缆采用电缆沟敷设方式，10kV配电装置室与继电器室之间电缆采用电缆沟敷设方式。依据规程规定，电缆从室外进入室内的入口处及屏底开孔处均应采取有效的阻燃封堵，长度超过100m的电缆沟应采取防止电缆火灾蔓延的阻燃和分隔措施。

9. 站用电及动力照明

1）站用电。站内远期配置两台站用变压器，分别引自两台主变压器低压侧，本期上1台站用变压器，施工电源作为备用电源，引接长度按500m计划。具体工程可根据工程实际条件决定施工电源引接线的长度。

站用电为380V/220V三相四线制中性点直接接地系统，采用单母线分段接线。

2）站用变压器选择。根据站用电负荷计算，站用变压器容量选择为100kV·A，任何一台站用变压器均可承担全站负荷。选用油浸式无载调压变压器。

施工电源变压器选用油浸式无载调压变压器，容量为100kV·A。

3）低压交流屏选用抽屉式，布置在继电器室内。

4）动力电源系统。按功能区域配置检修电源，电源引自低压交流屏。

5）照明电源系统。照明电源系统根据运行需要和事故处理时照明的重要性确定。其电源分为交流站用电源和直流电源两种。交流站用电源来自低压交流屏，主要供正常照明；直流电源来自直流馈电屏，主要供站内事故照明。直流电源容量应满足维持事故照明1h的要求。

6）主要照明方式。屋内采用节能型灯具，屋外采用节能型投光灯和庭院灯组成混合式照明。屋外采用投光灯作为操作检修照明；配电装置室可采用投光灯配合荧光、节能灯混合照明；继电器室采用荧光灯、节能灯混合照明；其他房间采用组合式荧光灯照明。事故电源由蓄电池直流电源和所用中央配电屏交流电源切换后产生，配电装置室、继电器室、蓄电池室、进出口通道均设事故照明，事故照明采用节能灯。

二、站区总平面布置及交通运输

1. 站区场地概述

假定站址紧邻公路，交通条件便利，区域地势平坦。站址附近无地上文物古迹，无需拆迁建筑物，无地下矿产资源，也无重要的军事和通信设施，不受50年一遇洪水影响。

2. 站区总平面布置及交通运输

本方案为屋外变电站，全站总平面布置以北侧为110kV出线方向（假设），围墙内平面形式为矩形：东西长为74.8m，南北宽为68.8m。围墙内用地面积为5146m^2。110kV构架及设备基础布置在变电站北侧；35kV构架及设备基础布置在变电站东侧；10kV配电装置室、继电器室及辅助用房组成配电综合室布置在变电站南侧；主变压器构架及设备基础布置在110kV构架与配电综合室之间。主变压器运输道路直对进站道路，由变电站西侧引接。大门入口位于站区西侧中部。站区主要技术经济指标如表8-1所示。

表8-1　站区主要技术经济指标

序　号	项　目	单　位	数　量	备　注
1	围墙内占地面积	m^2	5146	
2	建筑面积	m^2	312	
3	建筑体积	m^3	1322	
4	站内道路面积	m^2	570	
5	站内围墙长度	m	284.2	

1）进站道路。假定进站道路由站址下面引接，长度取50m，路面宽度取4m，进站道路于引接公路接口处转弯半径取12m。

2）竖向布置。站区场地竖向布置采用平坡式、场地设计平均标高取为±0.00m。

建筑物室内外高差取0.45m。站区场地坡度在0.5%～2%之间，具体数值及坡度方向由工程设计根据站内排水条件决定。道路路面低于站区场地0.10m。

3）管沟布置。管沟尽量沿道路、建筑物平行布置，从整体出发，统筹规划，在平面与竖向相互协调，远近结合，间距合理，减少交叉，同时考虑便于检修和扩建。

室外电缆沟盖板高出地面0.10m，以免场地泥水流入沟内。电缆沟采用砌体结构（地下水位高时可采用混凝土结构），沟壁内外粉刷防水砂浆；每隔一定距离设置伸缩缝（伸缩缝间距根据具体工程确定）；沟底按0.3%坡度接入排水沟系统。穿越道路、围墙时，采用现浇钢筋混凝土电缆沟。

电缆沟盖板采用成品沟盖板，具有平整、加工方便、不易破损等优点。

4）站内道路。站内道路采用混凝土道路，根据变电站的选址情况，结合站址处周围环境条件，合理布置道路。围墙内设置U形道路兼主变压器运输道路，主道路宽为4.0m，路面为公路型混凝土路面。路面设横坡和纵坡，道路转弯半径均为7m。建构筑物的引接道路、转弯半径根据实际情况定。

三、环境保护

1）无线电干扰。导线、母线及设备的选用均满足可不进行电晕校验的条件，变电站高压设备外廓10m的无线电干扰值小于50dB，满足GB 8702—2014《电磁环境控制限值》的要求，符合国家规定的无线电干扰控制指标。

2）电磁辐射。高压电气设备在人们可能接近但不经常接近的个别区域工频电场的辐射强度满足国家相应限制值要求。

3）噪声。主变压器、轴流风机选用低噪声设备。

4）水污染防治。主变压器的渗漏油及事故油通过钢管排至总事故油池，经油水分离后，废水排入污水管网，变压器油回收处理。站内设置化粪池，定期清理，可杜绝水污染。

5）水土流失与防治。工程在站址平整、基础开挖过程中充分作好水土保持工作，积极采取措施，防止水土流失。

四、通风设计

配电综合楼通风以自然通风与机械排风相结合，事故通风采用自然进风、机械排风系统。10kV配电室配置3台轴流风机，蓄电池室配置1台轴流风机。事故通风机夏季作为辅助通风设备。排风机的起停采用稳定控制器控制，既可满足夏季室内温度不超过40℃，又能减少风机运作时间。

五、设计图样

本方案的电气一次部分初步设计图样清单如表8-2所示。

表8-2 图样清单

图 序	图样名称	图样编号
图8-1	典型设计1电气主接线图	
图7-29	110kV变电站电气总平面布置设计方案	
图8-2	110kV出线及母线电压互感器间隔断面图	
图8-3	主变压器110kV进线间隔断面图	
图8-4	110kV母线分段间隔断面图	
图8-5	35kV出线间隔断面图	
图8-6	35kV母线分段间隔断面图	
图8-7	35kV母线电压互感器间隔断面图	
图8-8	10kV配电装置室电气平面布置图	
图8-9	10kV进出线间隔断面图	

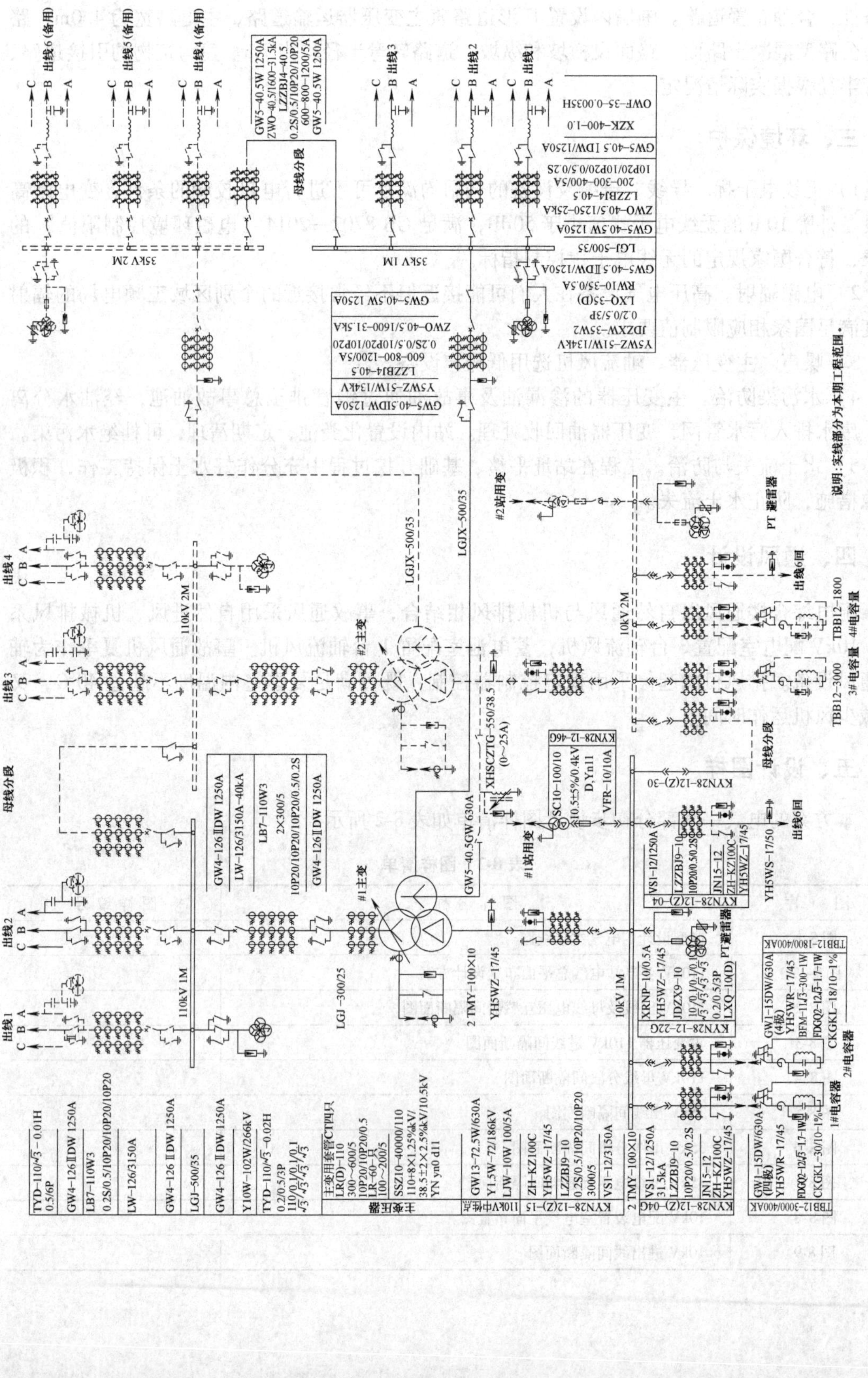

图 8-1 典型设计 1 电气主接线图

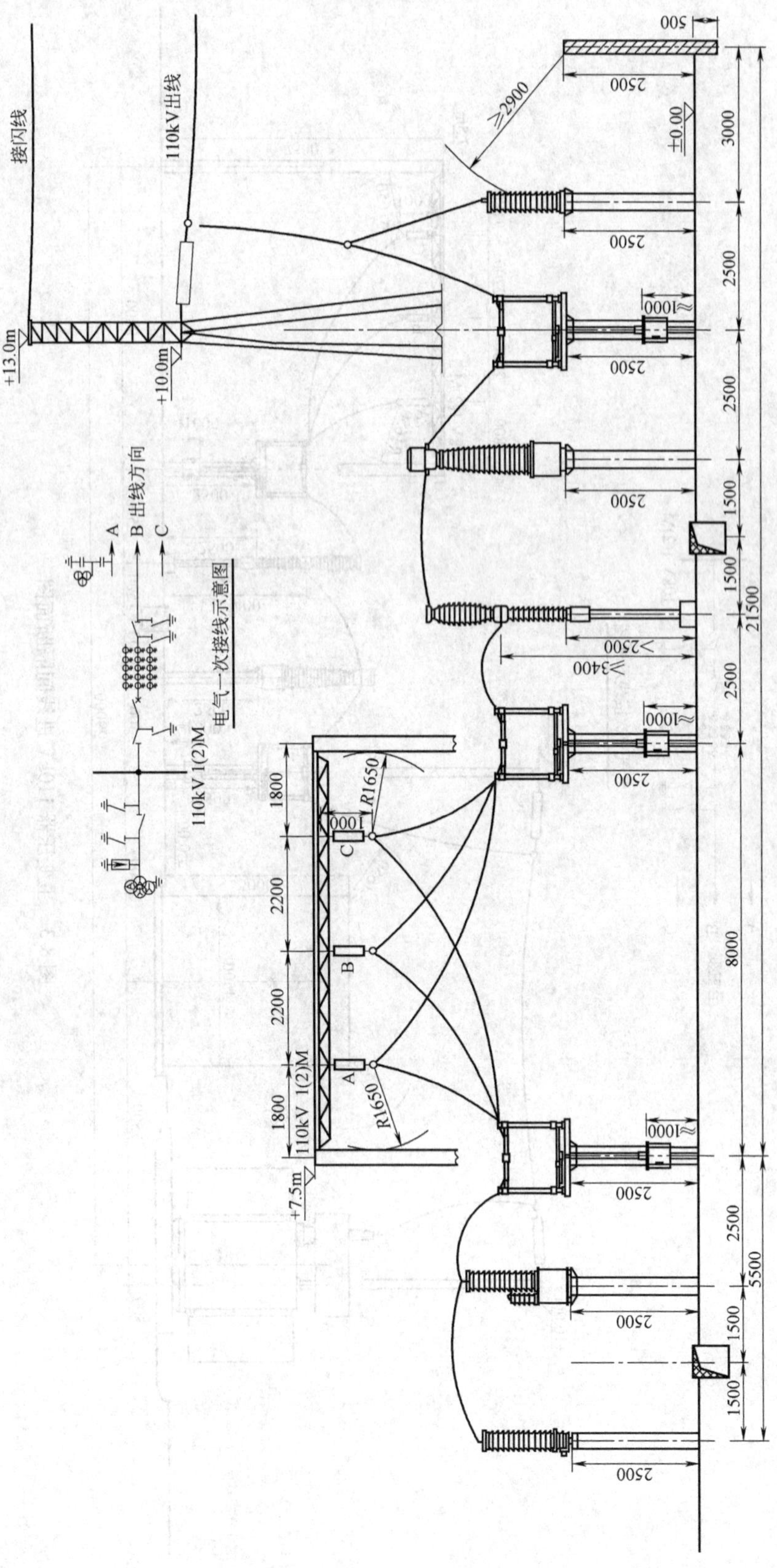

图 8-2　110kV 出线及母线电压互感器间隔断面图

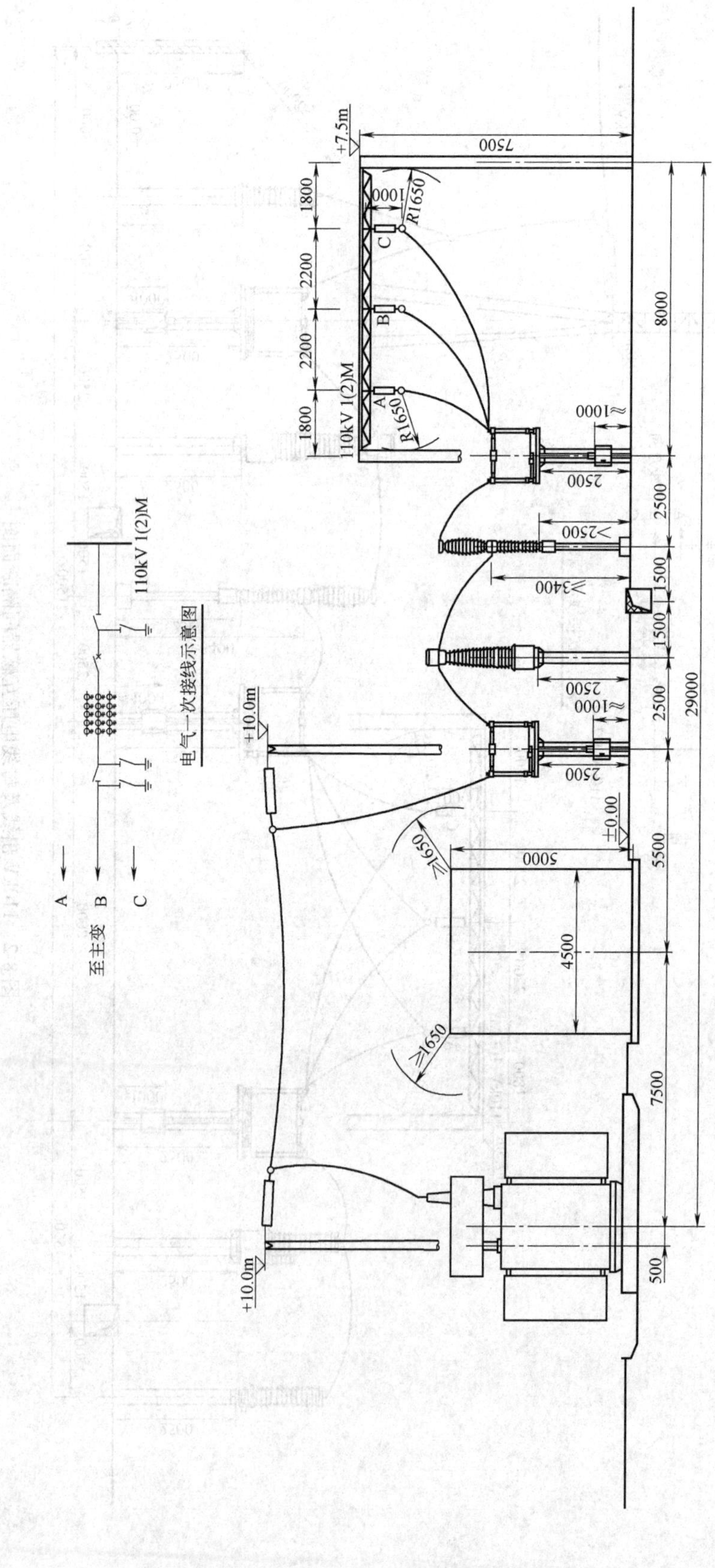

图 8-3 主变压器 110kV 进线间隔断面图

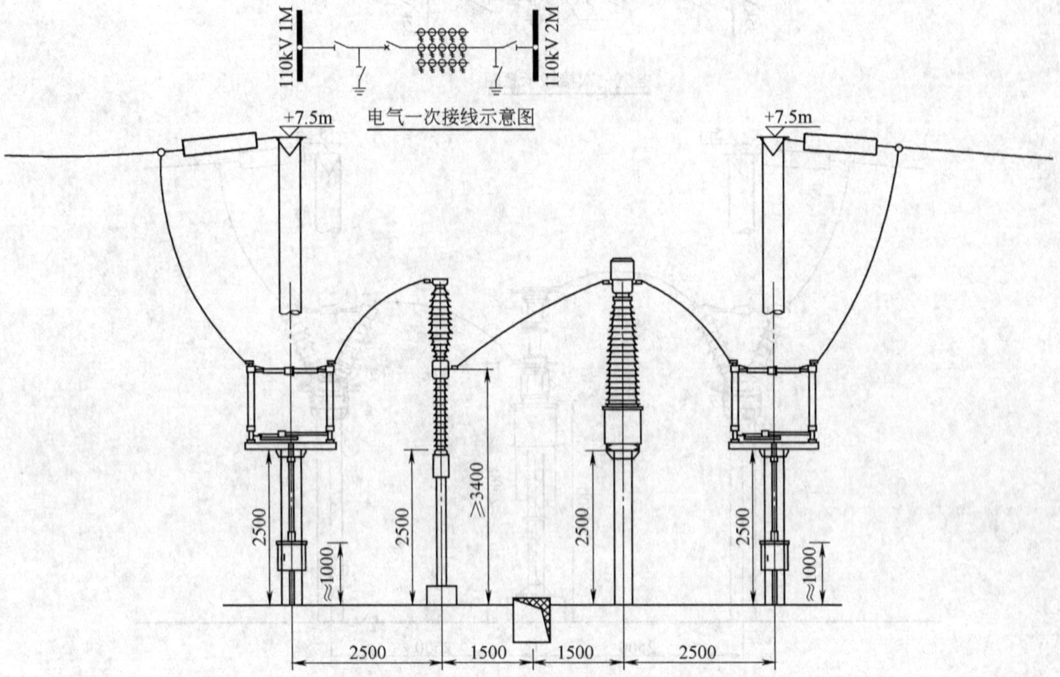

图 8-4　110kV 母线分段间隔断面图

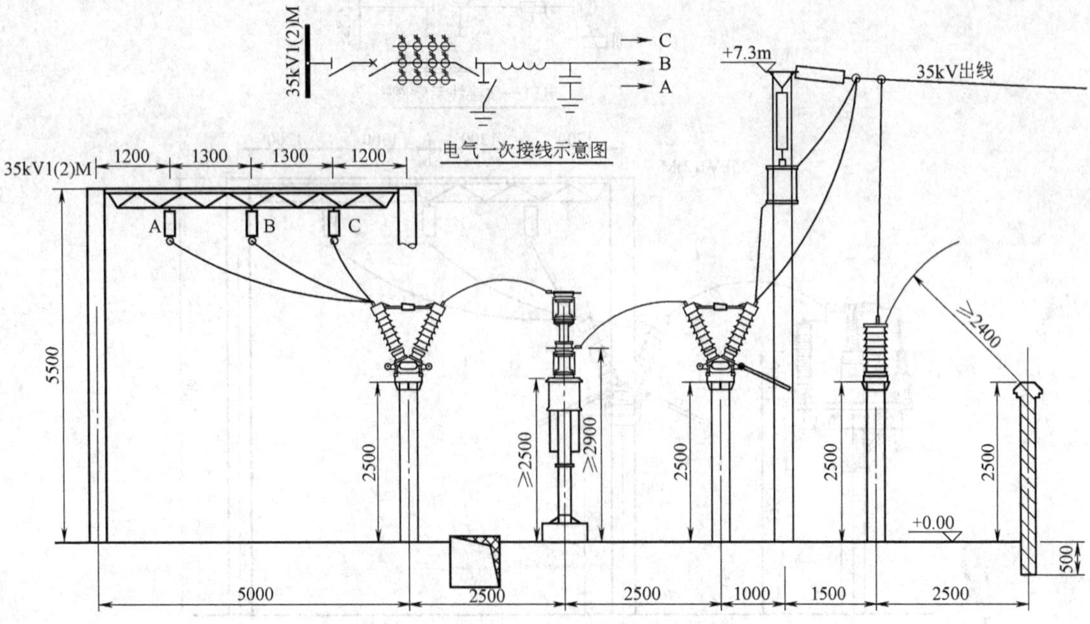

图 8-5　35kV 出线间隔断面图

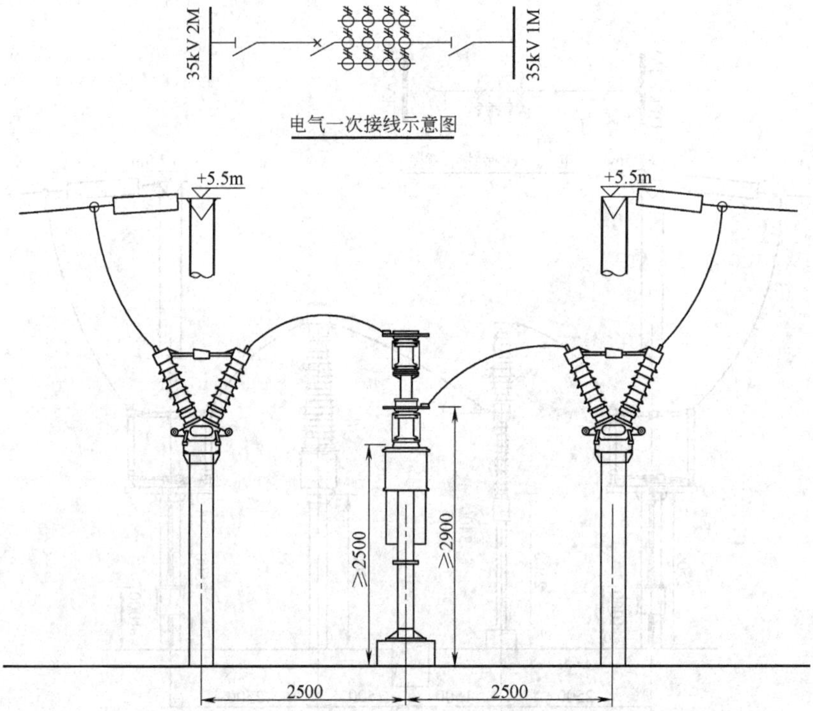

图 8-6　35kV 母线分段间隔断面图

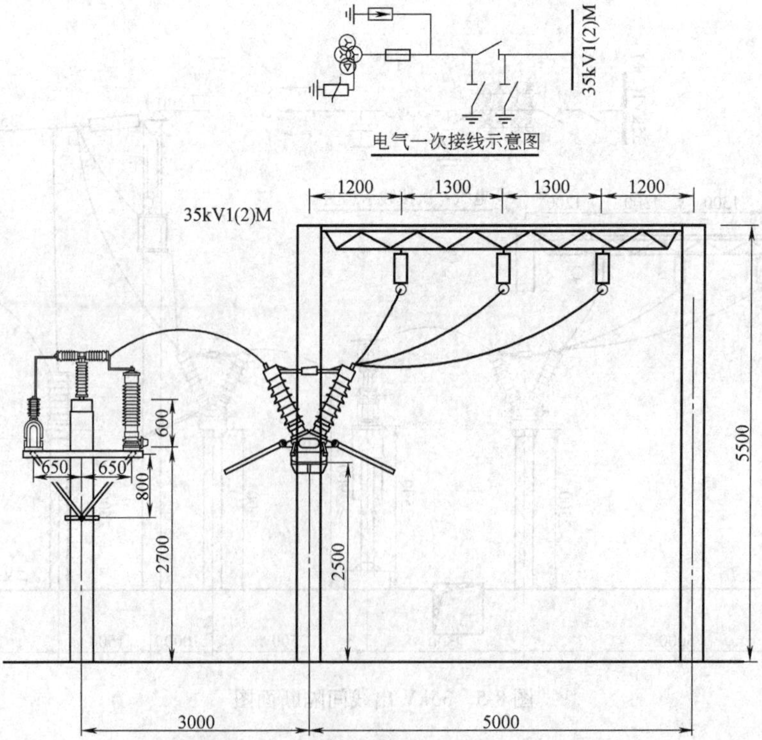

图 8-7　35kV 母线电压互感器间隔断面图

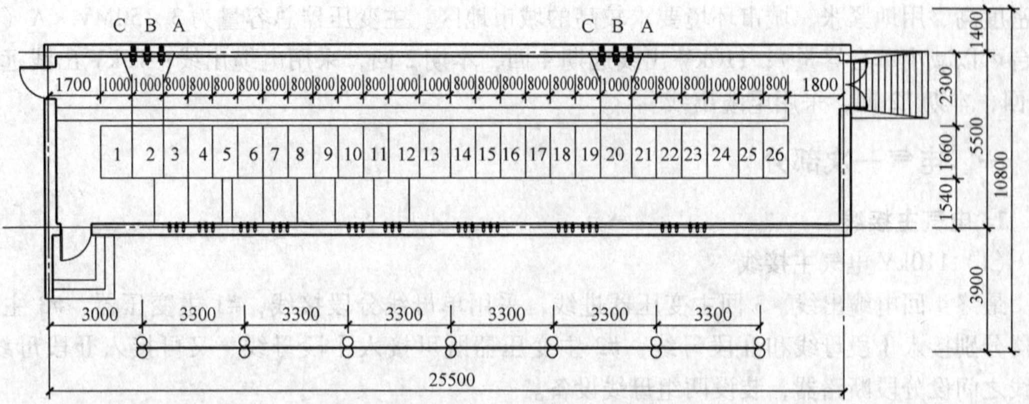

序号	名称	型号及规格	单位	数量	备注
1	主变压器进线柜	KYN28-12-15	面	2	
2	10kV出线柜	KYN28-12-04	面	12	
3	10kV电容器出线柜	KYN28-12-04G	面	4	
4	10kV站用变柜	KYN28-12-46G	面	2	
5	10kV电压互感器避雷器柜	KYN28-12-22G	面	2	
6	10kV分段隔离柜	KYN28-12-30	面	1	
7	10kV分段柜带断路器	KYN28-12-12	面	1	
8	10kV备用柜		面	2	

说明：10kV出线架不满足不同时停电检修距离
10kV出线也可采用电缆出线

图 8-8　10kV 配电装置室电气平面布置图

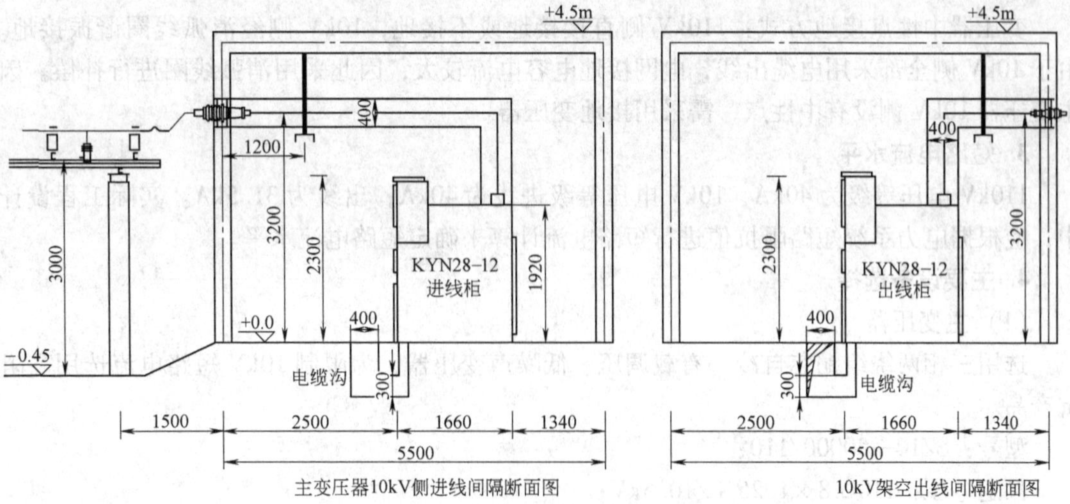

图 8-9　10kV 进出线间隔断面图

第二节　城区 110kV 变电站典型设计

本设计为《河南省电力公司城区 110kV 变电站典型设计实施方案》中的 HNCQ110ZN—2 方案，变电站定位为 220kV 变电站的 110kV 网络中间联络站，采用全屋内布置。适用于人口密度高、用地紧张、城市环境要求较高的城市地区。主变压器总容量为 3×50MV·A（用三台可以减小单台容量）；110kV 出线远期 4 回，本期 2 回，采用电缆出线；10kV 出线远期 36 回，本期 12 回，采用电缆出线。

一、电气一次部分

1. 电气主接线

（1）110kV 电气主接线

最终 4 回电缆出线，3 回主变压器进线，采用单母线分段接线，#1 主变压器、#3 主变压器分别接入Ⅰ段母线和Ⅱ段母线，#2 主变压器既可接入Ⅰ段母线、又可接入Ⅱ段母线，母线之间设分段断路器，装设两组母线设备。

本期 2 回电缆出线，1 回主变压器进线，采用单母线分段接线，母线之间设分段断路器，装设 2 组母线设备。

110kV 所有出线均（按对侧有电源考虑）装设电压互感器（A 相）。

（2）10kV 电气主接线

最终 36 回电缆出线，4 回主变压器进线，采用单母线四分段接线，#1 主变压器、#3 主变压器分别接入Ⅰ段母线和Ⅳ段母线，#2 主变压器既可接入Ⅱ段母线、又可接入Ⅲ段母线，母线之间设分段断路器，装设 4 组母线设备。

本期 12 回电缆出线，1 回主变压器进线，采用单母线接线，装设 1 组母线设备。

10kV 无功补偿装置按每台主变压器配置 2×3000kvar 电容器组，分别装设在 10kV 的四段母线上。本期装设两组，电容器组采用单星形接线。

2. 各级电压中性点接地方式

变压器中性点接地方式：110kV 侧直接接地或不接地，10kV 侧经消弧线圈谐振接地。由于 10kV 侧全部采用电缆出线，电网接地电容电流较大，因此采用消弧线圈进行补偿。因主变压器 10kV 侧没有中性点，需采用接地变压器。

3. 短路电流水平

110kV 电压等级为 40kA，10kV 电压等级进线为 40kA，出线为 31.5kA。实际工程设计中，应根据电力系统短路阻抗值进行短路电流计算来确定短路电流水平。

4. 主要设备选择

（1）主变压器

选用三相两绕组铜芯自冷、有载调压、低噪声变压器，为限制 10kV 短路电流选用高阻抗产品。

型号：SZ10—50000/110；

额定电压：110±8×1.25%/10.5kV；

联结组标号：YNd11；

短路电压百分数：$U_d = 16\%$。

（2）110kV 设备

选用六氟化硫全封闭组合电器（GIS）。

1）断路器。开断电流为 40kA，额定电流为 2000A，3s 热稳定电流为 40kA，动稳定电流峰值为 100kA。

2）隔离开关、接地开关、快速接地开关。额定电流为 2000A，3s 热稳定电流为 40kA，动稳定电流峰值为 100kA。

3）电流互感器。出线及母联额定电流（单位为 A）比为 2×600/5，主变压器进线额定电流（单位为 A）比为 2×300/5，3s 热稳定电流为 40kA，动稳定电流峰值为 100kA。

4）电压互感器。选用电磁式电压互感器，电压（单位为 kV）比为$(110/\sqrt{3})/(0.1/\sqrt{3})/(0.1/\sqrt{3})/0.1$，准确级为 0.2/0.5/3P。

5）母线。主母线选用共箱，考虑穿越功率及主变压器容量，额定电流选为 2000A。实际工程设计中可根据母线穿越功率实际数值，经过计算合理选择主母线规格。

（3）10kV 设备

1）高压开关柜。选用金属铠装移开式开关柜，柜内配置 VS1 真空断路器，额定电流：进线柜为 4000A，出线柜为 1250A；额定开断电流：进线柜为 40kA，出线柜为 31.5kA。

2）电容器组。按每台主变压器 10kV 侧装设两组 3000kvar 电容器组，本期装设两组 3000kvar 电容器组，采用构架式成套电容器组，单只容量为 500kvar，单星形接线，配 1% 干式铁心串联电抗器，仅考虑限制电容器组涌流。

实际工程设计中可根据情况确定串联电抗器的额定感抗以限制相应的高次谐波。

3）接地变压器及消弧线圈。由于 10kV 侧全部采用电缆出线，电网接地电容电流较大，因此采用消弧线圈进行补偿。因为主变压器 10kV 侧没有中性点，所以采用了接地变压器。

接地变压器选用干式，最终容量为两台 700kV·A 和 1 台 600kV·A，本期上 1 台，容量为 700 kV·A，3 台接地变压器分别接于 10kVⅠ、Ⅲ、Ⅳ段母线上，接于Ⅰ、Ⅲ段母线上的接地变压器含站用变压器，站用变压器容量为 100kV·A。实际工程设计中可根据电容电流实际数值合理选择补偿容量。

（4）导体选择

1）110kV 母线。考虑穿越功率及主变压器容量，GIS 主母线额定电流选用 2000A。

2）10kV 母线。按单台主变压器容量（50MV·A）计算，选用矩形铜硬导体 2（TMY－125×10），其允许载流量为 3091A（修正值）。

5. 绝缘配合及过电压保护

为防止雷电侵入波及操作过电压对电气绝缘的危害，在 110kV、10kV 母线及主变压器中性点设置了氧化锌避雷器，并在主变压器中性点加装保护间隙与氧化锌避雷器实现绝缘配合。

为防止电容器操作过电压，在并联电容器首端装设氧化锌避雷器，另外在装设真空断路器的开关柜内均装设氧化锌避雷器。

6. 防雷、接地

本站为全屋内型布置，电气设备布置紧凑，采用屋顶接闪带防止直击雷及感应雷，接闪带设有数个独立接地点。

接地采用以水平敷设接地带为主，辅助以铜接地极和土建灌注桩接地体的混合接地网，水平接地体采用-40mm×4mm 铜排，垂直接地体采用 ϕ17mm 镀铜钢棒，接地引线采用-25mm×4mm 铜排，变电站主接地网接地电阻应满足 DL/T 621—1997《交流电气装置的接地》标准要求，并满足豫电生［2006］597 号文《关于印发电力工程接地和过电压保护若干措施的通知》的规定。

室内有接地要求的房间内均敷设环形接地网，二次室设备接地采用-25mm×4mm 铜排。

应在控制室敷设二次电缆的沟道、就地端子箱及保护用结合滤波器等处，使用截面积为$100mm^2$的裸铜排敷设与主接地网紧密连接的等电位接地网。

7. 电气布置

主变压器及110kV、10kV配电装置均采用屋内布置，建综合楼一座，地上二层，地下一层为电缆夹层。

三台主变压器布置在综合楼-0.60m层三个互相独立的主变压器室内，位于110kV及10kV配电装置的南侧。110kV配电装置采用屋内GIS设备，布置在综合楼+4.50m层，110kV线路采用电缆出线，110kV主变压器进线采用架空进线。10kV配电装置布置在综合楼±0.00m层，10kV开关柜采用双列布置，布置在综合楼一层的北侧，主变压器进线采用架空线、出线采用电缆。主控制室、蓄电池室布置在综合楼+4.50m层，紧邻110kV GIS设备的西侧。10kV电容器组、接地变压器及消弧线圈布置在10kV高压室西侧，主控制室下方。

站区呈矩形布置，长为63.3m，宽为39.5m，围墙内占地面积为$2500.35m^2$。

8. 电缆设施

电缆防火根据GB 50217—2007《电力工程电缆设计规范》中“电缆防火与阻止延燃”的规定进行。

变电站在通向控制室、活动地板的竖井和墙孔及盘柜底部开孔处采取有效阻燃的封堵处理，在重要回路的电缆沟中的适当部位设置阻火墙，在靠近含油设备（主变压器等）的电缆沟盖板予以密封处理。变压器防火由电气配合上下水专业设置。

9. 站用电及动力照明

最终站用电引自#1、#2接地变压器，容量为2×100kV·A，分别引自两台主变压器低压侧。本期站用电引自#1接地变压器，施工电源在施工完毕后作为#2站用变压器未运行前的站用备用电源继续保留站用电电压为380V/220V系统。站用电采用单母线分段接线，每台站用变压器带一段母线，正常时分列运行，重要站用电负荷均由双回路供电。

站内正常照明电压为交流220V。事故照明系统设有事故照明切换装置，正常时由交流供电，交流电压失去时自动投入直流电源。主控制室、110kV配电室、10kV配电室及重要的进出口通道处均装设事故照明装置，事故照明装置安装于墙壁上，使用节能灯。主控制室采用新型节能灯照明，其他房间采用荧光灯照明。

二、土建部分

1. 概述

1）站区场地概述。假定站址位于城区内，海拔1000m以下，紧邻公路，交通条件便利，区域地势平坦。站址附近无地上文物古迹，无需拆迁建筑物，无地下矿产资源，也无重要的军事和通信设施。

2）设计原始资料。站区地震作用按7度抗震设防烈度进行计算，地震动峰值加速度为$0.10g$，地震特征周期为0.35s；地基承载力特征值$f_{ak}=150kPa$，无任何不良地质作用，最大冻土深度为0.5m，地基土及地下水对钢材、混凝土无腐蚀作用。

3）主要建筑材料。现浇钢筋混凝土结构：混凝土，C30、C25用于一般现浇钢筋混凝土结构及基础，C15用于混凝土垫层；钢筋，HPB235级、HRB335级。砌体结构：砌块，MU7.5～MU30；砂浆，M5～M15。钢结构：钢材，Q235、Q345；螺栓，4.8级、6.8级、8.8级。

2. 站区总平面布置及交通运输

（1）站区总平面布置

站区呈矩形布置，长为63.3m，宽为39.5m，征地面积为2710m²。综合楼位于站区中央。站区主要技术经济指标如表8-3所示。

表8-3　站区主要技术经济指标

序　号	项　目	数　量	序　号	项　目	数　量
1	站区围墙内占地面积/m²	2500.4	3	站区道路面积/m²	740
2	总建筑面积/m²	2093	4	站区围墙长度/m	205.6

（2）竖向布置

站区场地竖向布置采用平坡式，综合楼室内设计标高取±0.00m，室外设计平均标高取－0.90m，室内外高差0.9m。根据DL/T5056—2007《变电站总布置设计技术规程》规定，站区整平标高应定在50年一遇洪水标高以上，根据具体工程确定。

（3）管沟布置

站区内电缆沟、上下水管、排油管布置时按沿道路、建构筑物平行布置的原则，从整体出发，统筹规划，在平面与竖向上相互协调，远近结合，间距合理，减少交叉。同时应考虑便于检修和扩建。

场地电缆沟盖板高出地面0.10m（穿越道路时取消沟盖板，改为现浇电缆隧道形式，隧道顶板与路面整体浇筑），以免场地泥水流入沟内。沟底按0.3%坡度接入排水系统。电缆沟一般采用砖砌，沟壁内外粉刷防水砂浆。电缆沟的伸缩缝每隔30～50m设置一道。

电缆沟盖板采用成品沟盖板，具有平整、加工方便、不易破损等优点。

（4）交通运输

1）进站道路。假定站址邻近公路，修建进站道路为30m，以保证站区处于道路红线之外，路面宽度为4m，进站道路与公路引接处转弯半径为9m。

2）站内道路。站内道路采用公路型道路，无路牙，路面为混凝土路面。路面只设横坡，不设纵坡，道路边缘高于场地0.10m，与电缆沟盖板顶面平齐。道路宽度为4m，在站区内成环型布置，转弯半径为6m。

实际工程设计中应根据站址周围环境条件和城市道路情况，将站内环形道路优化布置成U形或L形道路。

3. 建筑

（1）建筑物布置

站区建综合楼一栋，地上二层，地下一层。其中，地上一层设10kV配电室、消弧线圈及电容器室，层高为4.5m，变压器间层高为12.0m；地上二层设主控制室、蓄电池室、备班室，层高为4.5m，110kV GIS室设在10kV配电室上方，层高为9m；地下一层为电缆夹层，层高为2.5m。

建筑面积：2093 m²。

建筑立面造型设计上力求建筑形象简洁大方，通过高低错落的女儿墙，使主次有序，虚实对比分明。通过建筑细部构造及材料、色彩与周围建筑相呼应，满足整体环境造型要求。

（2）建筑构造及装修

依据经济、合理、可能的条件下美观的原则，内外装修采用中等标准。

1）墙体。生产综合楼围护外墙为240mm加气混凝土砌块，内隔墙均为240mm加气混凝土砌块。地下电缆夹层外墙为250mm厚钢筋混凝土墙体，防水层外保护墙采用页岩砖砌筑，地上建筑物采用M5混合砂浆，地下采用M5水泥砂浆砌筑。

2）地面及楼面。主控制室采用抗静电地板；变压器间、地下电缆夹层均为细石混凝土楼面，10kV配电室、消弧线圈及电容器室、110kV GIS组合电器室、卫生间、备班室均为地板砖。

3）内墙装修。地下电缆夹层及设备间为普通白涂料，主控制室及各附属间均采用乳胶漆墙面，卫生间内墙面磁砖到顶棚。

4）顶棚。设备房间均不吊顶，卫生间用PVC板顶棚。

5）屋面。采用有组织排水，Ⅱ级防水等级，屋面防水材料选用高聚物改性沥青防水卷材，水泥膨胀珍珠岩保温层。

6）门窗。地下电缆夹层防火分区之间均采用甲级钢制防火门分隔；地上各设备间均采用丙级钢制防火门，各附属间采用普通木门，110kV GIS室外门采用铝合金卷帘门。窗户选用白色塑钢框白玻璃窗。

7）地下室防水。夹层防水采用刚、柔性防水结合的方式，外包防水材料为2.0mm厚自粘防水卷材。

8）外墙装修。采用优质墙砖，注意色彩对比。

4. 结构

设计采用框架结构、填充墙围护，采用现浇钢筋混凝土楼（屋）面板、独立基础，变压器间采用夹层玻璃轻钢屋面，地下电缆夹层采用钢筋混凝土围护墙，基础及钢筋混凝土围护墙采用S8抗渗混凝土浇筑。

设计建筑结构安全等级为二级，设计使用年限为50年，建筑物抗震设防类别为丙类，建筑场地类别为Ⅲ类。

5. 采暖通风

1）采暖设计。设计冬季采暖面积很小，经过比较采用空调采暖，热负荷依计算确定。

2）空调设计。采用柜式和壁挂式空调。空调设备的安装不应在电气设备上方。冷负荷由实际计算确定。

3）通风设计。通风设计考虑工艺专业要求，同时加强对站内通风系统的噪声、进尘治理的力度，在室内（电容器及消弧线圈室、主控制室、10kV配电室、110kV GIS室）设置进风竖井及排风竖井，采用机械进风、机械排风系统，为降低通风系统噪声，选用低噪声风机，以满足通风和环保要求。

变压器间采用隔声百叶门，便于通风降噪，并于上方设置的大尺寸通风孔，配合轻钢屋架与墙体的间隙，形成良好的通风效果。

6. 给水排水

站区所在地有市政水源可以引接，水源为城市自来水，应保证供水压力>0.35MPa，污水排入市政排水系统。设计采用生活污水与雨水分流制排水的管道系统。雨水排入市政雨水系统。在室外道路边适当位置设置平篦式雨水口、收集道路及屋面雨水。

在主变压器附近设置30m³事故储油井，含油污水通过暗管排入事故油池，经油水分离后处理合格的废水进入污水系统，分离出的废油则应及时回收。事故储油井采用地下式，钢筋混凝土结构。

7. 消防

站内工艺设备除了变压器为油浸式变压器、电容器采用少量油外，其他设备均采用干式设备，电缆全部采用阻燃电缆，故变电站生产类别定为丙类，耐火等级为二级。

消防用水由城市自来水直接供给。从城市给水管道分别接入两根引入管，与站内的室外给水环网相接，形成双向供水。室外消火栓系统一次灭火用水量按实际站区需要确定；室内消火栓系统一次灭火用水量为15L/s。

室内采用消火栓灭火给水系统。室内消火栓设置在楼梯间，各层均设消火栓进行保护，其布置保证室内任何一处均有两股水柱同时到达。灭火水枪的充实水柱为10m。每个消火栓箱内均配置DN65 mm的消火栓一个，DN65mm L25m麻质衬胶水带一条，DN65 × 19mm直流水枪一支。

建筑物内灭火器按GBJ140—1997《建筑灭火器配置设计规范》的有关规定配置。灭火器分别成组设置，门厅、楼梯间、走道、重要场所（如消弧线圈及电容器室、主控制室、10kV配电室、110kV GIS室）等明显和便于取用的地点均设灭火箱，在主变压器附近配置推车式灭火器。

三、环境保护与绿化部分

1. 无线电干扰

在变电站工程中，导线、母线及设备的选用均满足可不进行电晕校验的条件，变电站高压设备外廓10m的无线电干扰值小于50dB，满足GB8702—2014《电磁环境控制限值》的要求，符合国家规定的无线电干扰控制指标。

2. 电磁辐射

110kV全封闭或敞开式设备，在人们可能接近但不经常接近的个别区域工频电场的辐射强度都在发达国家的相应限制值以下，不会对人体健康和居民生活产生短期和长期有害的影响。

3. 噪声

主变压器选用低噪声设备。

4. 水污染防治

每台主变压器下设20% 油量的集油坑。主变压器的渗漏油及事故油通过钢管排至总事故油池，经油水分离后，废水排入污水管网，变压器油回收处理。站内设置化粪池，定期清理，可杜绝水污染。

5. 水土流失与防治

工程在站址平整、基础开挖过程中应充分作好水土保持工作，积极采取绿化措施，防止水土流失。

四、设计图

本方案的电气一次部分初步设计图样清单如表8-4所示。

表8-4　图样清单

图　序	图 样 名 称	图样编号	图　序	图样名称	图 样 编 号
图8-10	典型设计2电气主接线图		图8-13	变电站二层电气平面布置图	
图8-11	变电站电气总平面布置图		图8-14	110kV及10kV配电装置进线间隔断面图	
图8-12	变电站一层电气平面布置图				

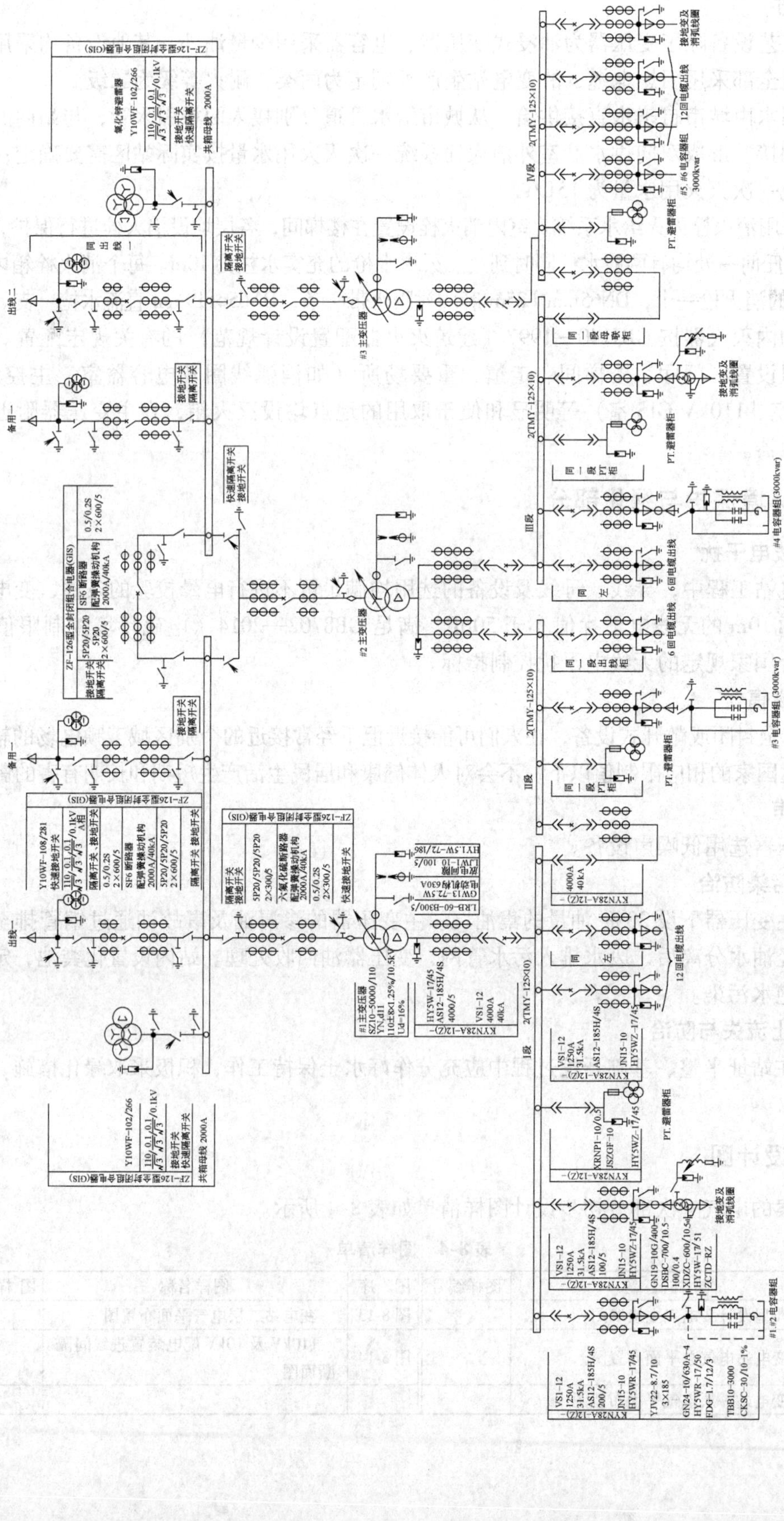

图 8-10 典型设计 2 电气主接线图

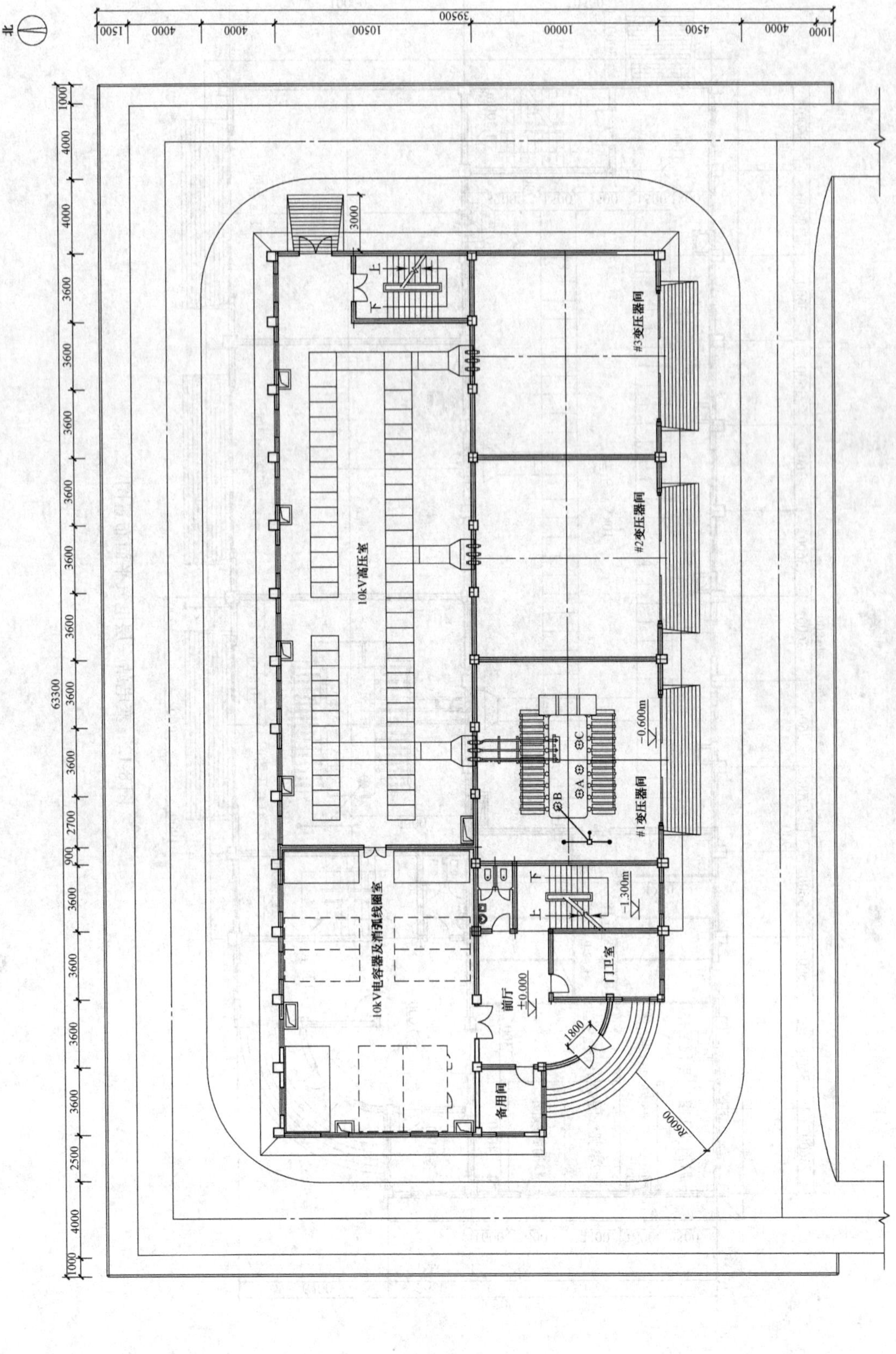

图 8-11　变电站电气总平面布置图

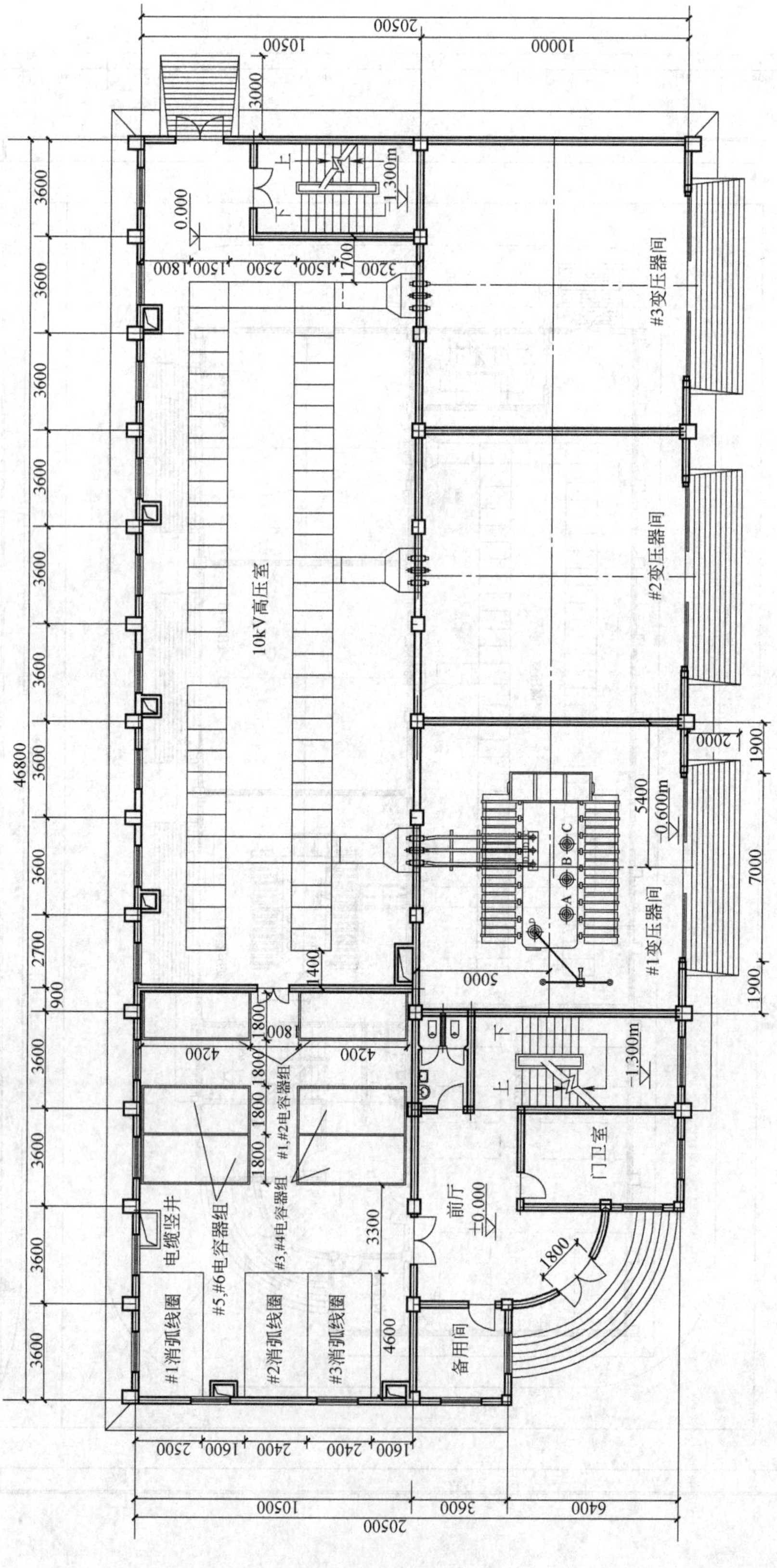

图 8-12 变电站一层电气平面布置图

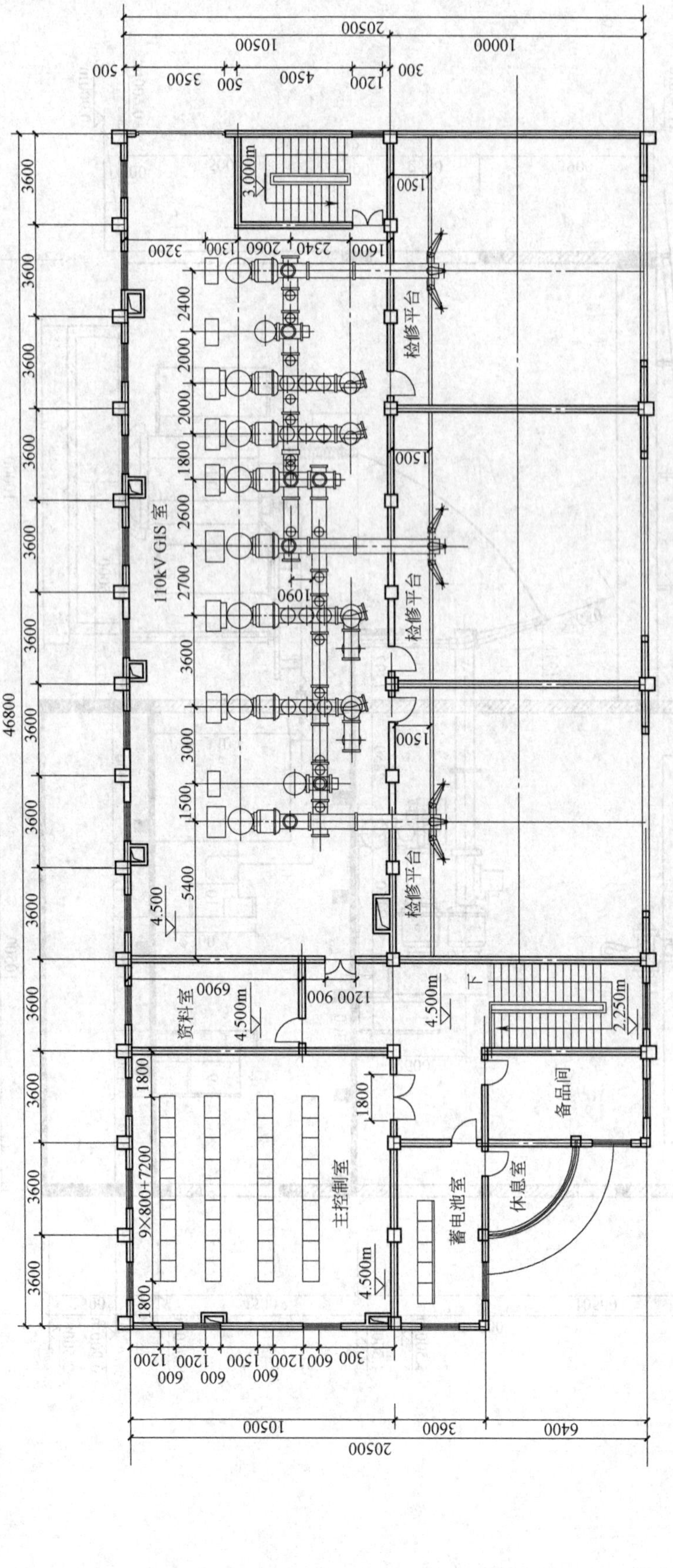

图 8-13　变电站二层电气平面布置图

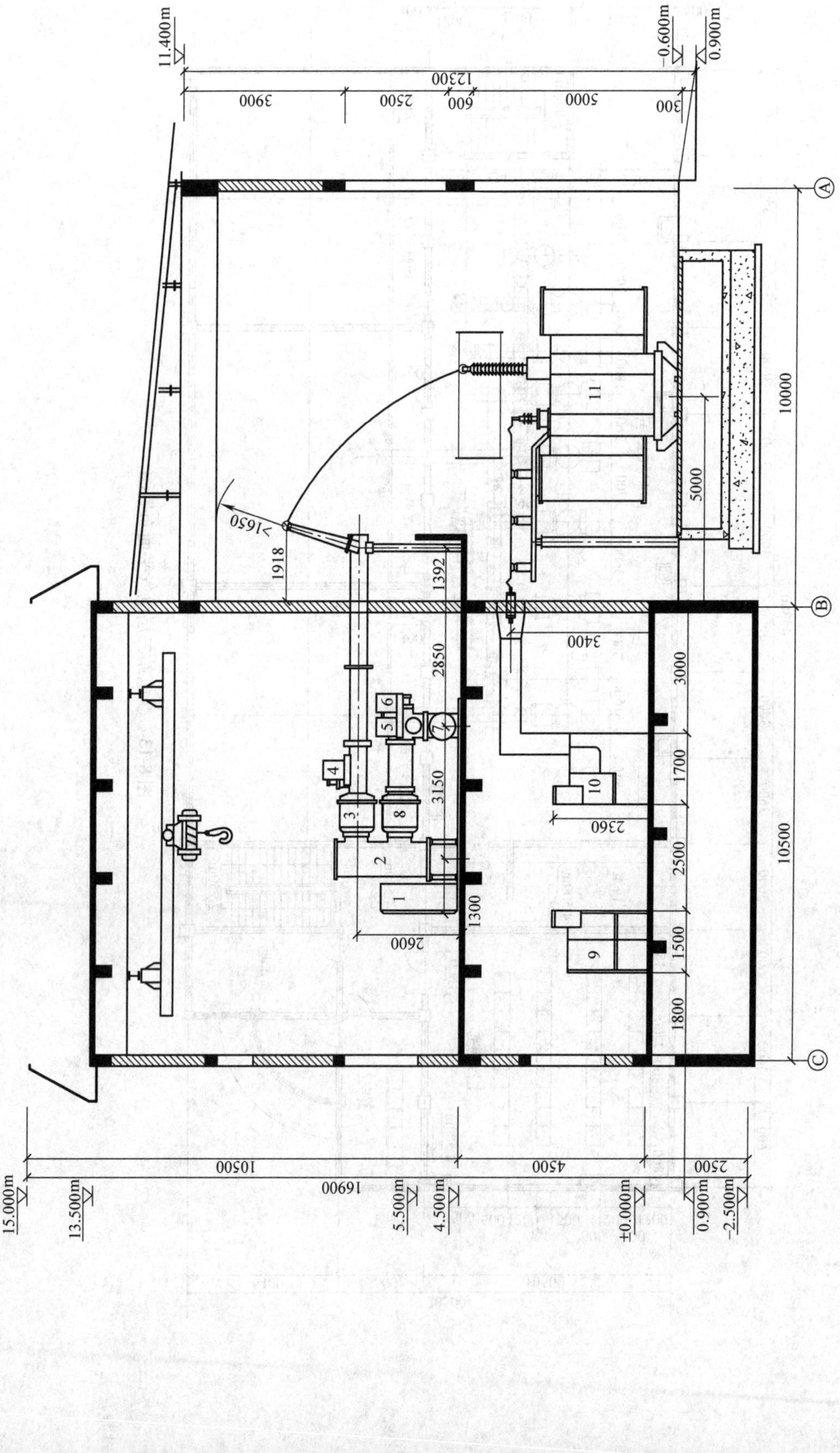

图 8-14 110kV 及 10kV 配电装置进线间隔断面图

1—控制柜 2—断路器 3、8—电流互感器 4—快速接地开关 5—隔离开关 6—接地开关 7—母线 9、10—开关柜 11—主变压器

附　录

附录A　常用电气设备的技术参数

常用电气设备的有关技术参数见表A-1～表A-29。

表A-1　双绕组电力变压器技术参数

型　号	额定容量/kV·A	额定电压/kV		损耗/kW		阻抗电压（%）	空载电流（%）	联结组标号	总体质量/t	备注
		高压	低压	空载	短路					
S11—30/10	30	6、6.3、10、10.5、11，调压范围：±5%或±2×2.5%	0.4	0.09	0.6	4	1.4	Yyn0 Dyn11	0.295	
S11—50/10	50			0.13	0.87		1.2		0.4	
S11—63/10	63			0.15	1.04		1.2		0.45	
S11—80/10	80			0.175	1.25		1.1		0.51	
S11—100/10	100			0.2	1.5		1		0.645	
S11—125/10	125			0.235	1.8		1		0.705	
S11—160/10	160			0.27	2.2		0.9		0.81	
S11—200/10	200			0.325	2.6		0.9		0.935	
S11—250/10	250			0.395	3.05		0.8		1.05	
S11—315/10	315			0.475	3.65		0.8		1.195	
S11—400/10	400			0.565	4.3		0.7		1.48	
S11—500/10	500			0.675	5.1		0.7		1.735	
S11—630/10	630			0.805	6.2	4.5	0.6		1.995	
S11—800/10	800			0.98	7.5		0.6		2.55	
S11—1000/10	1000			1.155	10.3		0.5		3.02	
S11—1250/10	1250			1.365	12		0.5		3.69	
S11—1600/10	1600			1.65	14.5		0.4		4.315	
SZ9—200/10	200	6、6.3、10±4×2.5%	0.4	0.52	2.60	4	1.6	Yyn0	1.18	常变天变宁变福变佛变等
SZ9—250/10	250			0.61	3.09		1.5		1.37	
SZ9—315/10	315			0.73	3.60		1.4		1.555	
SZ9—400/10	400			0.87	4.40		1.3		1.78	
SZ9—500/10	500			1.04	5.25		1.2		2.03	
SZ9—630/10	630			1.27	6.30		1.1		2.96	
SZ9—800/10	800			1.51	7.56	4.5	1.0		3.36	
SZ9—1000/10	1000			1.78	10.50		0.9		4.09	
SZ9—1250/10	1250			2.08	12.00		0.8		4.80	
SZ9—1600/10	1600			2.54	14.70		0.7		5.35	
S7—630/10	630	10±5%	6.3	1.30	8.1	5.5	2.0	Yd11	2.385	
S7—800/10	800			1.54	9.9		1.7		3.06	
S7—1000/10	1000			1.80	11.6		1.4		3.53	
S7—1250/10	1250			2.20	13.8		1.4		3.795	
S7—1600/10	1600			2.65	16.5		1.3		4.80	
S7—2000/10	2000			3.10	19.8		1.2		5.395	
S7—2500/10	2500			3.65	23		1.2		6.34	
S7—3150/10	3150			4.40	27		1.1		7.775	
S7—4000/10	4000			5.30	32		1.1		9.21	
S7—5000/10	5000			6.40	36.7		1.0		10.765	
S7—6300/10	6300			7.50	41		1.0		13.045	
SF7—8000/10	8000	10±2×2.5%	6.3	11.5	45	10	0.8	Yd11	17.29	
SF7—10000/10	10000			13.6	53	7.5	0.8		19.07	
SF7—16000/10	16000			19.0	77	7	0.7		28.30	

（续）

型　号	额定容量/kV·A	额定电压/kV		损耗/kW		阻抗电压（%）	空载电流（%）	联结组标号	总体质量/t	备注
		高压	低压	空载	短路					
S9—50/35	50	35±5%	0.4	0.21	1.22	6.5	2.2	Yyn0		
S9—100/35	100			0.30	2.03	6.5	2.1	Yyn0		
S9—125/35	125			0.34	2.39	6.5	2.0	Yyn0		
S9—160/35	160			0.38	2.84	6.5	1.9	Yyn0		
S9—200/35	200			0.44	3.33	6.5	1.8	Yyn0		
S9—250/35	250			0.51	3.96	6.5	1.7	Yyn0		
S9—315/35	315			0.61	4.77	6.5	1.6	Yyn0		
S9—400/35	400			0.74	5.76	6.5	1.5	Yyn0		
S9—500/35	500			0.86	6.93	6.5	1.4	Yyn0		
S9—630/35	630			1.04	8.28	6.5	1.3	Yyn0		
S9—800/35	800			1.23	9.99	6.5	1.1	Yyn0		
S9—1000/35	1000			1.44	12.15	6.5	1.0	Yyn0		
S9—1250/35	1250			1.76	14.67	6.5	0.9	Yyn0		
S9—1600/35	1600			2.12	17.55	6.5	0.8	Yyn0		
S9—1600/35	1600	35±5%	3.15，6.3，10.5	2.12	17.6	6.5	1.0	Yd11		
S9—2000/35	2000			2.72	17.8	6.5	1.0	Yd11		
S9—2500/35	2500			3.20	18.4	6.5	0.9	Yd11		
S9—3150/35	3150	35±5%，38.5±5%	3.15，6.3，10.5	3.80	24.3	7.0	0.9	Yd11		
S9—4000/35	4000			4.52	28.8	7.0	0.8	Yd11		
S9—5000/35	5000			5.40	33.0	7.0	0.8	Yd11		
S9—6300/35	6300			6.56	36.9	7.5	0.7	YNd11		
S9—8000/35	8000	35±2×2.5%，38.5±2×2.5%	3.15，3.3，6.3，6.6，10.5，11	9.20	40.5	7.5	0.7	YNd11		
S9—10000/35	10000			10.88	47.7	7.5	0.7	YNd11		
S9—12500/35	12500			12.80	56.7	8.0	0.6	YNd11		
S9—16000/35	16000			15.20	69.3	8.0	0.6	YNd11		
S9—20000/35	20000			18.00	83.7	8.0	0.6	YNd11		
S9—25000/35	25000			21.28	99.0	8.0	0.6	YNd11		
S9—31500/35	31500			25.28	118.8	8.0	0.5	YNd11		
SZ9—1600/35	1600	35，38.5 分接头：±3×2.5%，$^{+4}_{-3}$×2.5%	6.3，10.5	2.4	18.40	6.5	1.1	Yd11		
SZ9—2000/35	2000			2.88	18.72	6.5	1.1	Yd11		
SZ9—2500/35	2500			3.4	19.32	6.5	1.1	Yd11		
SZ9—3150/35	3150			4.04	26.01	7.0	1.0	Yd11		
SZ9—4000/35	4000			4.84	30.69	7.0	1.0	Yd11		
SZ9—5000/35	5000		6，6.3，10.5，11	5.8	36.00	7.0	0.9	YNd11		
SZ9—6300/35	6300			7.04	38.70	7.5	0.9	YNd11		
SZ9—8000/35	8000			9.84	42.75	7.5	0.9	YNd11		
SZ9—10000/35	10000			11.6	50.58	8.0	0.8	YNd11		
SZ9—12500/35	12500			13.68	59.85	8.0	0.8	YNd11		
SZ9—16000/35	16000			15.8	73.20	8.0	0.6	YNd11		
SZ9—20000/35	20000			20.15	91.00	8.7	0.4	YNd11		

（续）

型　号	额定容量/kV·A	额定电压/kV		损耗/kW		阻抗电压（%）	空载电流（%）	联结组标号	总体质量/t	备注
		高压	低压	空载	短路					
SZ9—6300/110	6300	110±8×1.25%	6.3，6.6，10.5，11	7.6	36.9	10.5	0.67	YNd11		
SFZ9—8000/110	8000			9.1	45.0	10.5	0.63	YNd11		
SFZ9—10000/110	10000			11	53.1	10.5	0.6	YNd11		
SFZ9—12500/110	12500			12.7	63.0	10.5	0.56	YNd11		
SFZ9—16000/110	16000			15.4	77.4	10.5	0.53	YNd11		
SFZ9—20000/110	20000			18.2	93.6	10.5	0.49	YNd11		
SFZ9—25000/110	25000			21.2	110.7	10.5	0.46	YNd11		
SFZ9—31500/110	31500			25.6	133.2	10.5	0.42	YNd11		
SFZ9—40000/110	40000			30.7	156.6	10.5	0.39	YNd11		
SFZ9—50000/110	50000			36.3	194.4	10.5	0.35	YNd11		
SFZ9—63000/110	63000			43.3	234.0	10.5	0.32	YNd11		
S8—6300/110	6300	110±2×2.5%，121±2×2.5%	6.3，6.6，10.5，11	8	41	10.5	0.72	YNd11		
SF8—8000/110	8000			9.6	50	10.5	0.68	YNd11		
SF8—10000/110	10000			11.2	59	10.5	0.64	YNd11		
SF8—12500/110	12500			13.2	70	10.5	0.6	YNd11		
SF8—16000/110	16000			16	86	10.5	0.56	YNd11		
SF8—20000/110	20000			19	104	10.5	0.52	YNd11		
SF8—25000/110	25000			22.4	123	10.5	0.48	YNd11		
SF8—31500/110	31500			26.6	148	10.5	0.44	YNd11		
SF8—40000/110	40000			31.8	174	10.5	0.4	YNd11		
SF8—50000/110	50000			37.6	216	10.5	0.36	YNd11		
SF8—63000/110	63000			44.6	260	10.5	0.32	YNd11		
SFPL1—90000/110	90000	110±2×2.5%，121±2×2.5%	6.3，6.6，10.5，11	75	440	10.5	0.7	YNd11		
SFPL1—120000/110	120000			100	520	10.5	0.65	YNd11		
SFPL—120000/110	120000		13.8	120	588	10.4	0.57	YNd11		
SFPL—150000/110	150000			204	646	12.68	1.73	YNd11		
SFZQ7—20000/110	20000	110±8×1.25%		30.0	104		1.2			
SFZQ7—25000/110	25000			35.5	123		1.1			
SFZQ7—31500/110	31500			42.2	148		1.1			
SFZQ7—40000/110	40000			50.5	174		1.0			
SFP7—50000/220	50000	220±2×2.5% 242±2×2.5%	10.5，11，13.8	61	210	12.0	1.0		103	
SFP7—63000/110	63000			73	245	13.0	1.0		119	
SFP7—90000/220	90000			96	320	12.5	0.9		154	
SFP7—120000/220	120000			118	385	12.0	0.8	YNd11	171	
SFP7—150000/220	150000			140	450	13.6	0.8		199	
SFP7—180000/220	180000			160	510	14.0	0.8		226	
SFP7—240000/220	240000	242±2×2.5%	15.75	200	630	14.0	0.8		197	
SFP7—360000/220	360000		18，20	195	860	14.0	0.7		252	

表 A-2 110kV 三绕组电力变压器技术参数

型号	额定容量/kV·A	额定电压/kV			空载损耗	短路损耗/kW			阻抗电压（%）			空载电流	联结组标号	备注
		高压	中压	低压	/kW	高中	高低	中低	高中	高低	中低	（%）		
SFSZ9—8000/110	8000/8000/8000	110±8×1.25%	38.5±2×2.5%	6.3，6.6，10.5，11	9.1		47.7		降压型 高中10.5 高低17.5 中低6.5 升压型 高中17.5 高低10.5 中低6.5			0.7	YNy0d11	
SFSZ9—10000/110	10000/10000/10000				11		56.7					0.66	YNy0d11	
SFSZ9—12500/110	12500/12500/12500				13		66.6					0.63	YNy0d11	
SFSZ9—16000/110	16000/16000/16000				14.9		78.3					0.6	YNy0d11	
SFSZ9—20000/110	20000/20000/20000				18.4		95.4					0.56	YNy0d11	
SFSZ9—25000/110	25000/25000/25000				21.8		112.5					0.53	YNy0d11	
SFSZ9—31500/110	31500/31500/31500				25.7		133.2					0.42	YNy0d11	
SFSZ9—40000/110	40000/40000/40000				30.6		157.5					0.39	YNy0d11	
SFSZ9—50000/110	50000/50000/50000				36.6		189.0					0.36	YNy0d11	
SFSZ9—63000/110	63000/63000/63000				43.3		225.0					0.34	YNy0d11	
SFS8—6300/110	6300/6300/6300				51.5		270.0					0.32	YNy0d11	
SFS8—6300/110	6300/6300/6300	110±2×2.5%	38.5±2×2.5%	6.3，6.6，10.5，11	9.6		53		降压型 高中10.5 高低17.5 中低6.5 升压型 高中17.5 高低10.5 中低6.5			0.8	YNy0d11	
SFS8—8000/110	8000/8000/8000				11.5		63					0.76	YNy0d11	
SFS8—10000/110	10000/10000/10000				13.6		74					0.72	YNy0d11	
SFS8—12500/110	12500/12500/12500				16		87					0.68	YNy0d11	
SFS8—16000/110	16000/16000/16000				19.3		106					0.64	YNy0d11	
SFS8—20000/110	20000/20000/20000				21.8		125					0.6	YNy0d11	
SFS8—25000/110	25000/25000/25000				27		148					0.56	YNy0d11	
SFS8—31500/110	31500/31500/31500				32		175					0.52	YNy0d11	
SFS8—40000/110	40000/40000/40000				38.2		210					0.48	YNy0d11	
SFS8—50000/110	50000/50000/50000				45.2		250					0.44	YNy0d11	
SFS8—63000/110	63000/63000/63000				53.6		300					0.4	YNy0d11	
SFSL—31500/110	31500/31500/31500	121±2×2.5%，110±2×2.5%	38.5±2×2.5%	6.3，10.5	49	235	235	115	18，	10.5，	6.5，	2.5	YNy0d11	
SFSL—63000/110	63000/63000/63000				84	410	410	260	10.5	18	6.5	2.2	YNy0d11	
SFSL1—31500/110	31500/31500/31500				37.2	229.1	212	181.6	18，	10.5，	6.5，	0.8	YNy0d11	
						215.4	231	184	10.5	18	6.5		YNy0d11	
SFPSL1—63000/110	63000/63000/63000				64.2	380	470	320	18，	10.5，	6.5，	0.7	YNy0d11	
						470	380	330	10.6	19	6.6		YNy0d11	
SSPSL1—75000/110	75000/75000/75000			10.5	76	580	510	450	18.5	10.5	6.5		YNy0d11	

注：型号含义：S（第一个字母）—三相；F—风冷；S（第三个字母）—三绕组；Z—有载调压；L—铝线。

表 A-3 220kV 三绕组电力变压器、自耦变压器和分裂变压器技术参数

型 号	额定容量/kV·A	额定电压/kV			损耗/kW		阻抗电压（%）			空载电流（%）	联结组标号	总体质量/t	备注
		高压	中压	低压	空载	短路	高中	高低	中低				
SFPS7—120000/220	120000	$220^{+3}_{-1}\times2.5\%$	121	10.5，11	133	480	14.0	23.0	7.0	0.8	YNyn0d11	197	
SFPS7—150000/220	150000	220 ±2 ×2.5%	121	11	150	570	13.1	22	6.57	0.38	YNyn0d11	200	
SFPS7—150000/220	150000	242 ±2 ×2.5%	121	10.5	168	645	23.5	14.5	8.0	0.7	YNyn0d11	220.1	沈变
SFPS7—150000/220	150000	242 ±2 ×2.5%	121	13.8	157	570	24.0	15.0	8.0	0.48	YNyn0d11	206	
SFPS7—180000/220	180000	220 ±2 ×2.5%	121	10.5	178	650	14.0	23.0	7.0	0.7	YNyn0d11	247	
SFPS7—240000/220	240000	242 ±2 ×2.5%	121	15.75	175	800	25.0	14.0	9.0		YNyn0d11	258	
SFPSZ7—120000/220	120000	220 ±8 ×1.25%	121	10.5，11	144	480	14.5	23.2	7.2		YNyn0d11	168	
SFPSZ7—150000/220	150000	220 ±8 ×1.25%	121	38.5，1	170	570	24.4	14.2	8.4		YNyn0d11	247	
OSFPS7—120000/220	120000	220 ±2 ×2.5% $220^{+3}_{-1}\times2.5\%$	121	38.5	70	320	8～10	28～34	18～24	0.6	YNa0d11 YNa0yn0	132.4	常变
OSFPS7—120000/220	120000	$220^{+3}_{-1}\times2.5\%$	121	38.5	70	320	8.2	33	22		YNa0yn0	126.3	
OSFPS7—120000/220	120000	$220^{+10}_{-7}\times2.5\%$	121	38.5	82	320	8.5	37	25		YNa0d11	134.7	
OSFPS7—180000/220	180000	220 ±2 ×2.5%	115	37.5	105	515	13.0	13	18	0.6	YNa0d11	190.0	
SFF7—31500/15.75	31500/2 ×20000	15.75 ±2 ×2.5%		6.3 –6.3	28	150	16.6	9.5			Dd0d0	45.5	
SFPF—31500/18	31500/2 ×16000	18 ±2 ×2.5%		6.3 –6.3	30.2	153	13.36	7.076	3.657	0.76	Dd0d0	43.5	沈变
SFPF7—40000/18	40000/2 ×20000	18 ±2 ×2.5%		6.3 –6.3	29.4	177.7	15.3	8.18	3.74	0.8	Dd0d0	49.95	西变
SFFQ7—40000/110	31500/2 ×15750	110 ±2 ×2.5%		6.3 –6.3	33	155	18.5	10.4		0.9	YNd11d11	52.7	保变
SFPZ7—40000/110	40000/2 ×25000	115 ±6 ×1.46%		6.3 –6.3	44	164	12.75	6.75	3.78	1.0	YNd11d11	61.7	
SFPZ—32000/220	32000/2 ×16000	220 ±8 ×1.25%		6.9 –6.9	51	145	71.85	21.21		0.82	YNd11d11	105	
SFFZ7—40000/220	40000	220 ±8 ×1.25%		6.3 –6.3	46.4	219.5	20.3	11.3	35.9	1.0	YNd11d11	13.6	

注：1. 型号含义（按顺序）：S—三相；F—风冷（S—水冷）；P—强迫；S—三绕组；Z—有载调压。

2. 三绕组变压器的容量比有 100/100/100、100/100/67 和 100/100/50 等之分。

表 A-4 矩形导体长期允许载流量和趋肤效应系数 K_s （单位：A）

导体尺寸 h×b/(mm×mm)	铝导体 LMY									导体尺寸 h×b/(mm×mm)	铜导体 TMY								
	单条			双条			三条				单条			双条			三条		
	平放	竖放	K_s	平放	竖放	K_s	平放	竖放	K_s		平放	竖放	K_s	平放	竖放	K_s	平放	竖放	K_s
25×4	292	308								25×3	323	340							
25×5	332	350								30×4	451	475							
40×4	456	480		631	665	1.01				40×4	593	625							
40×5	515	543		719	756	1.02				40×5	665	700							
50×4	565	594		779	820	1.01				50×5	816	860							
50×5	637	671		884	930	1.03				50×6	906	955							
63×6.3	872	949	1.02	1211	1319	1.07				60×6	1069	1125		1650	1740		2060	2240	
63×8	995	1082	1.03	1511	1644	1.10	1908	2075	1.20	60×8	1251	1320		2050	2160		2565	2790	
63×10	1129	1227	1.04	1800	1954	1.14	2107	2290	1.26	60×10	1395	1475		2430	2560		3135	3300	
80×6.3	1100	1193	1.03	1517	1649	1.18				80×6	1360	1480		1940	2110	1.15	2500	2720	
80×8	1249	1358	1.04	1858	2020	1.27	2355	2560	1.44	80×8	1553	1690	1.10	2410	2620	1.27	3100	3370	1.44
80×10	1411	1535	1.05	2185	2375	1.30	2806	3050	1.60	80×10	1747	1900	1.14	2850	3100	1.30	3670	3990	1.60
100×6.3	1363	1481	1.04	1840	2000	1.26				100×6	1665	1810	1.10	2270	2470		2920	3170	
100×8	1547	1682	1.05	2259	2455	1.30	2778	3020	1.50	100×8	1911	2080	1.14	2810	3060	1.30	3610	3930	1.50
100×10	1663	1807	1.08	2613	2840	1.42	3284	3570	1.70	100×10	2121	2310	1.14	3320	3610	1.42	4280	4650	1.70
125×6.3	1693	1840	1.05	2276	2474	1.28													
125×8	1920	2087	1.08	2670	2900	1.40	3206	3485	1.60	120×8	2210	2400		3130	3400		3995	4340	
125×10	2063	2242	1.12	3152	3426	1.45	3903	4243	1.80	120×10	2435	2650	1.18	3770	4100	1.42	4780	5200	1.78

注：1. 载流量系按最高允许工作温度 +70℃，基准环境温度 +25℃、无风、无日照计算的。

2. $h \times b$ 中，h 为导体的宽度，b 为导体的厚度。

表 A-5 裸导体载流量在不同海拔及环境温度下的综合校正系数

导体最高允许温度/℃	适应范围	海拔/m	实际环境温度/℃						
			+20	+25	+30	+35	+40	+45	+50
+70	屋内矩形、槽形、管形导体和不计日照的屋外软导体		1.05	1.00	0.94	0.88	0.81	0.74	0.67
+80	计及日照时屋外软导体	1000 及以下	1.05	1.00	0.95	0.89	0.83	0.76	0.69
		2000	1.01	0.96	0.91	0.85	0.79		
		3000	0.97	0.92	0.87	0.81	0.75		
		4000	0.93	0.89	0.84	0.77	0.71		
	计及日照时屋外管形导体	1000 及以下	1.05	1.00	0.94	0.87	0.80	0.72	0.63
		2000	1.00	0.94	0.88	0.81	0.74		
		3000	0.95	0.90	0.84	0.76	0.69		
		4000	0.91	0.86	0.80	0.72	0.65		

表 A-6 常用三芯（铝）电力电缆长期允许载流量 （单位：A）

缆芯截面积/mm^2	6kV						10kV				20~35kV			
	黏性纸绝缘		聚氯乙烯绝缘		交联聚乙烯绝缘		黏性纸绝缘		交联聚乙烯绝缘		黏性纸绝缘		交联聚乙烯绝缘	
	直埋地下	置空气中	直埋地下	置空气中	直埋地下	置空气中	直埋地下	置空气中	直埋地下	置空气中	直埋地下	置空气中	直埋地下	置空气中
25	95	85	81	73	110	100	90	80	105	95	80	75	90	85
35	110	100	102	90	135	125	105	95	130	120	90	85	115	110
50	135	125	127	114	165	155	130	120	150	145	115	110	135	135
70	165	155	154	143	205	190	150	145	185	180	135	135	165	165
95	205	190	182	168	230	220	185	180	215	205	165	165	185	180
120	230	220	209	194	260	255	215	205	245	235	185	180	210	200
150	260	255	237	223	295	295	245	235	275	270	210	200	230	230
185	295	295	270	256	345	345	275	270	325	320	230	230	250	
240	345	345	313	301	395		325	320	375					

注：1. 基准环境温度（地下、空气中）为+25℃，土壤热阻系数为80℃·cm/W。

2. 电缆芯最高允许温度（℃）：①黏性纸绝缘电缆当电压为6kV、10kV、20~35kV时，分别为65、60和50；②聚氯乙烯绝缘电缆当电压为6kV时为65；③交联聚乙烯绝缘电缆当电压为6~10kV、20~35kV时，分别为90和80。

表 A-7 不同环境温度时电缆载流量的校正系数 K_t

缆芯工作温度/℃	环境温度/℃								
	+5	+10	+15	+20	+25	+30	+35	+40	+45
50	1.34	1.26	1.18	1.09	1.0	0.895	0.775	0.623	0.447
60	1.25	1.20	1.13	1.07	1.0	0.926	0.845	0.756	0.655
65	1.22	1.17	1.12	1.06	1.0	0.935	0.865	0.791	0.707
80	1.17	1.13	1.09	1.04	1.0	0.954	0.905	0.853	0.798

表 A-8 不同土壤热阻系数时电缆载流量的校正系数 K_3

缆芯截面积/mm²	土壤热阻系数/℃·cm·W⁻¹				
	60	80	120	160	200
2.5~16	1.06	1.0	0.90	0.83	0.77
25~95	1.08	1.0	0.88	0.80	0.73
120~240	1.09	1.0	0.86	0.78	0.71

注：土壤热阻系数的选取：潮湿土壤取60~80（指沿海、湖、河畔及雨量较多地区，如华东、华南地区等）；普通土壤取120（指平原地区，如东北、华北地区等）；干燥土壤取160~200（指高原地区、雨量较少的山区、丘陵干燥地带）。

表 A-9 电缆直接埋地多根并列敷设时载流量的校正系数 K_4

电缆间净距/mm	并列根数											
	1	2	3	4	5	6	7	8	9	10	11	12
100	1.0	0.90	0.85	0.80	0.78	0.75	0.73	0.72	0.71	0.70	0.70	0.69
200	1.0	0.92	0.87	0.84	0.82	0.81	0.80	0.79	0.79	0.78	0.78	0.77
300	1.0	0.93	0.90	0.87	0.86	0.85	0.85	0.84	0.84	0.83	0.83	0.83

表 A-10 常用三芯电力电缆的电阻、电抗及电纳值

缆芯截面积/mm²	电阻/Ω·km⁻¹		电抗/Ω·km⁻¹				电纳/10⁻⁶S·km⁻¹			
	铝芯	铜芯	6kV	10kV	20kV	35kV	6kV	10kV	20kV	35kV
25	1.28	0.74	0.085	0.094	0.135		91	72	57	
35	0.92	0.52	0.079	0.083	0.129		104	82	63	
50	0.64	0.37	0.076	0.082	0.119		119	94	72	
70	0.46	0.26	0.072	0.079	0.116	0.132	141	100	82	63
95	0.34	0.194	0.069	0.076	0.110	0.126	163	119	91	68
120	0.27	0.153	0.069	0.076	0.107	0.119	179	132	97	72
150	0.21	0.122	0.066	0.072	0.104	0.116	202	144	107	79
185	0.17	0.099	0.066	0.069	0.100	0.113	229	163	116	85
240			0.063	0.069			257	182		
300			0.063	0.066						

表 A-11　限流电抗器技术参数

型号	额定电压/kV	额定电流/A	电抗百分值(%)	三相通过容量/kV·A	单相无功容量/kvar	单相损耗(75℃时)/W	稳定性	
							动稳定电流峰值/kA	热稳定电流/kA
XKK—10—200—4	10	200	4	3×1155	46.2	1816	12.75	5 (4s)
5			5		57.7	2126		
6			6		69.3	2377		
XKK—10—400—4	10	400	4	3×2309	92.4	2865	25.5	10 (4s)
5			5		115.5	3318		
6			6		138.6	3746		
XKK—10—600—4	10	600	4	3×3464	138.6	3224	38.25	15 (4s)
5			5		173.3	4147		
6			6		207.9	5258		
NKL—10—200—3	10	200	3	3×1155			13.00	
4			4		46.2	1976	12.75	14.13 (1s)
5			5		57.6	2329	10.20	14.00 (1s)
NKL—10—300—3	10	300	3	3×1734	52	2015	19.5	17.15 (1s)
4			4		69.2	2540	19.1	17.45 (1s)
5			5		86.5	3680	15.3	12.6 (1s)
NKL—10—400—3	10	400	3	3×2309	69.4	3060	26	22.25 (1s)
4			4		92.4	3196	25.5	22.2 (1s)
5			5		115.5	3447	20.4	22.0 (1s)
NKL—10—500—3	10	500	3	3×2890	86.5	3290	23.5	27 (1s)
4			4		115.6	4000	31.9	27 (1s)
5			5		144.5	5460	24.0	21 (1s)
NKL—10—1500—10	10	1500	10	3×8660	866.0	11843	38.25	86.23 (1s)
NKL—10—2000—10	10	2000	10	3×11547	1155.0	15829	51.00	90.75 (1s)
XKK—10—1500—10	10	1500	10	3×8660	866.0	11552	95.63	37.5 (4s)

注：XKK—干式空心限流电抗器，环氧树脂固化，重量轻，稳定性好；NKL—水泥铝线电抗器，价格便宜。

表 A-12　常用测量与计量仪表技术参数

仪表名称	型号	电流线圈				电压线圈				准确等级
		线圈电流/A	二次负荷/Ω	每线圈消耗功率/V·A	线圈数目	线圈电压/V	每线圈消耗功率/V·A	cosφ	线圈数目	
电流表	16L1—A、46L1—A			0.35	1					
电压表	16L1—V、46L1—V					100	0.3	1	1	
频率表	16L1—Hz、46L1—Hz					100	1.2		1	
三相三线有功功率表	16D1—W、46D1—W			0.6	2	100	0.6	1	2	
三相三线无功功率表	16D1—var、46D1—var			0.6	2	100	0.5	1	2	
三相三线有功电能表	DS1、DS2、DS3	5	0.02	0.5	2	100	1.5	0.38	2	0.5
三相三线无功电能表	DX1、DX2、DS3	5	0.02	0.5	2	100	1.5	0.38	2	0.5

表 A-13 TBB 高压并联电容器成套装置

型　号	电容器组额定电压/kV	装置额定电压/kV	装置额容量/kvar	电容器组额定电流/A	接线方式	并联电容器型号
TBB6—1200/50—AKW	6.6	6	1200	105	Y	BFM6.6/$\sqrt{3}$—50—1W
TBB6—1500/50—AKW	6.6	6	1500	131	Y	BFM6.6/$\sqrt{3}$—50—1W
TBB6—2400/50—AKW	6.6	6	2400	210	Y	BFM6.6/$\sqrt{3}$—50—1W
TBB6—3000/100—AKW	6.6	6	3000	262	Y	BFM6.6/$\sqrt{3}$—100—1W
TBB6—3600/100—AKW	6.6	6	3600	315	Y	BFM6.6/$\sqrt{3}$—100—1W
TBB6—3000/200—AKW	6.6	6	3000	262	Y	BFM6.6/$\sqrt{3}$—200—1W
TBB6—3600/200—AKW	6.6	6	3600	315	Y	BFM6.6/$\sqrt{3}$—200—1W
TBB10—1200/50—AKW	11	10	1200	63	Y	BFM11/$\sqrt{3}$—50—1W
TBB10—1500/50—AKW	11	10	1500	79	Y	BFM11/$\sqrt{3}$—50—1W
TBB10—2400/50—AKW	11	10	2400	126	Y	BFM11/$\sqrt{3}$—50—1W
TBB10—2400/100—AKW	11	10	2400	126	Y	BFM11/$\sqrt{3}$—100—1W
TBB10—3000/100—AKW	11	10	3000	157	Y	BFM11/$\sqrt{3}$—100—1W
TBB10—3000/200—AKW	11	10	3000	157	Y	BFM11/$\sqrt{3}$—200—1W
TBB10—3600/200—AKW	11	10	3600	189	Y	BFM11/$\sqrt{3}$—200—1W
TBB10—4200/200—AKW	11	10	4200	200	Y	BFM11/$\sqrt{3}$—200—1W

注：1. TBB—并联电容器装置。第一特征号—装置额定电压（kV）。第二特征号—装置额定容量（kvar）。第三特征号—单台电容器额定容量（kvar）。1：A 表示 Y 接线，B 表示 Y—Y 接线。2：K 表示开口三角电压保护，C 表示电压差动保护，L 表示中线不平衡电流保护。3：W 表示户外装置，如不标注则为屋内。例如：TBB10—4200/200—AK 表示装置额定电压为 10kV，装置额定容量为 4200kvar，单台电容器容量为 200kvar，Y 接线，开口三角电压保护的屋内式并联电容器装置。

2. 装置额定容量为 2400kvar 及以上型号也可以选 Y—Y 接线。

表 A-14 高压并联补偿电容器技术数据

型　号	额定电压/kV	额定容量/kvar	额定电容/μF	相数	质量/kg	外形尺寸/mm（宽×深×高）
BFM6.6/$\sqrt{3}$—50—1W	6.6	50	10.97	1	20	320×110×530
BFM6.6/$\sqrt{3}$—100—1W	6.6	100	21.93	1	30	380×143×560
BFM6.6/$\sqrt{3}$—200—1W	6.6	200	43.87	1	54	440×180×666
BFM6.6/$\sqrt{3}$—334—1W	6.6	334	73.26	1	84	440×180×921
BFM11/$\sqrt{3}$—50—1W	11/$\sqrt{3}$	50	3.95	1	19	320×110×510
BFM11/$\sqrt{3}$—100—1W	11/$\sqrt{3}$	100	7.9	1	31	380×143×560
BFM11/$\sqrt{3}$—200—1W	11/$\sqrt{3}$	200	15.79	1	52	440×180×696
BFM11/$\sqrt{3}$—300—1W	11/$\sqrt{3}$	300	23.69	1	73	440×180×876
BFM11/$\sqrt{3}$—334—1W	11/$\sqrt{3}$	334	26.37	1	79	610×180×836

注：B—并联电容器；F—二芳基乙烷；M—全膜介质。第一特征号—额定电压（kV）。第二特征号—额定容量（kvar）。第三特征号（相数）1：表示单相，3：表示三相。尾注号 W：表示户外式（无尾注号表示屋内式），h：表示横放，G 表示高原型。

表 A-15　断路器技术参数

型　号	额定电压/kV	额定电流/A	额定开断电流/kA	额定关合电流（峰值）/kA	动稳定电流（峰值）/kA	热稳定电流/kA 2s	3s	4s	5s	固有分闸时间/s	合闸时间/s	操动机构	备　注
SN10—10Ⅰ	10	630、1000	16	40	40	16				≤0.06	≤0.2	CD10—Ⅰ、Ⅱ	多家
SN10—10Ⅱ	10	1000	31.5	80	80							CD10—Ⅱ	多家
SN10—10Ⅲ	10	1250、2000、3000	40	125	125			40		≤0.06	≤0.2	CD10—Ⅲ	多家
SN4—10G	10	4000	105		300				120	0.15	0.65		
SN5—20G	20	6000	105		300				120	0.15	0.65		
ZN5—10	10	630、1000	20	50	50			20		≤0.05	≤0.1	专用电磁式	西高
ZN5—10Ⅱ	10	1250	25	63	63			25		≤0.05	≤0.15	专用电磁式	西高
ZN12—10	10	1250、2500 1600、2000、3150	31.5 50	80 125	80 125		50	31.5		≤0.065 ≤0.065	≤0.075 ≤0.075	专用电磁式	北开
VS1—10	3．6 7．2 12	630 1250 1600 2000 2500、3150	20 25 31．5 40 50	50 63 80 100 125	50 63 80 100 125			20 25 31．5 40 50		≤0.05	≤0.1	专用电磁式	天津
ZN32—10	10	1600、2500、3150	40	100	100		40			≤0.05	≤0.08	专用电磁式	天水
LN2—10Ⅱ	10	1250、1600	31.5	80	80	31.5				≤0.06	≤0.15	CT8 或 CT12	天开
LN—10	10	2000	40		110		43.5			≤0.06	≤0.06		锦开
DW8—35	35	600、1000	16.5		41			16.5		≤0.07	≤0.3		西高
SW2—35	35	600 1000、1500、2000	6.6 24.8		17 63.4			6.6 24.8		0.06 0.06	0.4 0.4	CT2—XGⅡ或 CD3—XG	华通

（续）

型　号	额定电压/kV	额定电流/A	额定开断电流/kA	额定关合电流（峰值）/kA	动稳定电流（峰值）/kA	热稳定电流/kA				固有分闸时间/s	合闸时间/s	操动机构	备　注
						2s	3s	4s	5s				
SN10—35 SN10—35Ⅱ	35	1000 1250	16.5 20	50	42 50			16.5 20		0.06 ≤0.06	0.25 ≤0.25	CD10—Ⅱ CD10—Ⅳ	福开 北京
ZN72—40.5	40.5	630 1250 1600 2000 2500	25 31.5	63 80	50 63 80			25 31.5		≤0.07	≤0.09	CT	河南
ZW30—40.5	40.5	1600	31.5	80	80			31.5		≤0.065	≤0.1	CT17—ⅣB	河南
LN2—35Ⅲ	35	1600、2000	25	63	63			25		≤0.06	≤0.2	CT12—Ⅱ	天开
LW8—35 （带 TA）	35	1600	25	63	63			25		≤0.06	≤0.1	CT14	苏州
SW6—110Ⅰ	110	1200、1500	31.5	80	80			31.5		0.04	0.20	CY3	西高
SW7—110	110	1600	15.8	55	55			21		0.04	0.2	CY	平高
LW6—110	110	3150	31.5		125		50			≤0.03	≤0.09		平高
SW6—220	220	1200	21		55			21		0.04	0.2		西高
SW7—220	220	1500	21		55			21		0.04	0.15		平高
LW6—220	220	3150	50		125					≤0.03	≤0.09		沈开
LW6—500	500	3150	50		125					≤0.03	≤0.09		平、沈

注：SN—屋内少油式；SW—屋外少油式；DW—屋外多油式；ZN—屋内真空式；LN—屋内六氟化硫（SF_6）式；LW—屋外六氟化硫（SF_6）式。

表 A-16 隔离开关和接地开关技术参数

型号	额定电压/kV	额定电流/A	动稳定电流（峰值）/kA	热稳定电流/kA 4s	热稳定电流/kA 5s	备注
GN5—6（10）	6（10）	200	25.5		10	操动：CS9
GN6—6T（10T）	6（10）	400 600	40 52		14 20	
GN8—6T（10T）	6（10）	400 600	40 52		10、14（10T） 20	GN8 为穿墙结构
GN6（8）—10T	10	1000	75		30	GN8 为穿墙结构
GN19—10（C3）	10	400 630 1250	31.5 50 100	12.5 20 40		CS6—1T；“C3”为穿墙结构
GN2—10G	10	2000 3150	100 125	40（2s） 50（2s）		操动：CS6—2
GN10—10T	10	3000 4000 5000 6000	160 160 200 200		75 80 100 105	
GN10—20	20	6000 8000 9100	224 224 224		74（10s） 74（10s） 74（10s）	操动：CS9（手动）或CJ2（电动）
GN2—35T	35	400 600 1000	52 64 70		14 25 27.5	操动：CS6—2
GN13—35	35	400 600	52 64	14 25		穿墙结构
GN16—35	35	1250 2000	63 64	25 25		操动：CS6
GW5—35Ⅱ GW5—35ⅡD GW5—35ⅡW GW5—35ⅡDW	35	630 1000 1250 1600 2000	100 100 100 100 100	20 31.5 31.5 31.5 31.5		主刀操动机构：CS17G 或 CJ2—G； 地刀操动机构：CS17G
GW13—35	35	630	55	16		中性点隔离开关，此外还有 GW8 型
GW13—110	110	630	55	16		中性点隔离开关，此外还有 GW8 型
GW5—110Ⅱ GW5—110ⅡD GW5—110ⅡW GW5—110ⅡDW	110	630 1000 1250 1600 2000	100（50） 100（80） 100（80） 100 100	20 31.5（25） 31.5 31.5 31.5		GW4—110 型与对应的 GW5—110 型的技术数据基本相同，4 型的差异部分在括号内

（续）

型　号	额定电压/kV	额定电流/A	动稳定电流（峰值）/kA	热稳定电流/kA		备　注
				4s	5s	
GW4—220	220	630	50	20		主刀：CS14G 或 CJ5；地刀：CS14G
GW4—220D		1000	80	21.5		
GW4—220W		1250	100	40		主刀：CS9—G 或 CJ2—G；地刀：CS9G
GW4—220DW		2000	125	50		
GW7—220	220	600	55	16		三柱式水平双断口
GW7—220D		1000	80		31.5（3s）	
GW7—220W		1250	80		31.5（3s）	
GW7—220DW		2000	86	33		
GW6—220（D、W） GW10—220（D、W）	220	2500	100		40（3s）	剪刀式、单柱垂直伸缩
		3150	125		50（3s）	
GW16—220（D、DW）	220	2500	125		30（3s）	单柱垂直伸缩
GW11—220（D、DW）	220	1600； 2500	100； 125		40（3s）； 50（3s）	双柱水平伸缩式
GW17—220（D）	220	2500	125		50（3s）	
JW2—220（W） JW3—220	220	600	100		40（2s）	CS9—G
			125		50（2s）	

注：GN—屋内式隔离开关；GW—屋外式隔离开关；JW—屋外式接地开关；D—带接地开关；W—防污型。

表 A-17　高压熔断器技术参数

型　号	额定电压/kV	额定电流/A	最大开断电流/kA	最大开断容量/MV·A	备　注
RN1—6	6	2～300	20	200	用于线路、变压器等过载及短路保护
RN3—6	6	2～200		600	
RN5—6	6	2～200	20	200	
RN6—6	6	50～300	40	200	
XRNM1—6	6	160、224	40		
RN1—10	10	2～200	12	200	
RN3—10	10	2～200		600	
RN5—10	10	2～100	12	200	
XRNT1—10	10	40、50、100、125	40		
RW7—10	10	50（100、200）		75（100）	
RW9—10	10	100		100	
RW10—10F	10	50、100、200		200	
RW9—15	15	200		150	
RN1—35	35	2～40	3.5	200	
RN3—35	35	7.5		200	
RN5—35	35	50、100、200		30～900	
RN2—6（10、15、20、35）	6（10、15、20、35）	0.5		1000	用于电压互感器短路保护
RN2—6（10）	6（10）	0.5		1000	
RN4—20	20	0.35		4500	
RW9—35	35	0.5		2000	
RW10—35	35	0.5		2000	
RXW0—35	35	0.5		1000	

注：国产熔断器熔体额定电流系列(A)：2、3、5、7.5、10、15、20、30、40、50、75、100、150、200、300、400。

表 A-18 LVQB—220 SF_6 型电流互感器技术参数

额定电流比/A	准确级组合	额定输出/V·A	3s 热稳定电流/kA	额定动稳定电流/kA
2×300/5	0.2/0.5/5P/5P/5P/5P	30	31.5~63	80~160
2×500/5		40		
2×600/5		50		
2×750/5		50		
2×1000/5		50		

注：L—电流互感器；V—倒立式；Q—气体绝缘；B—带保护绕组；220—额定电压（kV）。

表 A-19 LB9—220 型电流互感器技术参数

额定电流比/A	准确级组合	额定输出/V·A	3s 热稳定电流/kA	额定动稳定电流/kA
2×600/5	0.2S/0.5/5P/5P/5P/5P	50/50/50/50/50/50	50~63	125~160
2×750/5				
2×1000/5				
2×1250/5				

注：L—电流互感器；B—带保护绕组；9—设计序号；220—额定电压（kV）；W2—适用于Ⅲ级污秽地区。一次绕组分两段，通过串并联可方便改变换接电流比。

表 A-20 LVQB5—110W2 SF_6 型电流互感器技术参数

额定电流比/A	准确级组合	额定输出/V·A	3s 热稳定电流/kA	额定动稳定电流/kA
2×300/5	0.2/5P20/5P20/5P20	50	40	100
2×500/5				
2×600/5				
2×750/5				
2×1000/5				

注：L—电流互感器；V—倒立式；Q—气体绝缘；B—带保护绕组；5—设计序号；110—额定电压（kV）；W2—适用于Ⅲ级污秽地区。一次绕组分两段，通过串并联可方便改变换接电流比。

表 A-21 LB7—110 型电流互感器技术参数

额定电流比/A	准确级组合	额定输出/V·A	1s 热稳定电流/kA	额定动稳定电流/kA
2×50/5	5P、10P 0.2、0.2S 0.5、0.5S 任意组合	50	5.3~42	13~105
2×75/5				
2×100/5				
2×150/5				
2×200/5				
2×300/5			31.5~45	80~115
2×400/5				
2×500/5				
2×600/5			31.5~45	80~115
2×750/5				
2×1000/5				

注：L—电流互感器；B—带保护绕组；7—设计序号；110—额定电压（kV）；W2—适用于Ⅲ级污秽地区。一次绕组分两段，通过串并联可方便改变换接电流比。

表 A-22 三绕组 LZZBJ9—35 型 35kV 电流互感器技术参数

<table>
<tr><th rowspan="3">额定一次电流/A</th><th rowspan="3">热电流/kA（时间/s）</th><th rowspan="3">动稳定电流/kA</th><th rowspan="2">准确级组合</th><th colspan="8">额定二次输出（V·A）</th></tr>
<tr><th colspan="2">0.2（S）</th><th colspan="2">0.5（S）</th><th colspan="2">10P15</th><th colspan="2">5P20</th></tr>
<tr><th>1S/2S/3S</th><th>1A</th><th>5A</th><th>1A</th><th>5A</th><th>1A</th><th>5A</th><th>1A</th><th>5A</th></tr>
<tr><td>150～200</td><td>31.5（1）</td><td rowspan="3">80</td><td rowspan="5">0.2（S）/0.2（S）/0.5（S）
0.2（S）/0.2（S）/5P
0.2（S）/0.5（S）/5P
0.2（S）/5P/5P
0.5（S）/5P/5P</td><td colspan="2" rowspan="2">10</td><td colspan="2" rowspan="2">15</td><td colspan="2">15</td><td colspan="2" rowspan="2">15</td></tr>
<tr><td>300～500</td><td>31.5（2）</td><td colspan="2" rowspan="2">20</td></tr>
<tr><td>600～1250</td><td>31.5（4）</td><td colspan="2">15</td><td colspan="2">20</td><td colspan="2" rowspan="3">20</td></tr>
<tr><td>1500～2000</td><td rowspan="2">40（4）</td><td rowspan="2">125</td><td colspan="2" rowspan="2">20</td><td colspan="2" rowspan="2">30</td><td colspan="2" rowspan="2">25</td></tr>
<tr><td>2500</td></tr>
</table>

注：L—电流互感器；Z—支柱式；Z—浇注式；B—带保护绕组；J—加强型；9—设计序号；35—额定电压（kV）。

表 A-23 三绕组 LZZBJ9—10 型 10kV 电流互感器技术参数

<table>
<tr><th rowspan="3">额定一次电流/A</th><th rowspan="3">1s 热电流/kA</th><th rowspan="3">动稳定电流/kA</th><th rowspan="2">准确级组合</th><th colspan="8">额定二次输出/V·A</th></tr>
<tr><th colspan="2">0.2(S)，0.5(S)</th><th colspan="2">0.2，0.5</th><th colspan="2">5P10</th><th colspan="2">5P20</th></tr>
<tr><th>1S/2S/3S</th><th>1A</th><th>5A</th><th>1A</th><th>5A</th><th>1A</th><th>5A</th><th>1A</th><th>5A</th></tr>
<tr><td>30～200</td><td>30</td><td>75</td><td rowspan="5">0.2（S）/0.5（S）/5P
0.2（S）/0.2（S）/5P
0.5（S）/0.5（S）/5P
0.2（S）/5P/5P
0.5（S）/5P/5P</td><td colspan="2" rowspan="3">20</td><td colspan="2" rowspan="3">20</td><td colspan="2" rowspan="3">30</td><td colspan="2" rowspan="3">15</td></tr>
<tr><td>300～400</td><td>45</td><td>112.5</td></tr>
<tr><td>600～800</td><td>63</td><td>120</td></tr>
<tr><td>1000～1200</td><td>75</td><td>130</td><td colspan="2" rowspan="2">25～30</td><td colspan="2" rowspan="2">25～30</td><td colspan="2" rowspan="2">40</td><td colspan="2" rowspan="2">20</td></tr>
<tr><td>1500～3150</td><td>100</td><td>140</td></tr>
</table>

注：L—电流互感器；第一个 Z—支柱式；第二个 Z—浇注式；B—带保护绕组；J—加强型；9—设计序号；10—额定电压(kV)。

表 A-24 电压互感器技术参数

型　　号	额定电压比/kV	准确级组合	额定输出/V·A
JDZX10—6	$6/\sqrt{3}/0.1/\sqrt{3}/0.1/3$	0.2/（6P），0.5/6P	15/50 30/50
JDZX16—6	$6/\sqrt{3}/0.1/\sqrt{3}/0.1/3$	0.2/6P（3P）， 0.5/6P（3P）	20/100 60/100
JDZX16—10	$10/\sqrt{3}/0.1/\sqrt{3}/0.1/3$	0.2/6P（3P）， 0.5/6P（3P）	20/100 60/100
JDZX9—10	$10/\sqrt{3}/0.1/\sqrt{3}/0.1/3$	0.2/6P)，0.5/6P	20/50 50/50
JDZX10—10B	$10/\sqrt{3}/0.1/\sqrt{3}/0.1/\sqrt{3}/0.1/3$	0.2/0.5/6P	15/20/50
JDZX9—35	$35/\sqrt{3}/0.1/\sqrt{3}/0.1/3$	0.2/6P（3P）， 0.5/6P（3P）	20/100 60/100
JDZJ9—35	$35/\sqrt{3}/0.1/\sqrt{3}/0.1/\sqrt{3}/0.1/3$	0.2/0.5/3P	30/30/100
JDZXW—35	$35/\sqrt{3}/0.1/\sqrt{3}/0.1/3$	0.2（0.5）/6P	20（60）/100
JDZXW9—35	$35/\sqrt{3}/0.1/\sqrt{3}/0.1/\sqrt{3}/0.1/3$	0.2/0.5/6P	50/75/100
JDCF—66	$66/\sqrt{3}/0.1/\sqrt{3}/0.1/\sqrt{3}/0.1/3$	0.2/0.5/3P	75/100/100
JDCF—110	$110/\sqrt{3}/0.1/\sqrt{3}/0.1/\sqrt{3}/0.1$	0.2/0.5（3P）/3P	100/200（200）/300
TYD3—110	$110/\sqrt{3}/0.1/\sqrt{3}/0.1/\sqrt{3}/0.1$	0.2/0.5/3P	150/150/100
TYD3—220	$220/\sqrt{3}/0.1/\sqrt{3}/0.1/\sqrt{3}/0.1$	0.2/0.5（3P）/3P	150/150/100

注：J—电压互感器；D—单相式；Z—浇注式；X—带剩余电压绕组（辅助二次绕组）；9—设计序号；35—额定电压（kV）。

J—电压互感器；D—单相式；C—串级式；F—二次绕组分开；110—额定电压（kV）；W2—适用于Ⅲ级污秽地区。TYD—电容式电压互感器。

表 A-25　JSZF 型防铁磁谐振三绕组三相电压互感器技术数据

型　号	额定电压比/kV	准确级组合	额定输出/V·A	零序电压互感器额定电压比/kV	零序电压互感器额定输出（3P）/V·A
JSZF—6G1	$6/\sqrt{3}/0.1/\sqrt{3}/0.1/\sqrt{3}$	0.2/0.2 0.2/0.5 0.5/0.5	45/45 45/75 90/90	$6/\sqrt{3}/0.1$	50
JSZF—10G1	$10/\sqrt{3}/0.1/\sqrt{3}/0.1/\sqrt{3}$	0.2/0.2， 0.2/0.5/ 0.5/0.5	45/45 45/75 90/90	$10/\sqrt{3}/0.1$	50

注：J—电压互感器；S—三相式；Z—浇注式；F—防铁磁谐振；10—额定电压（kV）。零序电压从接在电压互感器一次侧中性点的零序（单相）电压互感器（消除谐振）二次侧引接。

表 A-26　支柱式绝缘子和穿墙套管主要技术参数

支柱式绝缘子				穿墙套管				
型　号	额定电压/kV	绝缘子高度/mm	机械破坏负荷/kN	型　号	额定电压/kV	额定电流/A(母线型套管内径/mm)	套管长度/mm	机械破坏负荷/kN
ZL—10/4	10	160	4	CB—10	10	200,400,600,1000,1500	350	7.5
ZL—10/8	10	170	8	CC—10	10	1000,1500,2000	449	12.5
ZL—10/16	10	185	16	CWLB2—10	10	200,400,600,1000,1500	394	7.5
ZS—10/4	10	210	4	CWLC2—10	10	2000,3000	435	12.5
ZS—10/5	10	220	5	CM—12—105	12	内径 105	484	23
ZS—20/8	20	350	8	CM—12—142	12	内径 142	487	30
ZS—20/10	20	350	10	CM—24—330	24	内径 330	782	40
ZL—35/4	35	380	4	CWLC2—20	20	2000,3000	595	12.5
ZL—35/8	35	400	8	CB—35	35	400,600,1000,1500	810	7.5
ZS—35/4	35	400	4	CWLB2—35	35	400,600,1000,1500	830	7.5
ZS—35/8	35	420	8	CRLQ1—110	126(相 73)	1200	3660	

注：1. ZL—屋内联合胶装支柱绝缘子；ZS—屋外棒式支柱绝缘子。

2. 穿墙套管的热稳定电流：铝导体当额定电流为 200A、400A、600A、1000A、1500A、2000A、2500A、3000A 时分别为（5s）3.8kA、7.6kA、12kA、20kA、30kA、40kA、—、60kA；铜导体当额定电流为 200A、400A、600A、1000A、1500A、2000A、2500A、3000A 时分别为（10s）3.8kA、7.2kA、12kA、18kA、23kA、27kA、29kA、31kA。

表 A-27　铝锰合金管形导体长期允许载流量及计算用数据

导体尺寸 D_1/mm，D_2/mm	导体截面积/mm^2	载流量/A +70℃	载流量/A +80℃	截面系数 W/cm^3	惯性半径 r/cm	惯性矩 J/cm^4
$\phi 30$，$\phi 25$	216	572	565	1.37	0.976	2.06
$\phi 40$，$\phi 35$	294	770	712	2.60	1.33	5.20
$\phi 50$，$\phi 45$	273	970	850	4.22	1.68	10.6
$\phi 60$，$\phi 54$	539	1240	1072	7.20	2.02	21.9
$\phi 70$，$\phi 64$	631	1413	1211	10.2	2.37	35.5
$\phi 80$，$\phi 72$	954	1900	1545	17.3	2.69	69.2
$\phi 100$，$\phi 90$	1491	2350	2054	33.8	3.36	169
$\phi 110$，$\phi 100$	1649	2569	2217	41.4	3.72	228
$\phi 120$，$\phi 110$	1806	2782	2377	49.9	4.07	299
$\phi 130$，$\phi 116$	2705	3511	2976	79.0	4.36	513

注：1. 最高允许温度 +70℃的载流量，系按基准环境温度 +25℃，无风、无日照，辐射散热与吸收系数为 0.5，不涂漆的条件下计算的。

2. 最高允许温度 +80℃的载流量，系按基准环境温度 +25℃，日照为 0.1W/cm^2、风速为 0.5m/s，海拔为 1000m，辐射散热与吸收系数为 0.5，不涂漆的条件下计算的。

3. 导体尺寸中，D_1 为外径，D_2 为内径。

表 A-28 LGJ 钢芯铝绞线的长期允许载流量（环境温度 25℃）

导线截面积/mm^2	长期允许载流量/A		导线截面积/mm^2	长期允许载流量/A	
	+70℃	+80℃		+70℃	+80℃
10	88	93	185	539	548
16	115	121	210	577	586
25	154	160	240	655	662
35	189	195	300	735	742
50	234	240	400	898	901
70	289	297	500	1025	1024
95	357	365	600	1187	1182
120	408	417	800	1413	1399
150	463	472			

表 A-29 ZTJD 型智能消弧限压装置技术参数

型　　号	额定电压/kV	接地变压器		消弧线圈			备　　注
		型　　号	额定容量/kV·A	型　　号	电流/A	额定容量/kV·A	
ZTJD6—100	6	SJD9—100/6	100	XDZ—100/6	9~28	33~102	消弧线圈调流级数9~15档；接地变压器额定一次电压为6.3±5%和10.5±5%
ZTJD6—125	6	SJD9—125/6	125	XDZ—125/6	11.5~34.5	42~126	
ZTJD6—160	6	SJD9—160/6	160	XDZ—160/6	15~44	55~160	
ZTJD6—200	6	SJD9—200/6	200	XDZ—200/6	18.5~55	67~200	
ZTJD6—250	6	SJD9—250/6	250	XDZ—250/6	23~69	84~251	
ZTJD6—315	6	SJD9—315/6	315	XDZ—315/6	29~87	105~316	
ZTJD6—400	6	SJD9—400/6	400	XDZ—400/6	37~110	135~400	
ZTJD6—500	6	SJD9—500/6	500	XDZ—500/6	46~138	167~502	
ZTJD6—550	6	SJD9—550/6	550				
ZTJD6—630	6	SJD9—630/6	630	XDZ—630/6	58~173	211~630	
ZTJD6—800	6	SJD9—800/6	800	XDZ—800/6	73.5~220	267~800	
ZTJD10—100	10	SJD9—100/10	100	XDZ—100/10	5.5~16.5	33~100	
ZTJD10—125	10	SJD9—125/10	125	XDZ—125/10	7~20.6	42~125	
ZTJD10—160	10	SJD9—160/10	160	XDZ—160/10	9~26.5	55~160	
ZTJD10—200	10	SJD9—200/10	200	XDZ—200/10	11~33	67~200	
ZTJD10—250	10	SJD9—250/10	250	XDZ—250/10	14~41	85~250	
ZTJD10—315	10	SJD9—315/10	315	XDZ—315/10	17~52	103~315	
ZTJD10—400	10	SJD9—400/10	400	XDZ—400/10	22~66	133~400	
ZTJD10—500	10	SJD9—500/10	500	XDZ—500/10	28~82	170~500	
ZTJD10—550	10	SJD9—550/10	550				
ZTJD10—630	10	SJD9—630/10	630	XDZ—630/10	35~104	212~630	
ZTJD10—800	10	SJD9—800/10	800	XDZ—800/10	44~132	266~800	
ZTJD10—1000	10	SJD9—1000/10	1000	XDZ—1000/10	55~165	333~1000	
ZTJD35—270	35			XDZ—250/35	3.7~11.2	82~249	
ZTJD35—315	35			XDZ—315/35	4.7~14.2	105~316	
ZTJD35—400	35			XDZ—400/35	6~18	133~400	
ZTJD35—500	35			XDZ—500/35	7.5~22.5	167~500	
ZTJD35—630	35			XDZ—630/35	9.4~28.3	209~629	
ZTJD35—800	35			XDZ—800/35	12~36	267~800	
ZTJD35—1000	35			XDZ—1000/35	15~45	334~1000	
ZTJD35—1250	35			XDZ—1250/35	18.7~56.2	416~1249	
ZTJD35—1600	35			XDZ—1600/35	24~72	536~1601	
ZTJD35—2000	35			XDZ—2000/35	30~90	667~2001	

附录B　毕业（课程）设计任务书1

题目：RM市郊110kV变电站设计。

一、设计（论文）原始资料

RM市郊110kV降压变电站在电力系统中的接线简图如图B-1所示。

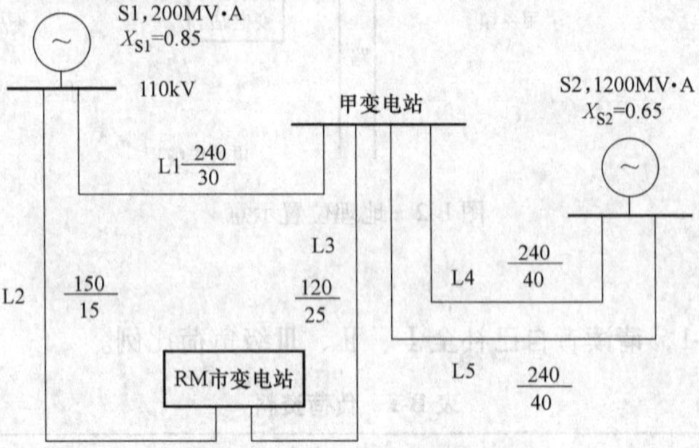

图B-1　电力系统的接线简图

图B-1中：①系统容量、系统阻抗均相当于最大运行方式。

② 最小运行方式下：S1的容量为170MV·A，$X_{S1}=0.85$；S2的容量为1050MV·A，$X_{S2}=0.65$。

③ L1～L5的长度分别为30km、15km、25km、40km、40km（或30km、25km、15km、50km、50km及35km、25km、20km、30km、30km）。

1. 建设性质及其规模

随着RM市经济的迅猛发展及人民群众生活水平的日益提高和改善，用电量和新企业、新用户大大增加，对电能质量提出更高要求，因此为了该市经济建设高速发展以及满足人民群众生活的需要，在位于该市市郊建立110kV降压变电站向市区工业、生活及郊区乡镇与农户供电，以满足不同用户用电的需求。

电压等级：110kV/35kV/10kV。

线路回路数：110kV近期2回，远景发展2回；35kV近期4回，远景发展2回；10kV近期9回，远景发展3回。

2. 站址条件

1）地理位置。本变电站位于RM市东南方向的郊区，毗邻城区，交通便利。地理位置示意如图B-2所示。

2）地形、地质、气象等条件。站址地区海拔为185m，地势平坦，属轻微地震区。年最高气温为+40℃，年最低气温为－10℃，年平均温度为+12℃，最热月平均最高温度为+34℃，最大风速为30m/s，覆冰厚度为10mm，属于我国第Ⅴ标准气象区。土壤电阻率为100Ω·cm。

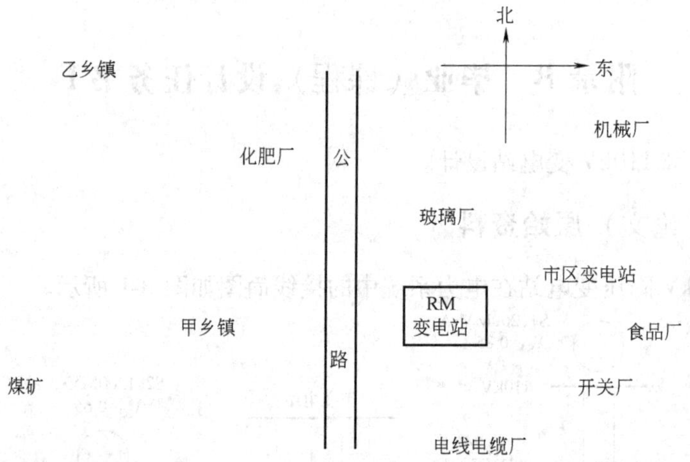

图 B-2　地理位置示意

3. 负荷资料

负荷资料见表 B-1，请读者自己补全Ⅰ、Ⅱ、Ⅲ级负荷比例。

表 B-1　负荷资料

电压等级	负荷名称	最大负荷/MV·A		穿越功率/MV·A		负荷组成（%）			自然功率因数	T_{max}/h	线长/km	备注
		近期	远景	近期	远景	Ⅰ级	Ⅱ级	Ⅲ级				
110kV	市系一线			15	20						15	
	市甲线			15	20						25	
	备用一		10									
	备用二		10									
35kV	煤矿 1	1.5	2			40	30		0.9		20	
	煤矿 2	1.5	2			40	30		0.9		20	
	甲乡镇	2	3			20	30		0.9		10	
	乙乡镇	2	2.5			20	30		0.9		20	
	备用一		1.5						0.9		15	
	备用二		2						0.9		12	
10kV	化肥厂 1	2.5	2.5			40	20		0.8	5500	2	
	化肥厂 2	2.5	2.5			40	20		0.8	5500	2	
	开关厂	1	1.5			20	30		0.8	4000	3	
	电线电缆厂 1	1	1.5			20	30		0.8	4500	2	
	电线电缆厂 2	1	1.5			20	30		0.8	4500	2	
	玻璃厂	1	1			30	30		0.8	5000	2	
	机械厂	1	1.5			30	30		0.85	4000	3.5	
	食品厂	1	1.5			20	30		0.8	4500	3.5	
	市区	1.2	2			20	40		0.8	3000	1.5	
	备用一		1						0.8		2	
	备用二		1						0.8		2	
	备用三		1						0.8		2	

二、设计内容

1. 总体分析与负荷分析

进行系统的总体分析与负荷分析。

2. 电气主接线设计

1）主变压器台数、容量、型式选择。

2）各电压级电气主接线方案设计（两个方案）。

3）站用电设计。

4）无功补偿设计。

5）中性点接地方式设计。

3. 短路电流计算

1）110kV 母线短路电流。

2）35kV 母线短路电流。

3）10kV 母线短路电流。

4）如需要限制 10kV 的短路电流，还应计算主变压器低压侧分列运行时 10kV 母线的短路电流，计算短路电流时由教师指定电网参数。

4. 电气设备选择

1）110kV 主母线选择。

2）35kV 主母线选择（屋内配电装置 GBC—35 型开关柜，母线相间距离 $a=0.47\text{m}$，绝缘子跨距 $L=1.8\text{m}$）。

3）10kV 主母线选择（屋内配电装置 JYN2—10 型开关柜，$a=0.25\text{m}$，　$L=0.84\text{m}$）。

4）主变压器 10kV 进线母线桥导体选择（$a=0.7\text{m}$，　$L=1.2\text{m}$）。

5）110kV 断路器、隔离开关选择。

6）35kV 断路器、隔离开关选择。

7）10kV 进线和分段断路器、隔离开关选择。

8）10kV 出线断路器、隔离开关选择。

9）互感器配置与选择。

10）10kV 出线电缆选择。

注：主保护动作时间取 0.05s，后备保护动作时间按阶梯时限确定，简化为 10kV 线路保护取 2s、35kV 线路保护取 3s、110kV 线路保护取 4s。

5. 配电装置设计

110kV 可以选屋外普通中型配电装置，35kV 可以选屋外或屋内配电装置，选择屋内配电装置时，35kV 配电装置图可以参考许珉等编写的由机械工业出版社出版的《发电厂电气主系统（第 2 版）》。

6. 电气总平面布置设计

进行电气总平面布置设计。

7. 防雷保护设计

进行防雷保护设计。

8. 电气二次设计

1）变压器保护设计。

2）中央信号设计。

三、成品形式

1. 毕业设计说明书

给出毕业设计说明书（包括电气一次部分和二次部分）。

2. 电气一次部分图样

1）电气主接线图。

2）电气总平面布置图。

3）110kV 配电装置间隔断面图（具体间隔由教师指定）。

4）35kV 配电装置间隔断面图（具体间隔由教师指定）。

5）接闪杆平面布置及保护范围图。

3. 电气二次部分

1）变电站继电保护及自动装置配置图。

2）变压器保护配置图。

3）变压器保护原理图。

4）变压器保护展开图。

5）中央信号控制回路图。

四、参考资料

1）中华人民共和国国家标准 GB 50059—2011. 35～110kV 变电站设计规范［S］. 北京：中国计划出版社，1993.

2）张玉珩，王永滋，谭魁悌．变电站所址选择与总布置［M］. 北京：水利电力出版社，1986.

3）中华人民共和国国家标准 GB 50227—2008. 并联电容器装置设计规范［S］. 北京：中国计划出版社，1995.

4）水利电力部西北电力设计院．《电力工程电气设计手册（电气一次部分）》［M］. 北京：水利电力出版社，1989.

附录 C　毕业（课程）设计任务书 2

题目：ZY 化肥厂 110kV 变电站设计。

一、设计（论文）原始资料

1. 建设性质和规模

本站为位于某油田附近的新建大型化肥厂的 110kV 变电站，供给该厂生产及生活用电。电压等级：110kV：2 回；6kV：近期 9 回，远景发展 2 回。

2. 电力系统接线简图

电力系统接线简图如图C-1所示。

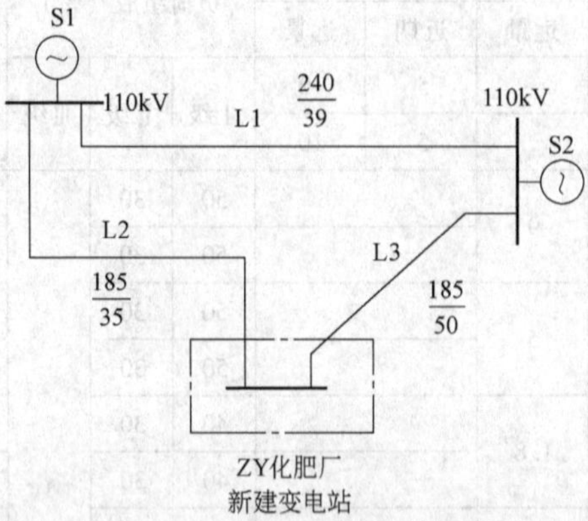

图C-1　电力系统接线简图

1）最大运行方式时：S1的容量为200MV·A，$X_{S1}=0.9$；S2的容量为1150MV·A，$X_{S2}=0.8$。

2）最小运行方式时：S1的容量为160MV·A，$X_{S1}=0.95$；S2的容量为1020MV·A，$X_{S2}=0.85$。

3）L1～L3的长度分别为39km、35km、50km（或20km、50km、30km及30km、395km、40km）。

3. 站址条件

1）地理位置示意如图C-2所示。

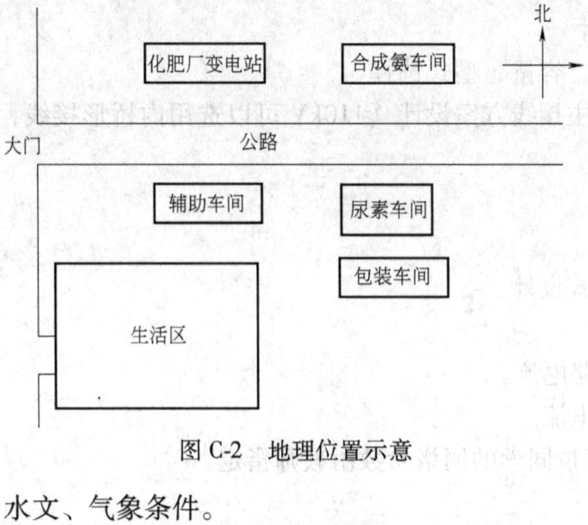

图C-2　地理位置示意

2）地形、地质、水文、气象条件。

站址地区海拔为200m，地势平坦，属轻地震区。土壤性质为黄土，土壤热阻系数为120℃·cm/W，土温为20℃。年最高气温为+40℃，年最低气温为-18℃，年平均气温为+15℃，最热月平均最高温度为+32℃，最大风速为30m/s，主导风向西北，覆冰厚度为15mm，微风风速为3.5m/s，属于我国Ⅷ类标准气象区。

4. 负荷资料

负荷资料见表C-1。

表 C-1 负荷资料

电压等级	负荷名称	最大负荷/MW		穿越功率/MW		负荷组成（%）			自然功率因数	年最大使用时间/h	线长/km	备注
		近期	远景	近期	远景	Ⅰ级	Ⅱ级	Ⅲ级				
110kV	化肥 1 线			5	10							
	化肥 2 线			5	10							
6kV	合成氨 1	7	9			50	30		0.8	6000	0.3	
	合成氨 2					50	30		0.8	6000	0.3	
	尿素 1	3	5			50	30		0.8	6000	1	
	尿素 2					50	30		0.8	6000	1	
	辅助车间 1	1	1.8			40	30		0.8	5000	1	
	辅助车间 2					40	30		0.8	5000	1	
	包装 1	1	1.8			40	30		0.8	5000	1.2	
	包装 2					40	30		0.8	5000	1.2	
	生活区	0.5	0.8			20	20		0.8	2500	1.5	
	备用 1		1			20	30		0.8			
	备用 2		1			20	30		0.8			

二、设计内容

1. 总体分析与负荷分析

进行总体分析与负荷分析。

2. 电气主接线设计

1）主变压器台数、容量、型式选择。

2）各电压级电气主接线方案设计（110kV 可以选用内桥形接线，6kV 应选单母线分段接线）。

3）站用电设计。

4）无功补偿设计。

5）中性点接地方式设计。

3. 短路电流计算

1）110kV 母线短路电流。

2）6kV 母线短路电流。

计算短路电流时每位同学的网络参数由教师指定。

4. 电气设备选择

1）110kV 主母线选择。

2）6kV 主母线选择（屋内配电装置 JYN2 型开关柜，$a=0.25\text{m}$，$L=0.84\text{m}$）。

3）主变压器 6kV 进线母线桥导体选择（$a=0.7\text{m}$，$L=1.2\text{m}$）。

4）110kV 断路器、隔离开关选择。

5）6kV 进线和分段断路器、隔离开关选择。

6）6kV 出线断路器、隔离开关选择。

7）互感器配置和避雷器选择（低压侧电压互感器和避雷器的额定电压选 6kV）。

8）6kV 出线电缆选择。

注：主保护动作时间取 0.05s，后备保护动作时间按阶梯时限确定，简化为 6kV 线路保护，取 2s，110kV 线路保护取 4s。

5. 配电装置设计

配电装置可以选半屋内 GIS 型或全屋内 GIS 型。

6. 电气总平面布置设计

进行电气总平面布置设计。

7. 防雷保护设计

进行防雷保护设计。

8. 电气二次设计

1）变压器保护设计。

2）中央信号设计。

三、成品形式

1. 毕业设计说明书

给出毕业设计说明书（包括电气一次部分和二次部分）。

2. 电气一次部分图样

1）电气主接线图。

2）电气总平面布置图。

3）配电装置进线间隔断面图。

4）配电装置二层平面布置图。

3. 电气二次部分

1）变电站继电保护及自动装置配置图。

2）变压器保护配置图。

3）变压器保护原理图。

4）变压器保护展开图。

5）中央信号控制回路图。

四、参考资料

1）中华人民共和国国家标准 GB 50059—2011. 35 ~ 110kV 变电站设计规范［S］. 北京：中国计划出版社，1993.

2）张玉珩，王永滋，谭魁悌．变电站（所）址选择与总布置［M］. 北京：水利电力出版社，1986.

3）中华人民共和国国家标准 GB 50227—2008. 并联电容器装置设计技术规范［S］. 北京：中国计划出版社，1995.

4）水利电力部西北电力设计院．电力工程电气设计手册（电气一次部分）［M］. 北京：水利电力出版社，1989.

参 考 文 献

[1] 许珉，孙丰奇．发电厂电气主系统［M］.2 版．北京：机械工业出版社，2011.
[2] 熊信银，等．发电厂电气部分［M］.3 版．北京：中国电力出版社，2004.
[3] 姚春球．发电厂电气部分［M］．北京：中国电力出版社，2004.
[4] 何仰赞，温增银．电力系统分析：上册．［M］.3 版．武汉：华中科技大学出版社，2002.
[5] 水利电力部西北电力设计院．电力工程电力设计手册：电气一次部分［M］．北京：水利电力出版社，1989.
[6] 电力工业部西北电力设计院．电力工程电气设备手册：电气一次部分［M］．北京：中国电力出版社，1998.
[7] 翟东群，等．发电厂变电站电气部分的计算和接线［M］．北京：水利电力出版社，1987.
[8] 西北电力设计院．发电厂变电站电气接线和布置：电气一次部分［M］．北京：水利电力出版社，1984.
[9] 西安交通大学，等．短路电流实用计算方法［M］．北京：电力工业出版社，1982.
[10] 傅知兰．电力系统电气设备选择与实用计算［M］．北京：中国电力出版社，2004.
[11] 刘振亚．国家电网公司输变电工程典型设计：110kV 变电站分册［M］．北京：中国电力出版社，2007.
[12] 白忠敏．电力用互感器电能计量装置设计选型与应用［M］．北京：中国电力出版社，2004.
[13] 赵智大．高电压技术［M］．北京：中国电力出版社，2006.
[14] 国家电网公司．国家电网公司输变电工程初步设计内容深度规定第 2 部分：变电站［M］．北京：中国电力出版社，2008.

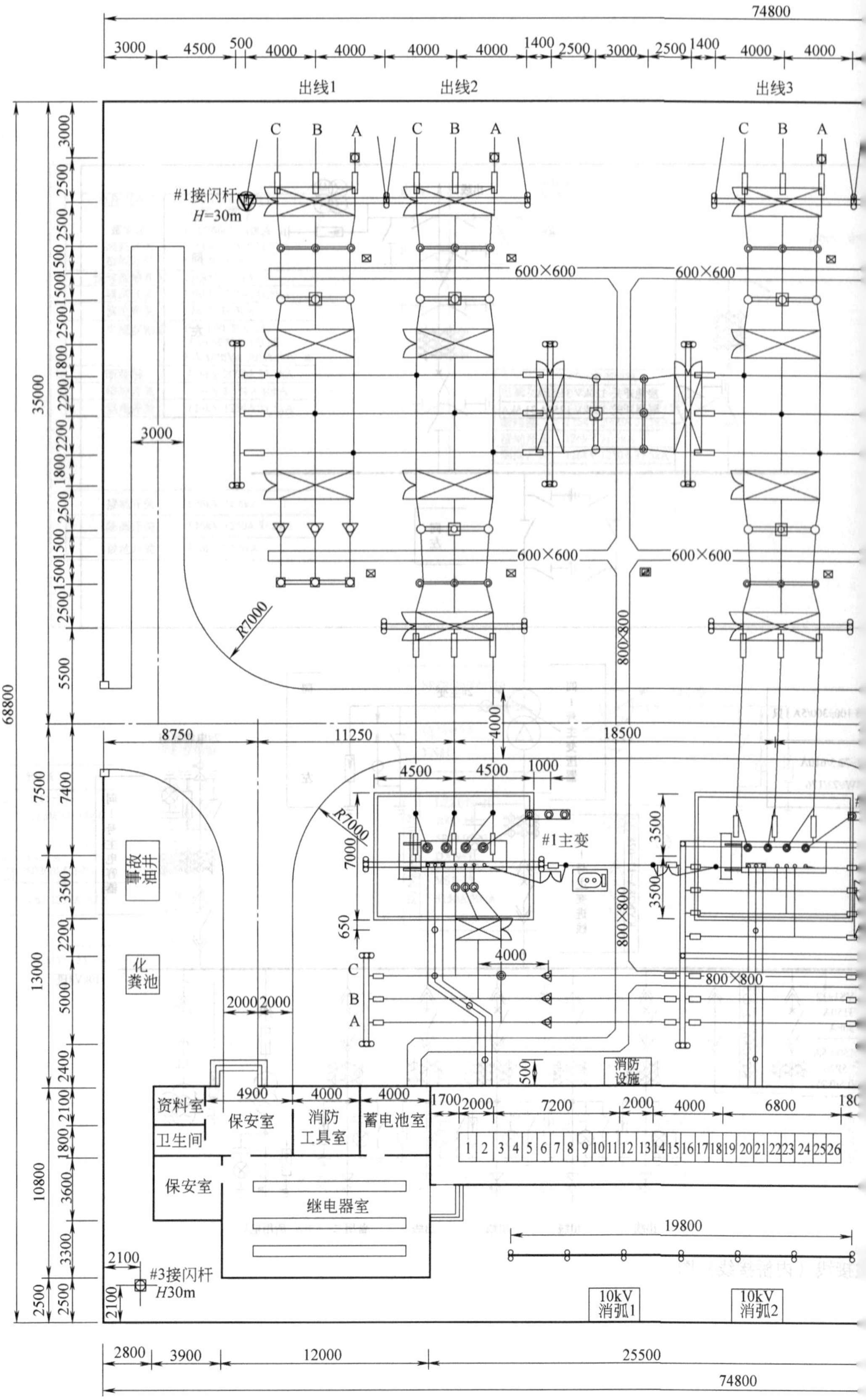

图 7-29　其 110kV/35kV/10kV

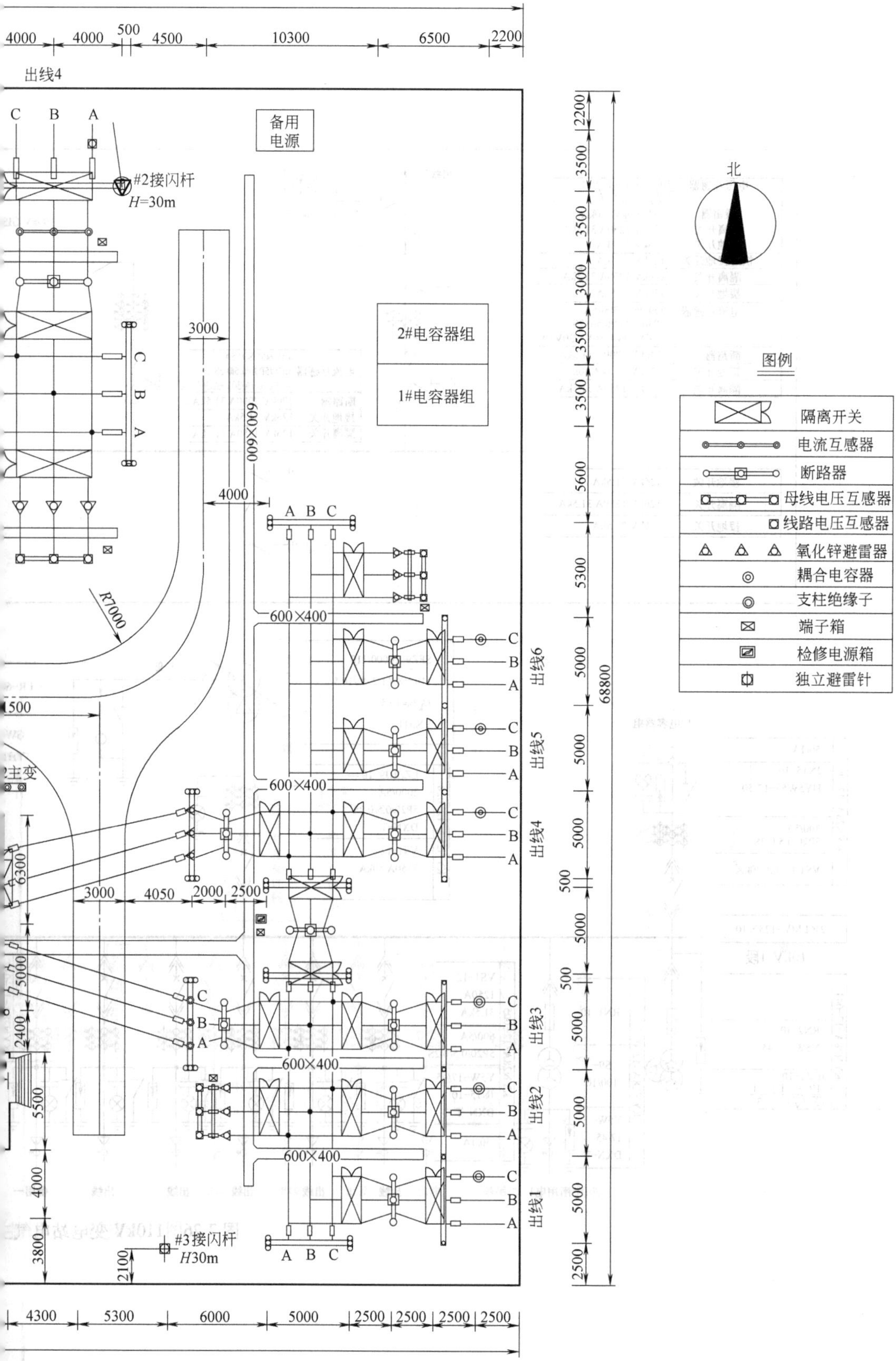

降压变电站电气总平面布置设计方案